# 优雅男士
# 西服定制手册

刘凯旋　朱　春　钱　忠◎著

中国纺织出版社有限公司

# 内 容 提 要

随着生活水平的提高，人们对西服的品质要求也不断增高。越来越多的男士，因希望以西服衬托出自己优雅、高贵的气质而定制西服。西服企业如何提供更加适合顾客体型的西服，顾客选择何种风格、款式的西服，是西服定制过程中主要考虑的问题。本书从西服的风格、款式类型、工艺、尺码以及马甲款式、西裤等方面翔实地介绍了西服的定制，图片丰富、直观，文字简洁。本书可作为西服定制企业及设计师、西服消费者的参考用书。

**图书在版编目（CIP）数据**

优雅男士西服定制手册 / 刘凯旋，朱春，钱忠著
. -- 北京：中国纺织出版社有限公司，2021.4
ISBN 978-7-5180-8328-2

Ⅰ. ①优… Ⅱ. ①刘… ②朱… ③钱… Ⅲ. ①男服—西服—生产工艺—手册 Ⅳ. ① TS941.718-62

中国版本图书馆 CIP 数据核字（2021）第 020487 号

---

策划编辑：苗 苗　　责任编辑：金 昊
责任校对：江思飞　　责任印制：王艳丽

---

中国纺织出版社有限公司出版发行
地址：北京市朝阳区百子湾东里 A407 号楼　邮政编码：100124
销售电话：010—67004422　传真：010—87155801
http://www.c-textilep.com
中国纺织出版社天猫旗舰店
官方微博 http://weibo.com/2119887771
三河市宏盛印务有限公司印刷　各地新华书店经销
2021 年 4 月第 1 版第 1 次印刷
开本：787 × 1092　1/16　印张：13
字数：151 千字　定价：58.00 元

---

# 前言

互联网时代人们始终在线，我们常会发现很多名流、明星的西服搭配不合理，很多名牌、大牌的西服板型工艺不够好，但也有更多的男士着装优雅、让人心动。

在小康社会的今天，我们的衣着方式影响着他人对我们的态度。虽然笔者并不十分赞同“以衣取人、以貌取人”的俗见，但一个衣装整齐得体的团队、一个衣着优雅考究的男人总会让人赏心悦目，确实能给人留下良好的印象。

男士的着装方式是一个被不断试图改变和更新的话题，但是时至今日，西服仍然是男人的重要服装。

西服作为国际性的服装，几百年来形成了规范的着装美学文化，其在男人服装中更具有重要的意义。当今成功男人的着装已不仅仅代表个人的审美与品位，往往是代表一个企业、一个群体，甚至一个民族的形象。如果衣衫褴褛、邋遢，人们会感到寒酸自卑；如果衣服不合体、穿着不舒服，人们也会感到不自在。相反，当穿着一身优雅大方、舒适得体的服装时，人们会自信自得，精神也会为之一振。着装得体不仅使自己身心愉悦，也让周围的人对着装者产生好感，增加信任。

在全球一体化的今天，男人们应该了解学习国际化的着装规范，努力改变自己的装束，优雅穿着，提升形象。服装业更应该精益求精、至精至纯地把服装做得更美、更好。

本书所述的西服是指日常社会、社交活动中大众常规穿着的套装，包含西服上衣、西服马甲和西裤。一套西服究竟怎样才算时尚优雅，这很难说清楚，但是一套穿着优雅得体的西服却很容易被分辨出来，这如同赏心悦目的风景很容易被发现，但却画不出来一样。同样，优雅是一种境界。

关于穿衣时尚，每个人都有自己的审美标准，尤其是在这个崇尚个性和多元文化的时代，没有一种穿衣时尚理念能够被所有人认可。男士也如此，好在西服仍是有品位的男人着装的首选。西服作为世界性的服装，在很多情况下是正式场合男士着装的最佳选择。

西服的时尚流行不衰，西服的款型格调也越来越多元，大家的西服不再是一个样子。其实每一件衣服都会体现着装者的品位、梦想和态度。在多姿多彩、多品多样的网络互联时代，选择适宜自己品位格调的西服很重要，去定制一件西装，对有些男人来说可能是个“仪式”，其实在小康社会的今天应该是生活的一种态度。选择自己喜爱的、穿着优雅得体的西服会让着装者精神抖擞。

不能以貌取人，人们的体型不会完美，但衣装可以巧妙地掩盖体型的缺陷，为自己遮羞、给人以悦目。“以衣取人”是对他人衣装讲究的尊重与欣赏，对自我衣装随意的警醒与鞭策。衣装讲究，说明对他人的尊重，对自己有要求。

优雅是一种境界，需要认知与自律，这才是修养的内涵。本书以优雅的名义，为了去伪存真，让人们分辨优劣，尊重传统服饰文化，并且坚持自己的喜好，尽情表达自我个性，实现自主的选择。为此，笔者撰写此书，书中若有不当之处，敬请读者雅正。

本书受到国家自然科学基金项目（61806161）、国家艺术基金项目（2018–A–05–（263）–0928）、陕西省“千人计划”青年项目，陕西省创新能力支撑计划——青年科技新星项目（2020KJXX–083），陕西省自然科学基础研究计划项目（2019JQ–848）、陕西省社会科学基金项目（2018K32）、陕西省教育厅高校青年创新团队项目、陕西省高校“青年杰出人才”支持计划项目、陕西省教育厅自然专项基金项目（18JK0352)、中国纺织工业联合会科技指导性项目（2019049）、西安工程大学哲学社会科学研究重点项目（2019ZSZD01）以及西安工程大学学科建设经费项目的资助。笔者对此报以最真诚的感谢。

刘凯旋

2020 年 12 月

目录
CONTENTS

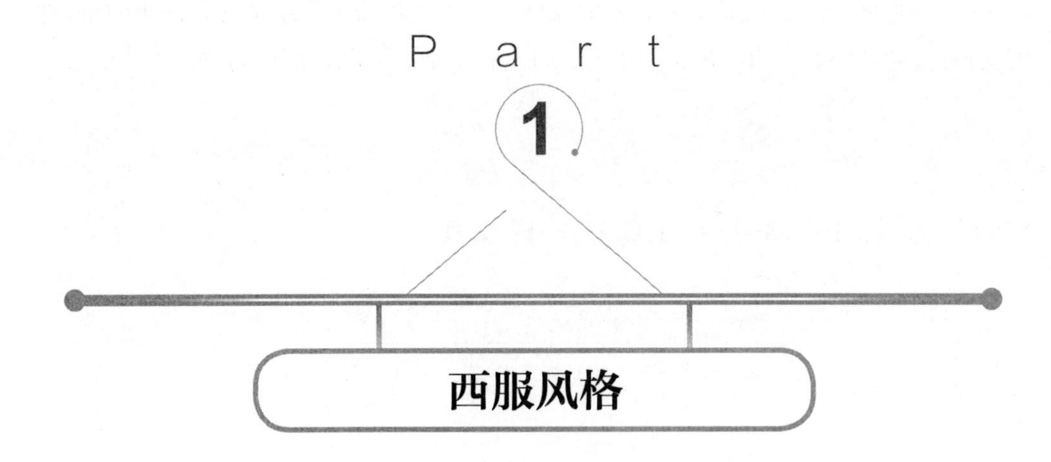


# 西服风格

近十年，当代男士的着装呈现出轻松随意的风格，较之传统在一定程度上多了人们所喜欢的新潮与自在，却失去了一些优雅与庄重。导致这种趋向的原因很多，一个重要的因素是信息网络化的时代让人们更多地了解时尚多彩的世界，足不出户看遍世界潮流风尚。另一个重要原因是工业化成衣的大规模生产，服装品种丰富多彩、多姿多样，人民生活更加富裕，网购、海淘便捷高效，省时省事。

生活质量的提升也就意味着生活品质的改变，如今男士更为注重有品位的生活方式，国际化让男人更加注重自我形象，优雅、品位、个性重回男士着装准则。信息时代全球一体化的今天，人们与世界同步，西服作为世界性的服装，是正式场合着装的优先选择，其在男人服装中至关重要，几乎没有其他任何一种服饰能够单独与西服的力量抗衡，然而由于受传统习惯、文化环境等诸多因素的影响，人们对西服的选择搭配、西服内涵的理解还有很多的滞后和误区，这些都会或多或少地影响人们的着装形象。

西服发源于英国伦敦，至今英国的萨维尔街（SAVILE ROW）仍然在定制经典男装，并在全球占有一席之地。西服从风格上来说，每个区域似乎都有一派（图1-1～图1-21），英式、美式、法式、意式；红帮、海帮；米兰、罗马、那不勒斯……各派特色众说纷纭。原因很简单：西服在不断地创新、复古、发展这个反复式螺旋前进的历史中变化着，新技术新材料、新设备新工艺的出现，多元化的市场、个性化的需求促使各类风格的西服不得不博采众长改变自己，因此很多时候很难区分它们的流派。有一点应该承认，近半个世纪以来，意大利西服最具有代表性，精美的面料，无与伦比的剪裁以及极高制作质量的意大利西服如今享誉世界，倍受追捧。

裁缝和所有的手工业师傅一样，受技术规则和美学原则的束缚。在某些情况下，

需要指点他们明白自己的需求和想要的风格，为此笔者先主观定义几种西服的格调作为选择或定制的参照，当然调子不重要，只是将复杂的问题用简单的方式表达出来。

**编码顺序方式：1-2-3-4/A-B-C/D-E-F-G/H**

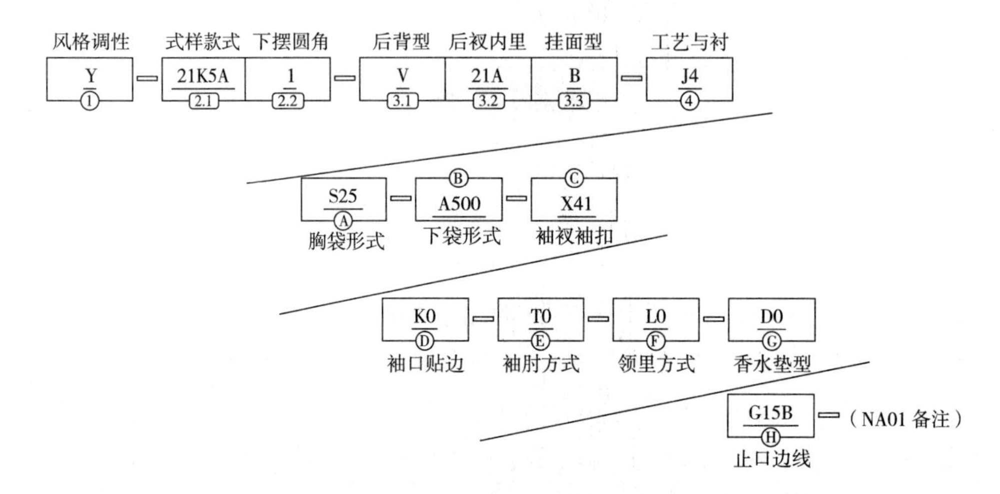


Y-21K5A1-V21AB-J4/S25-A500-X41/K0-T0-L0-D0/G15B-个性备注

# 英伦贵族风格

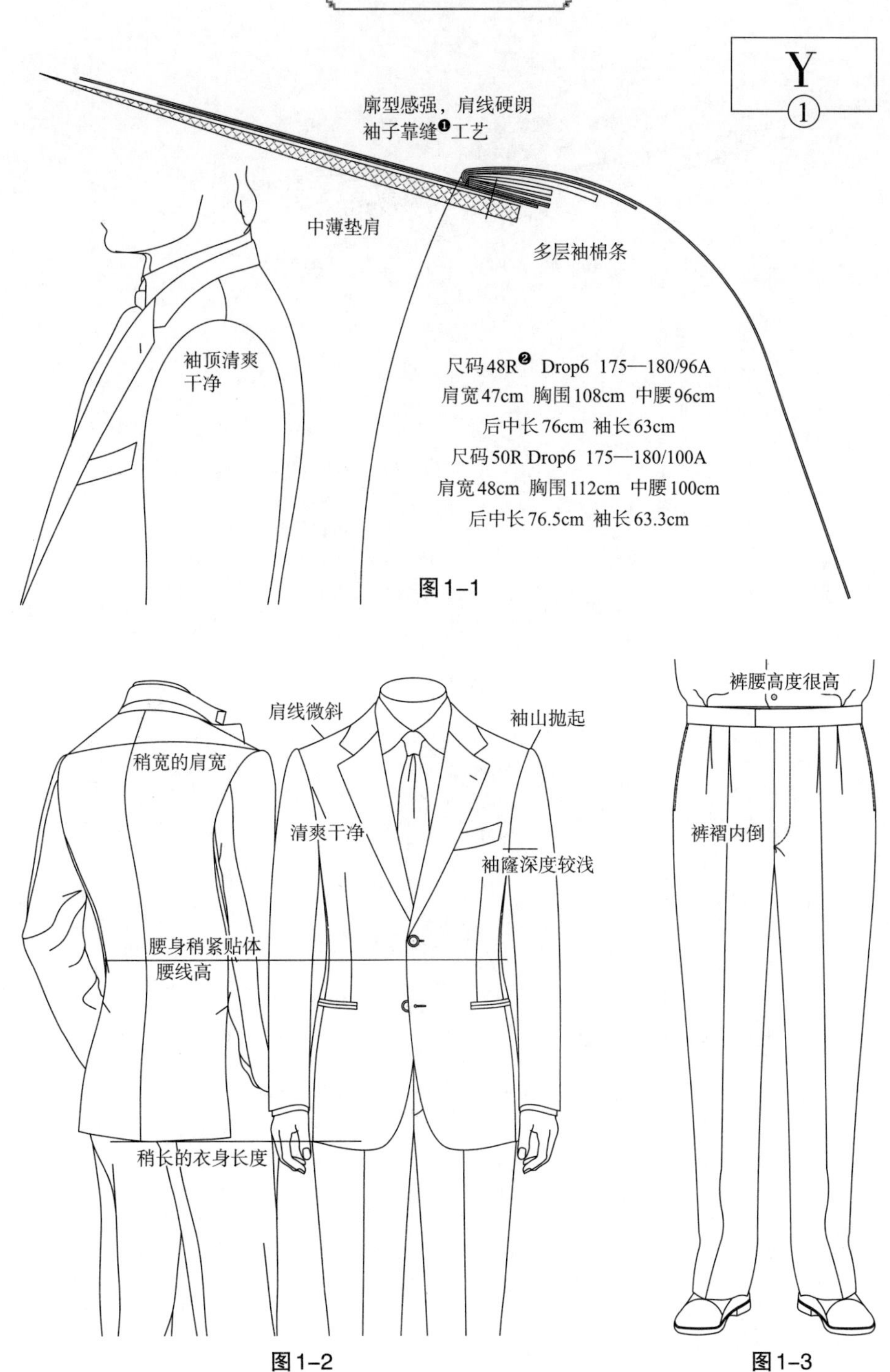


图1–1

图1–2

图1–3

❶ 指袖山缝的工艺处理方式，是工厂的习惯叫法。

❷ 具体释义见后文"西服的尺码"。

# 法式浪漫风格

U
①

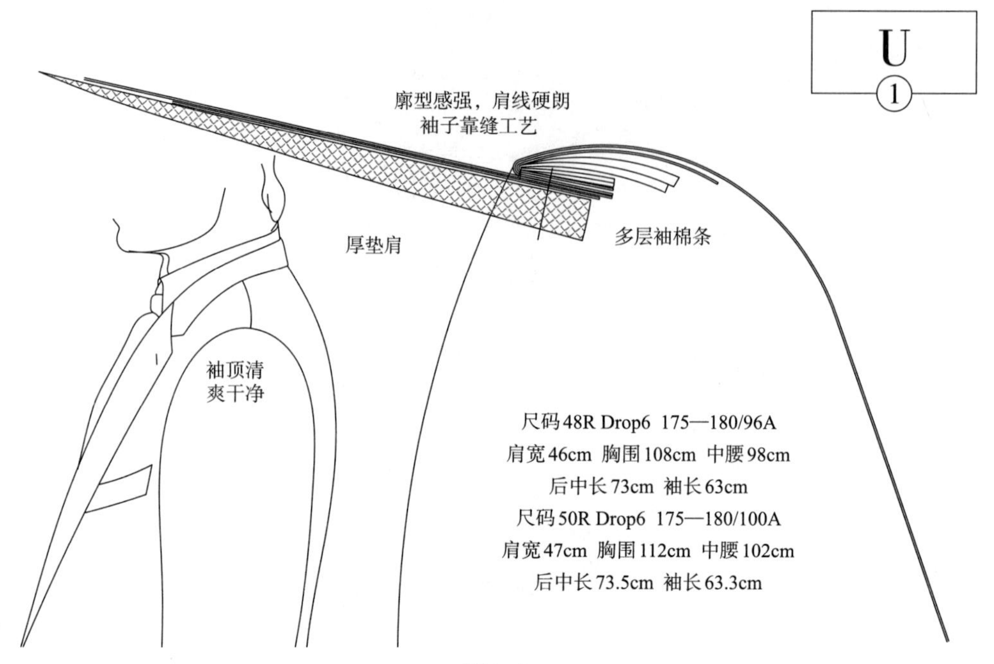
廓型感强，肩线硬朗
袖子靠缝工艺
厚垫肩
多层袖棉条
袖顶清爽干净
尺码48R Drop6 175—180/96A
肩宽46cm 胸围108cm 中腰98cm
后中长73cm 袖长63cm
尺码50R Drop6 175—180/100A
肩宽47cm 胸围112cm 中腰102cm
后中长73.5cm 袖长63.3cm

图1-4

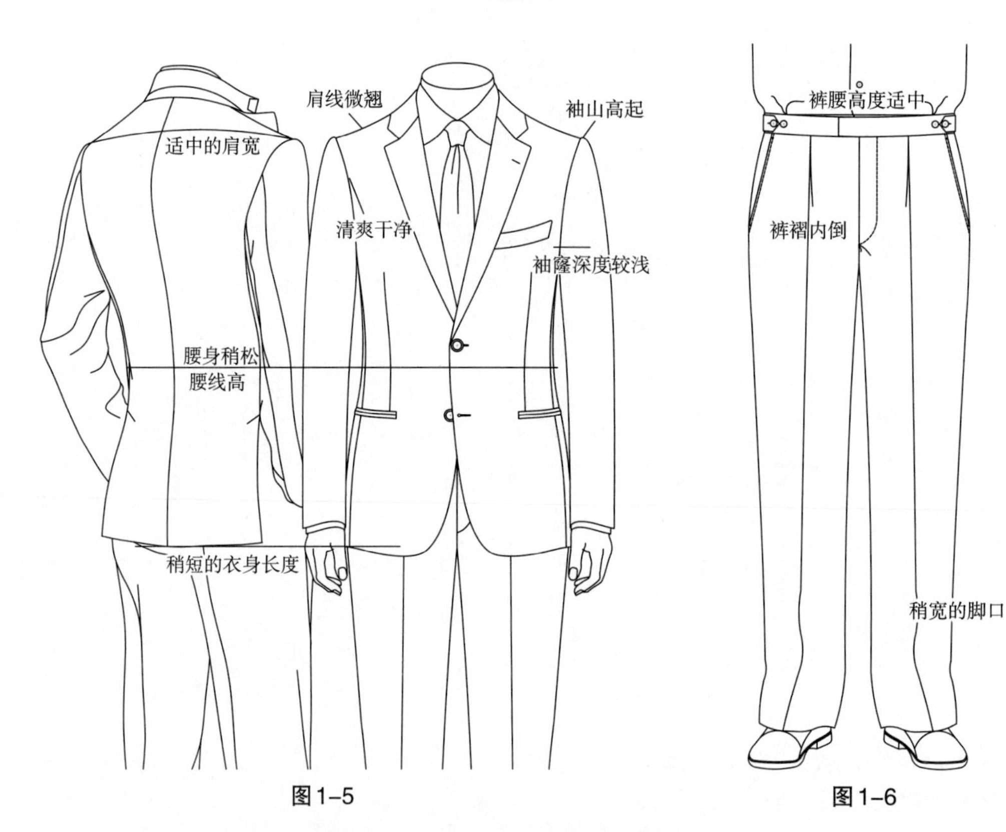
适中的肩宽
肩线微翘
袖山高起
清爽干净
袖窿深度较浅
腰身稍松
腰线高
稍短的衣身长度
裤腰高度适中
裤褶内倒
稍宽的脚口

图1-5

图1-6

# 意式经典风格

T
①

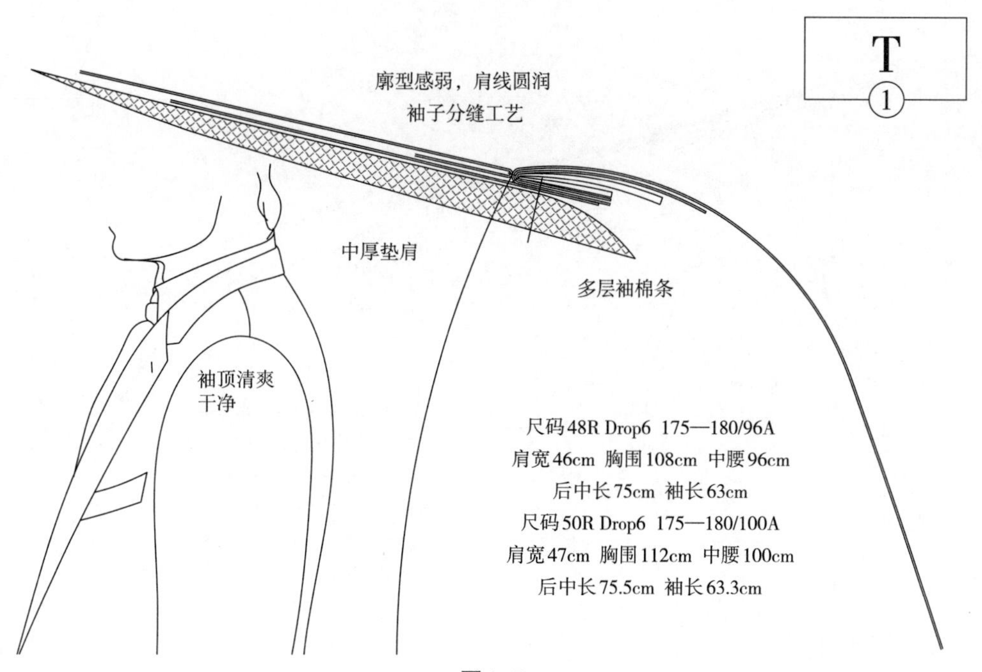
廓型感弱，肩线圆润
袖子分缝工艺
中厚垫肩
多层袖棉条
袖顶清爽
干净
尺码48R Drop6 175—180/96A
肩宽46cm 胸围108cm 中腰96cm
后中长75cm 袖长63cm
尺码50R Drop6 175—180/100A
肩宽47cm 胸围112cm 中腰100cm
后中长75.5cm 袖长63.3cm

图1–7

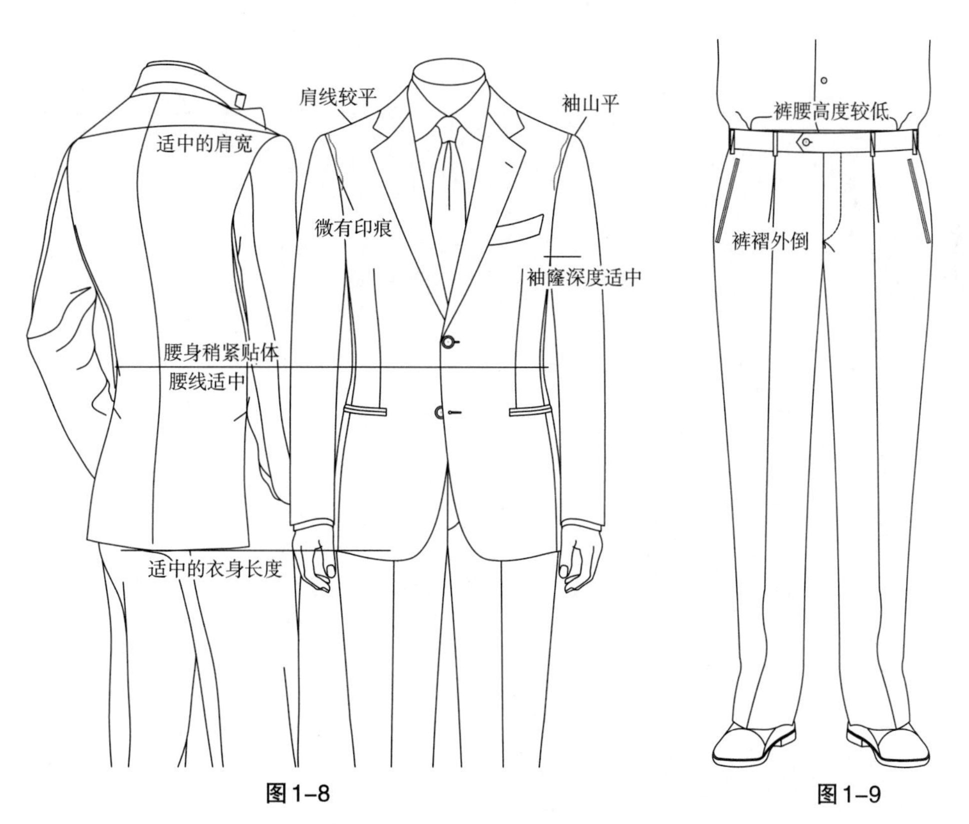
适中的肩宽
肩线较平
袖山平
微有印痕
袖窿深度适中
腰身稍紧贴体
腰线适中
适中的衣身长度
裤腰高度较低
裤褶外倒

图1–8

图1–9

# 雅士优雅风格

V
①

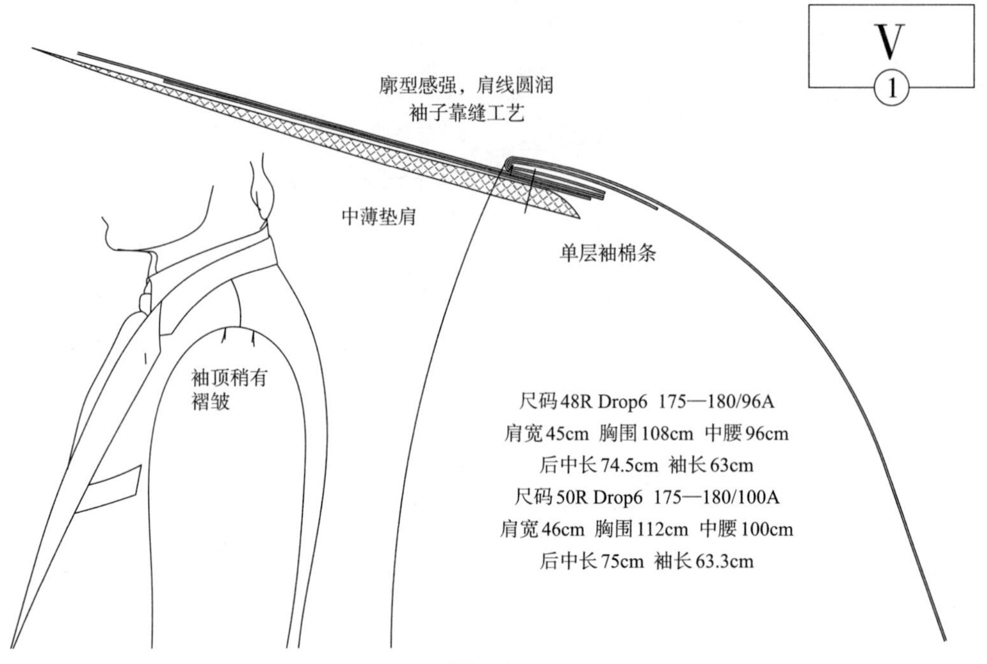
廓型感强，肩线圆润
袖子靠缝工艺
中薄垫肩
单层袖棉条
袖顶稍有
褶皱
尺码48R Drop6 175—180/96A
肩宽45cm 胸围108cm 中腰96cm
后中长74.5cm 袖长63cm
尺码50R Drop6 175—180/100A
肩宽46cm 胸围112cm 中腰100cm
后中长75cm 袖长63.3cm

图1-10

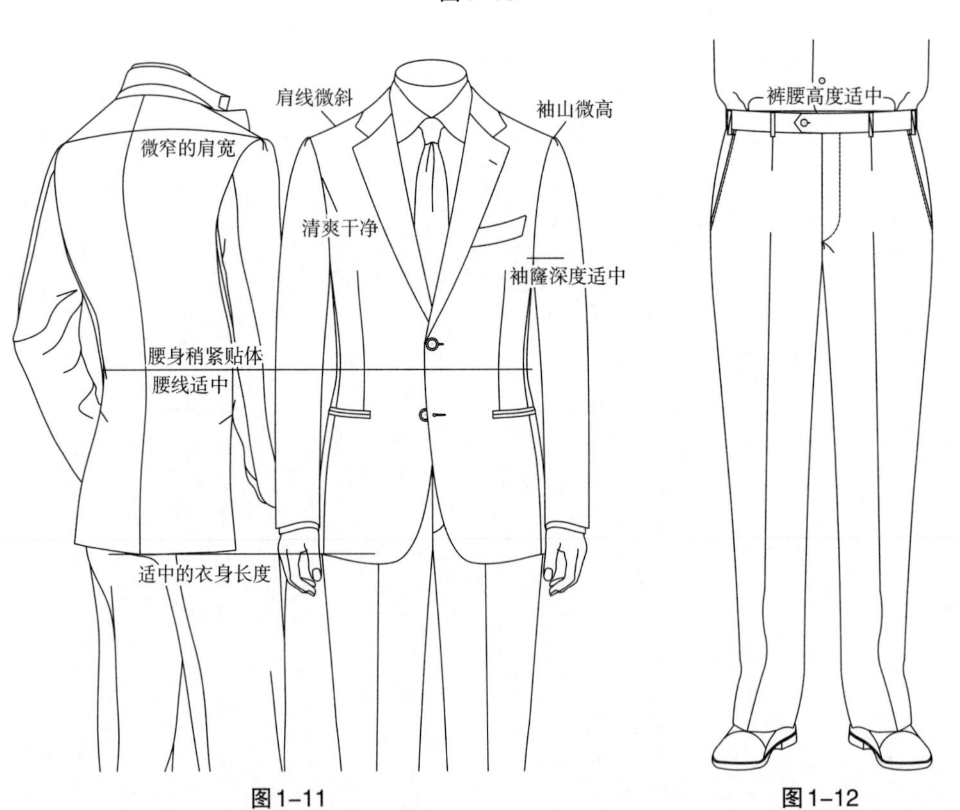
肩线微斜
袖山微高
微窄的肩宽
清爽干净
袖窿深度适中
腰身稍紧贴体
腰线适中
适中的衣身长度
裤腰高度适中

图1-11

图1-12

# 美式自然风格

H ①

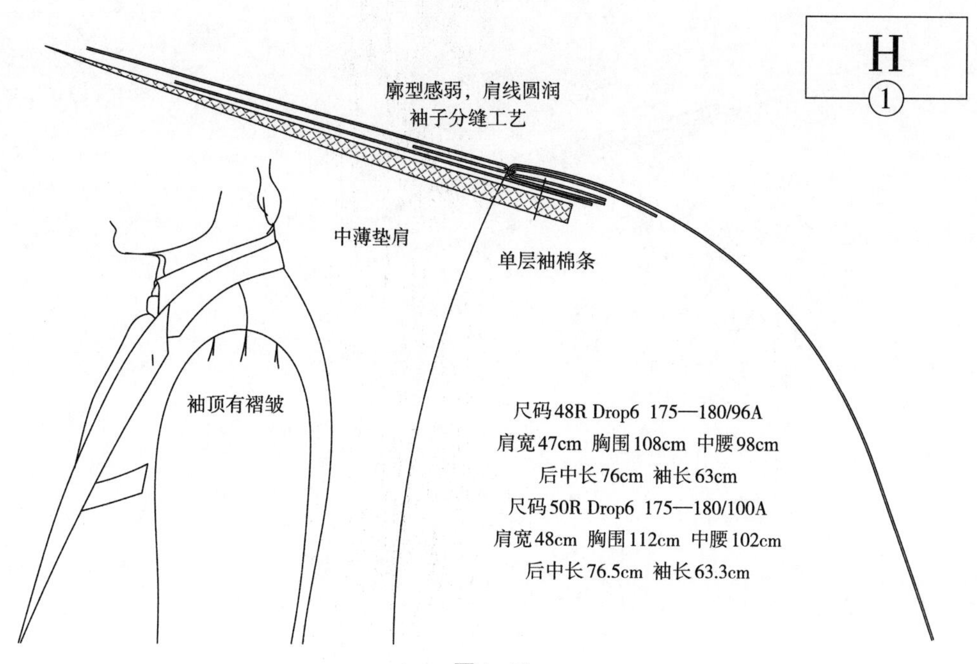
廓型感弱，肩线圆润
袖子分缝工艺
中薄垫肩
单层袖棉条
袖顶有褶皱
尺码48R Drop6 175—180/96A
肩宽47cm 胸围108cm 中腰98cm
后中长76cm 袖长63cm
尺码50R Drop6 175—180/100A
肩宽48cm 胸围112cm 中腰102cm
后中长76.5cm 袖长63.3cm

图1–13

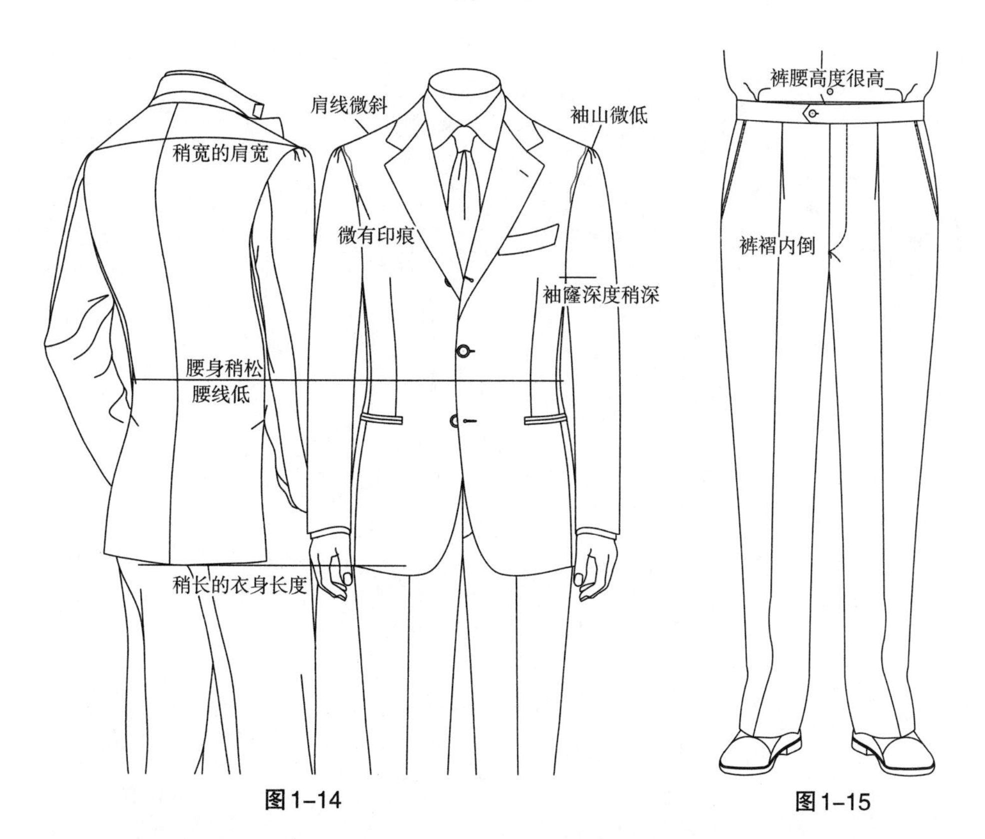
稍宽的肩宽
肩线微斜
袖山微低
微有印痕
袖窿深度稍深
腰身稍松
腰线低
稍长的衣身长度
裤腰高度很高
裤褶内倒

图1–14

图1–15

# 那不勒斯风格

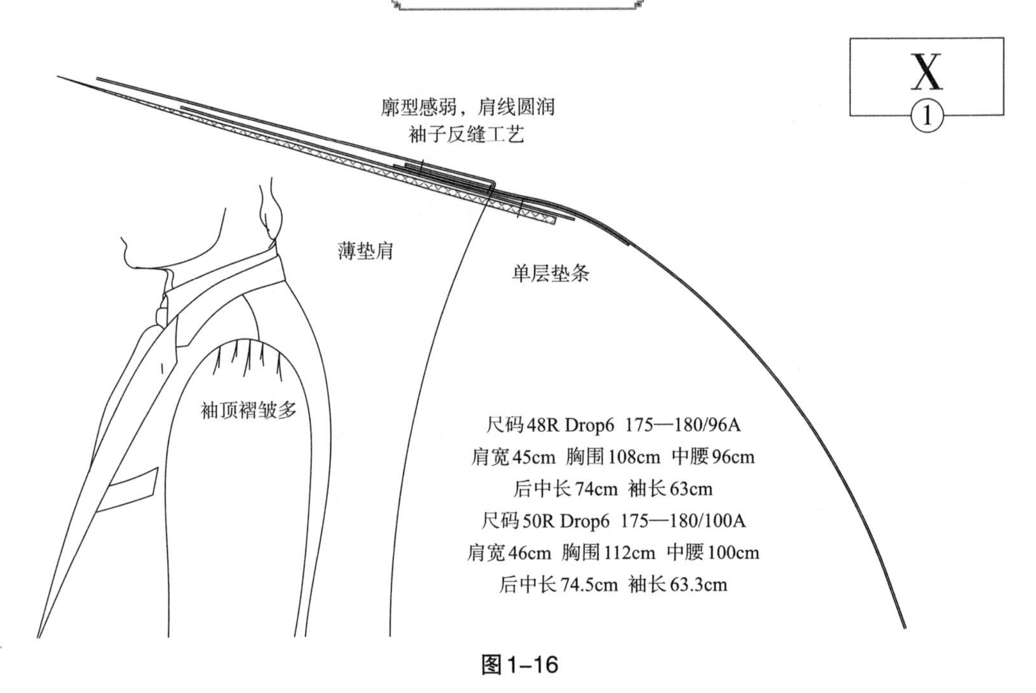

X
①
廓型感弱，肩线圆润
袖子反缝工艺
薄垫肩
单层垫条
袖顶褶皱多
尺码48R Drop6 175—180/96A
肩宽45cm 胸围108cm 中腰96cm
后中长74cm 袖长63cm
尺码50R Drop6 175—180/100A
肩宽46cm 胸围112cm 中腰100cm
后中长74.5cm 袖长63.3cm

图1–16

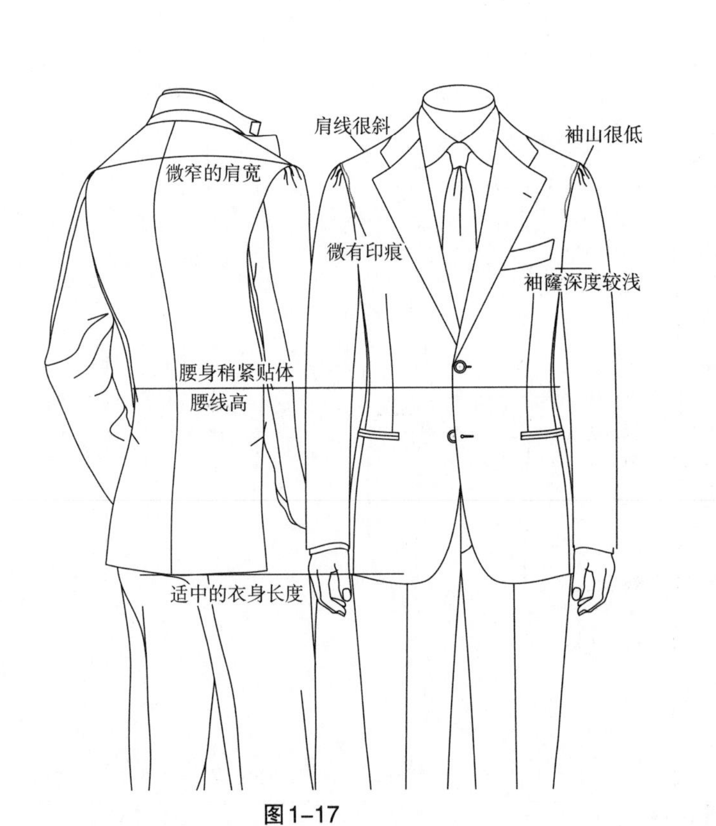

肩线很斜
袖山很低
微窄的肩宽
微有印痕
袖窿深度较浅
腰身稍紧贴体
腰线高
适中的衣身长度

图1–17

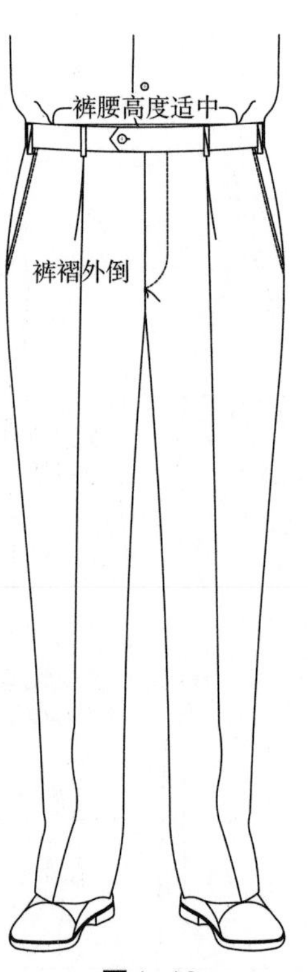

裤腰高度适中
裤褶外倒

图1–18

## 运动自由风格

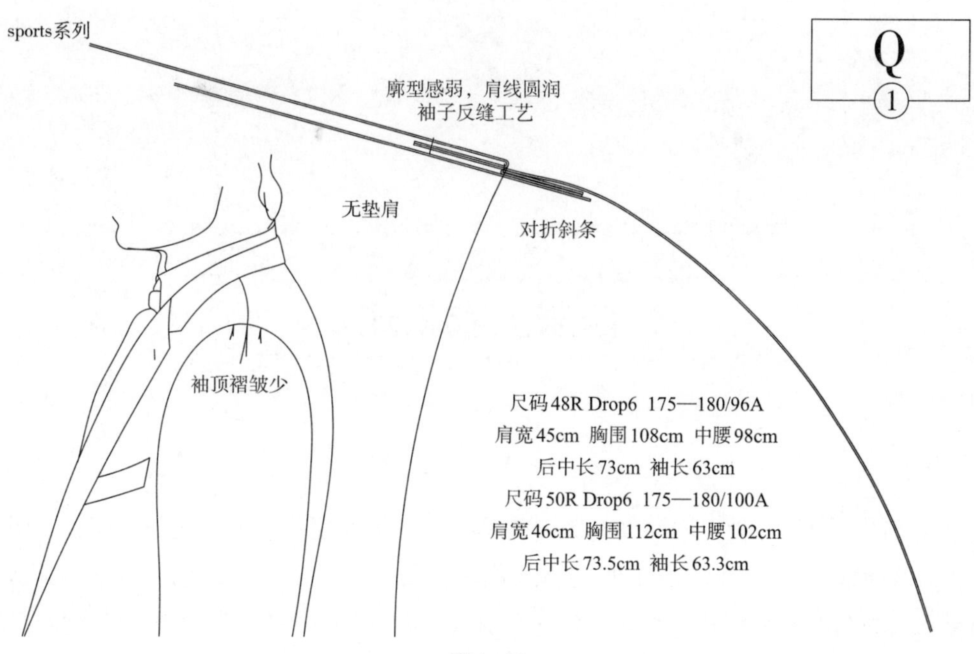
sports系列
Q
①
廓型感弱，肩线圆润
袖子反缝工艺
无垫肩
对折斜条
袖顶褶皱少
尺码48R Drop6 175—180/96A
肩宽45cm 胸围108cm 中腰98cm
后中长73cm 袖长63cm
尺码50R Drop6 175—180/100A
肩宽46cm 胸围112cm 中腰102cm
后中长73.5cm 袖长63.3cm

图1–19

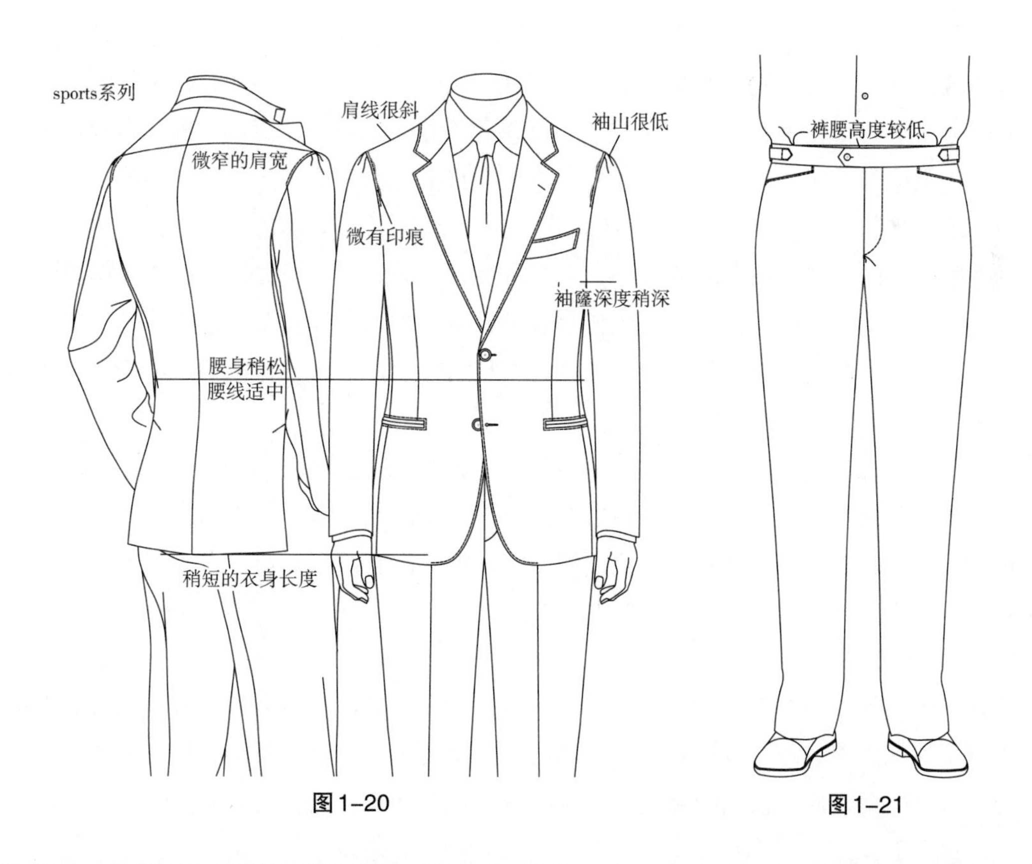
sports系列
肩线很斜
袖山很低
微窄的肩宽
微有印痕
袖窿深度稍深
腰身稍松
腰线适中
稍短的衣身长度
裤腰高度较低

图1–20

图1–21

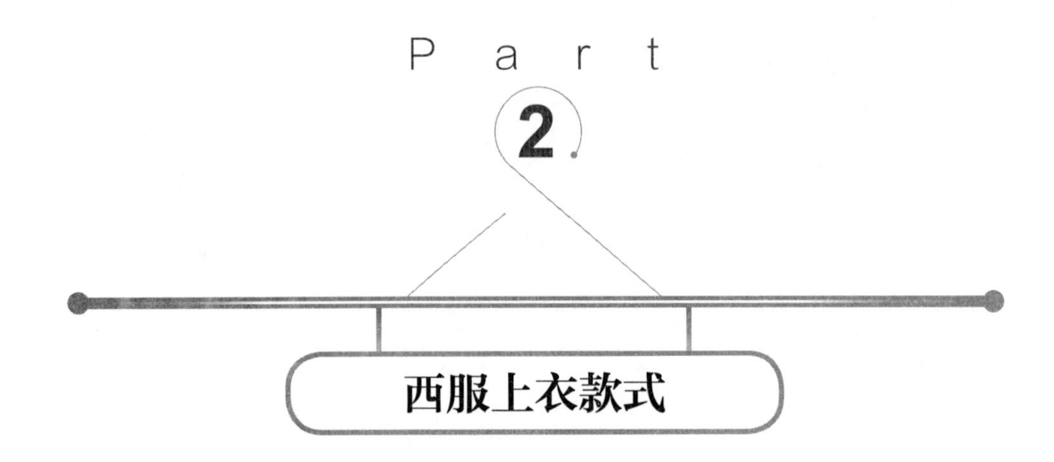

# Part 2. 西服上衣款式

着装的优雅是一种由内而外的美，是艺术、文化底蕴的融入表现。其存在于相对真实的某种感觉之中，随着人们的进步而优化、提升、前行。男装优雅有自己的规则，与每个人的个性紧密相连。因此这是一个引人入胜的领域，在这个领域中，物质和精神被一种特殊的能量融合，着装体现出了物质和精神的神秘吻合，根据每个人的天资和意愿，在数不清的细微差别中，或多或少能展示自己所希望的优雅。这不是一件容易的事，在优雅这个领域能够取得良好成效的人，需要有非同寻常的、良好的个人启蒙教育（家庭社会环境），极少数的人有幸被称为这个领域里罕见的大师。根据这个论断，为了达到适度的优雅，必须有相当的阅历和丰富的知识，并谦卑、低调，带着激情、求知欲和兴趣，努力去追求目标。这是一个快速学习叠加的时代，我们期望给读者一些优雅的范本，我们制造时尚，反对奇装异服的时髦；我们恪守传统经典男装技艺，秉承男士优雅理念，融入现代科学技术、美学艺术设计款型，在后续章节里的款型、细节、个性设计中，我们会始终打着优雅的旗帜；在未来，我们将不断更新、提高和升华。

服装永远是“第一名片”，是用来以清晰的方式，直接传达个人信息：经济状况、文化程度、社会地位、政治倾向和宗教信仰等。在今天这个时代，这种功能虽然在应用方式和表现形式上已经发生变化，但是它的本质没有改变。对于人们来说，重要的是了解那些优雅着装方式的固定标准和原则，而不是机械地、不加分析地去迎合这些标准和原则，是为了一个明确的观点，从这个观点出发，实现自主的选择。虽然格调就是格调，每个人都在坚持自己的调性，但是，即使是一个拒绝优雅着装模式的人也应该了解优雅着装的基本原则，不为别的，只是为了避免出现冒险、鲁莽或外行的选择，避免因此而成为人们的笑柄。传统的男士优雅建立在诸多元素共存的基础上：一是好的服装式样，但要简洁；二是整体的和谐、均衡，包括颜色、外形、面料质地、细节及配饰；三是衣服的板型结构能恰当地适合身体，扬长藏拙。

款式的选择非常微妙，与身高、体型、脸型都有关联。虽然流行会左右着西服的式样，但同样的款式、领型会有高低、平斜、宽窄等变化，了解自己、提升审美，找到适合自己的西服很重要。今年的流行也许就是明年的怀旧，经典才能成就永恒，流行融入品位而成为时尚。值得注意的是瘦弱者不要选择宽大的领型，肥胖体大的人也不太适合窄短的驳领，不然真会hold不住，给人以太夸张之感，这都不是明智之选，也偏离了优雅的主题思想。

曾经当双排扣流行的时候，人们不好意思穿单排扣西服外出，然而现今已是多元化包容的时代，只要是优雅的、适合自己的，不论单排、双排，平驳领、戗驳领，人们都可优雅地、自信地穿出自己的格调：优雅、自信、自然、出色。

建立在精致细节上的魅力和某种品位基础上的优雅是一种神秘的诱惑力，如同一个物体，初触也许感觉不到，甚至它的轮廓都不易辨出，正因如此，才更具吸引力、引人入胜。具有月光下影像若隐若现的朦胧意境，可以被模糊地感觉到，而不能被立即确定来龙去脉，只可以想象，只可意会，不能言传，这就是西服的优雅廓型魅力所在，专业一点讲就是板型的人衣合一，是真正懂得艺术的技术大师精雕细琢、因人而异（或溜肩驼背，或挺胸凸肚等）而打造的只合适个人的样板结构和式样造型。

西服上衣是男人的行头中最重要的，不只是因为它最贵，需要花费最多的时间挑选和搭配，而是因为它是多数人判断着装者地位、性格与能力的基础。既然上半身是人们交往的多数人关注的焦点，是权位的核心象征，因此就先从西服上衣款式开始讲述。

## 单排一扣位

图2–1是最经典优雅的着装系扣方法，一般来说单排扣西服是可以开襟穿着的，但在正式的场合、关键的时刻，还是扣上纽扣最为优雅。相反双排扣西服尽量避免开襟穿着，当然蹲下、坐下时，是可以打开纽扣放松自己的。

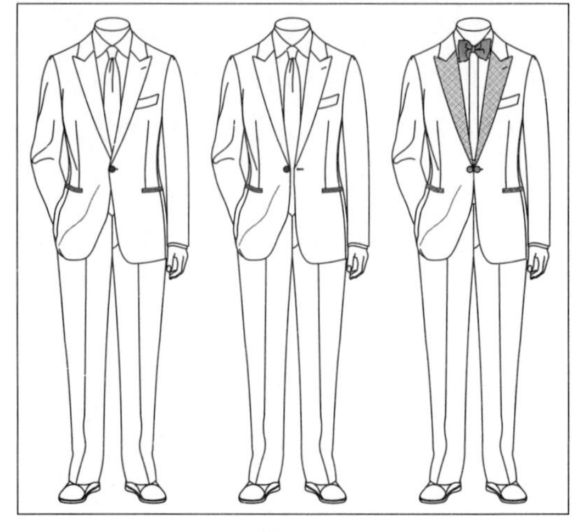

图2–1

大凡品位男士在起身时都会注意西服的系扣，那也是男人极为迷人的精彩瞬间，为了优雅的旗帜，笔者给出一些仅供参考的示范说明。

单排一扣位❶的西服怎么穿都不会错，系扣、不系扣都是对的，正因如此很受欢迎。礼服常常都是一扣位的（图2–1～图2–9），仅需驳头换上缎料那么简单，但在日常着装中还是较少见的。

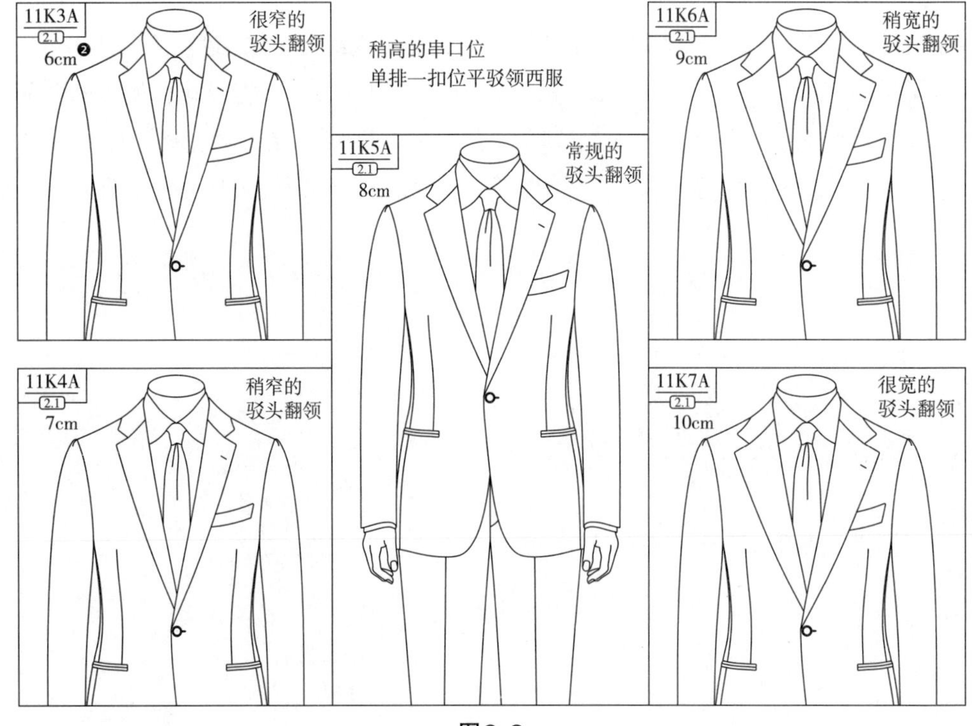


图2–2

❶ 指的是驳领翻的位置在一扣的位置。其余扣位说法同理。

❷ 此数据表示驳头宽，其余图中此位置数据同理。

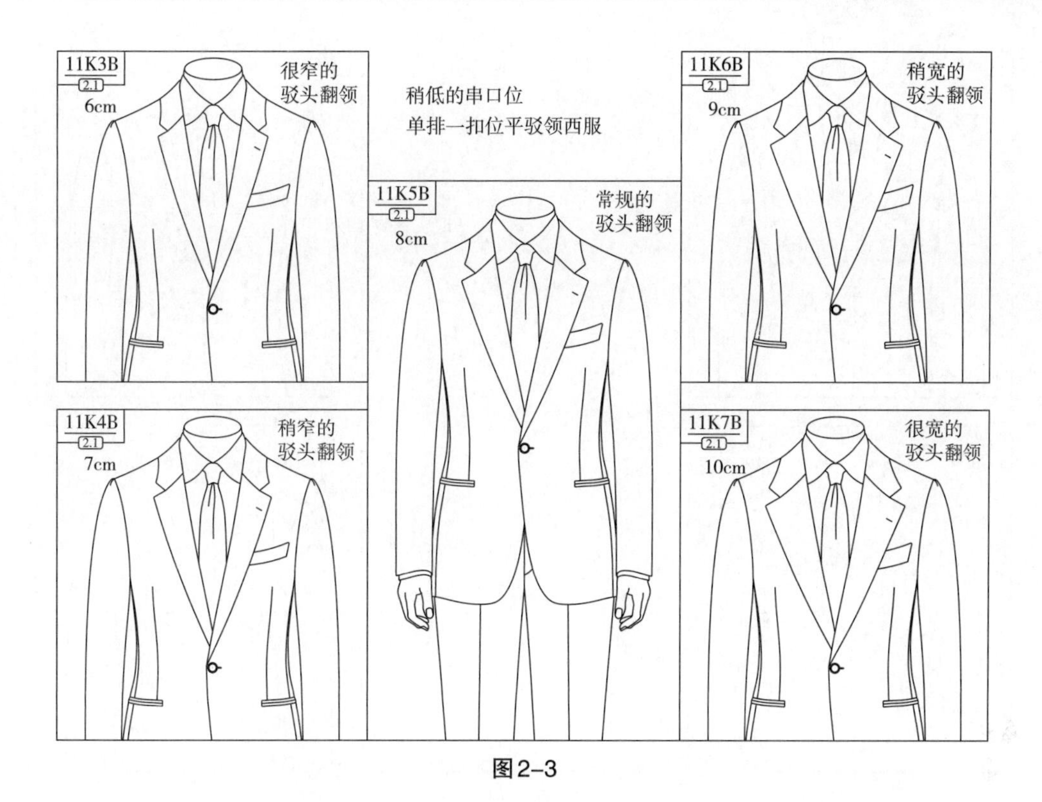
11K3B
2.1
6cm
很窄的
驳头翻领
稍低的串口位
单排一扣位平驳领西服
11K6B
2.1
9cm
稍宽的
驳头翻领
11K5B
2.1
8cm
常规的
驳头翻领
11K4B
2.1
7cm
稍窄的
驳头翻领
11K7B
2.1
10cm
很宽的
驳头翻领

图2-3

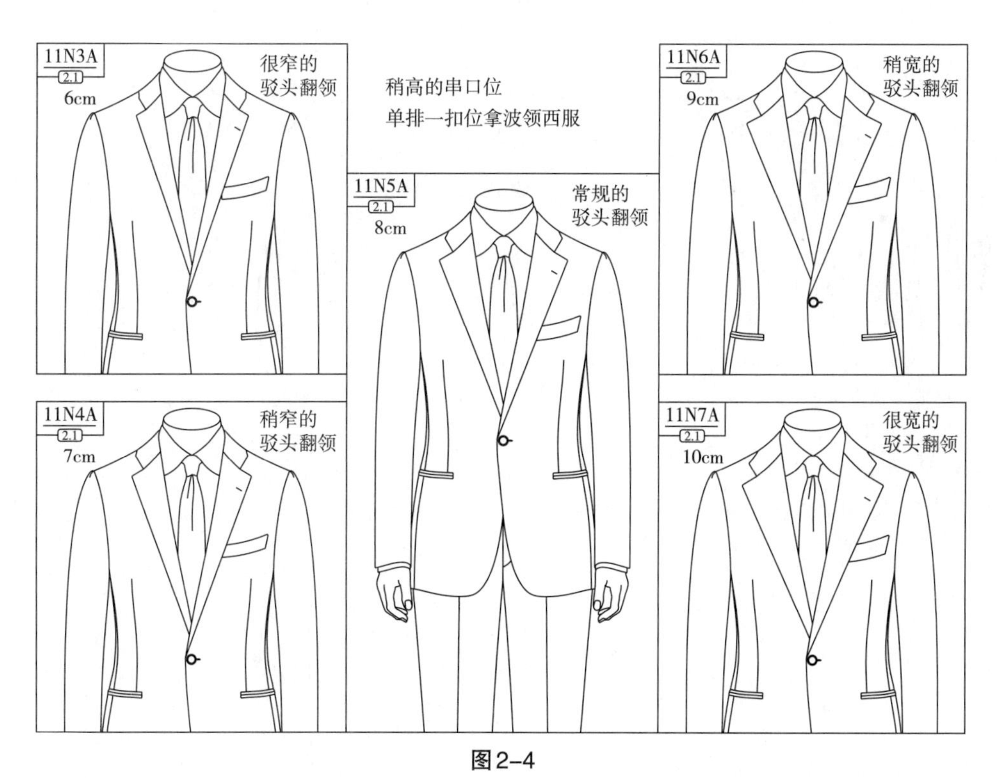
11N3A
2.1
6cm
很窄的
驳头翻领
稍高的串口位
单排一扣位拿波领西服
11N6A
2.1
9cm
稍宽的
驳头翻领
11N5A
2.1
8cm
常规的
驳头翻领
11N4A
2.1
7cm
稍窄的
驳头翻领
11N7A
2.1
10cm
很宽的
驳头翻领

图2-4

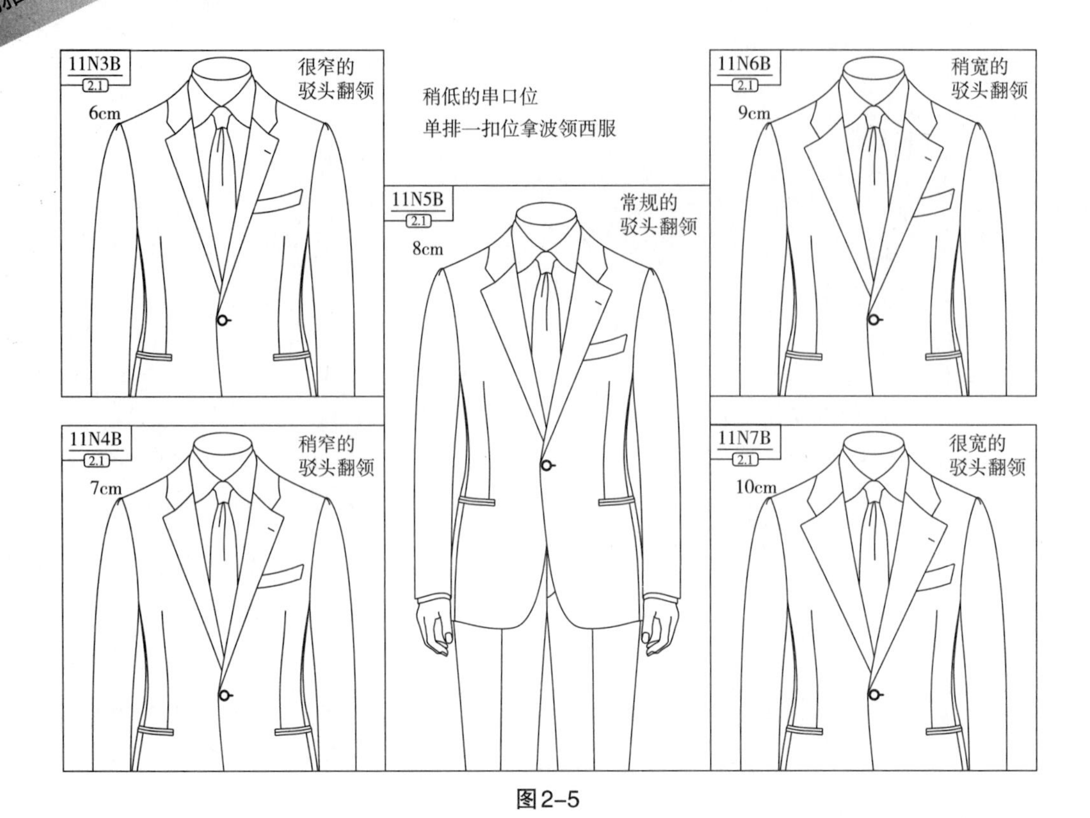
11N3B
2.1
很窄的
驳头翻领
6cm
稍低的串口位
单排一扣位拿波领西服
11N6B
2.1
稍宽的
驳头翻领
9cm
11N5B
2.1
常规的
驳头翻领
8cm
11N4B
2.1
稍窄的
驳头翻领
7cm
11N7B
2.1
很宽的
驳头翻领
10cm

图2-5

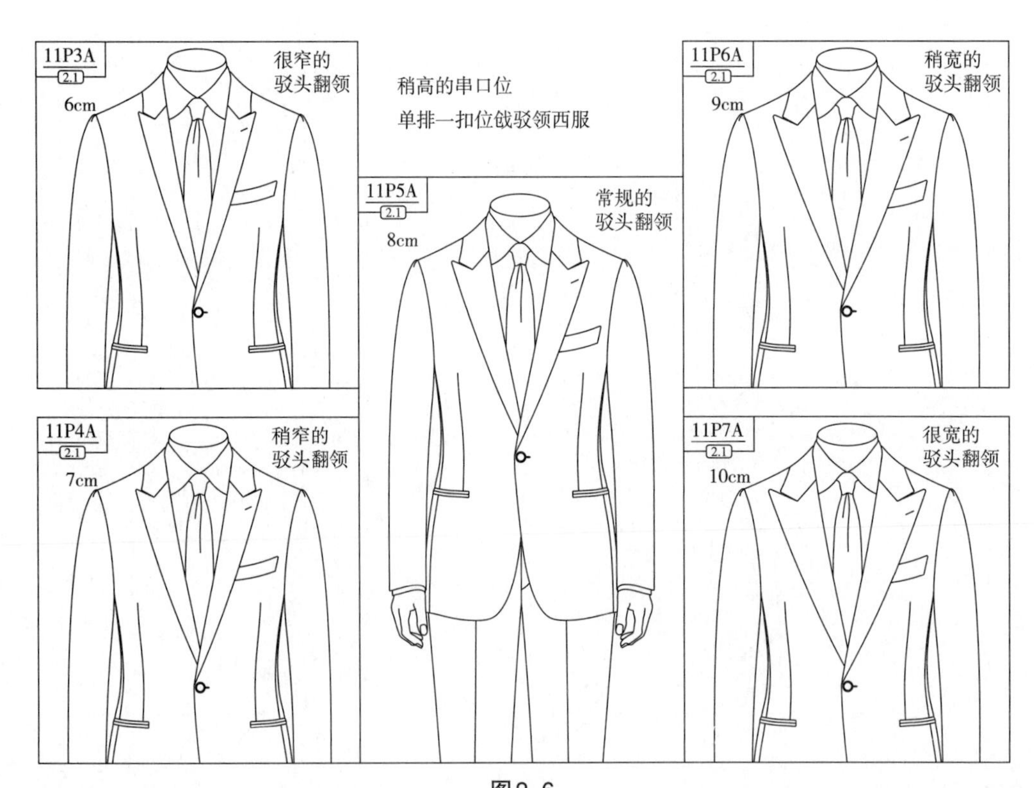
11P3A
2.1
很窄的
驳头翻领
6cm
稍高的串口位
单排一扣位戗驳领西服
11P6A
2.1
稍宽的
驳头翻领
9cm
11P5A
2.1
常规的
驳头翻领
8cm
11P4A
2.1
稍窄的
驳头翻领
7cm
11P7A
2.1
很宽的
驳头翻领
10cm

图2-6

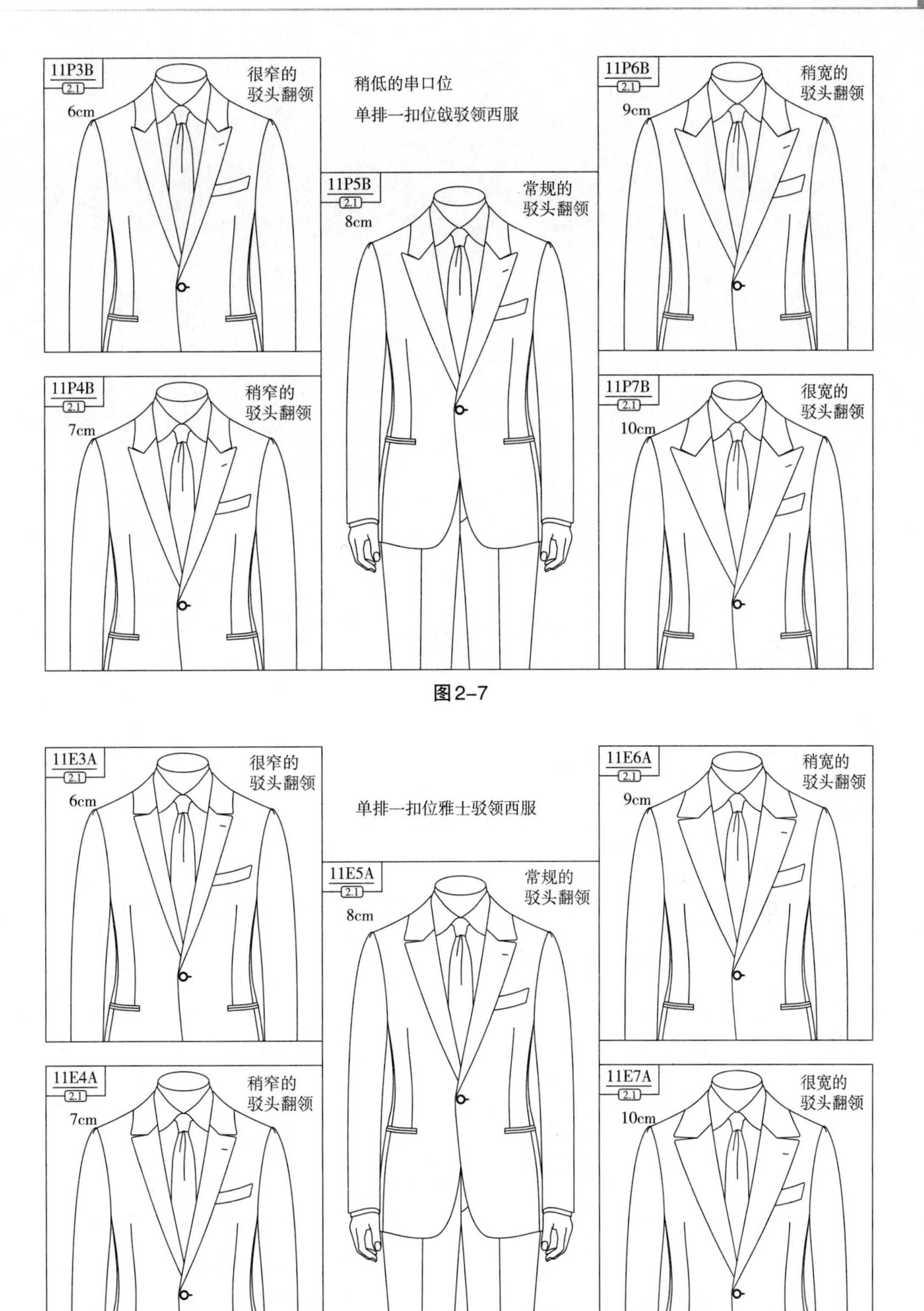

稍低的串口位
单排一扣位戗驳领西服
11P3B
2.1
很窄的
驳头翻领
6cm
11P4B
2.1
稍窄的
驳头翻领
7cm
11P5B
2.1
常规的
驳头翻领
8cm
11P6B
2.1
稍宽的
驳头翻领
9cm
11P7B
2.1
很宽的
驳头翻领
10cm
单排一扣位雅士驳领西服
11E3A
2.1
很窄的
驳头翻领
6cm
11E4A
2.1
稍窄的
驳头翻领
7cm
11E5A
2.1
常规的
驳头翻领
8cm
11E6A
2.1
稍宽的
驳头翻领
9cm
11E7A
2.1
很宽的
驳头翻领
10cm


图2–7

图2–8

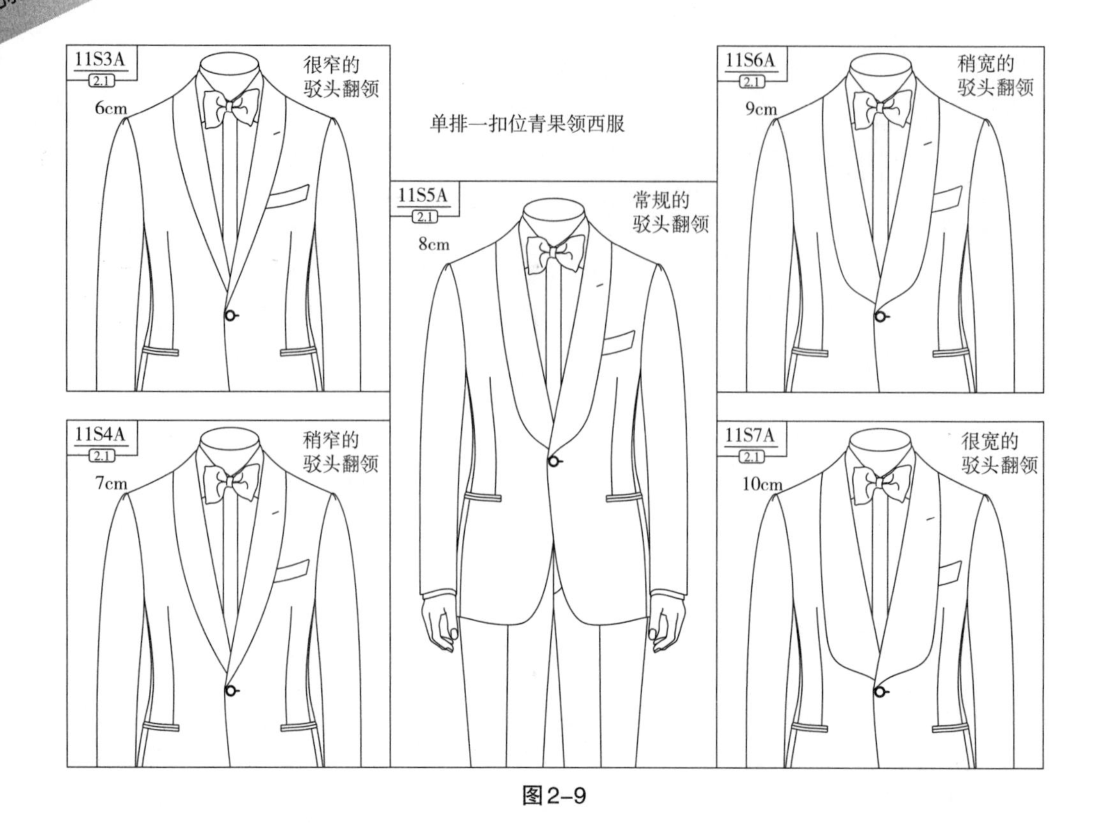


图2-9

## 单排二扣位

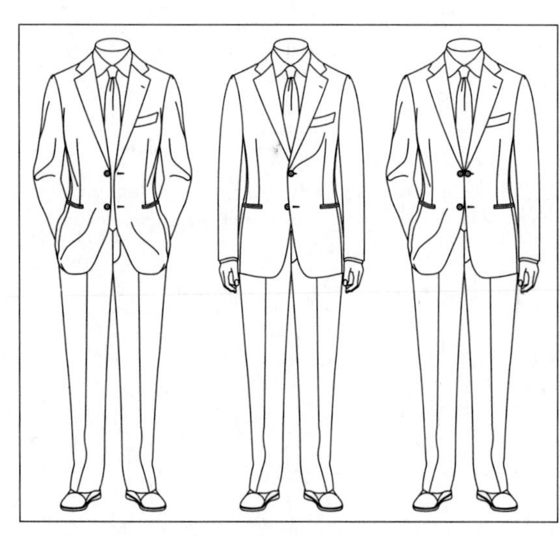

图2-10

单排二扣位是西服中的经典，平驳领更是经典中的经典（图2-10～图2-14），穿着中注意最下面的一颗纽扣不系上会更自然。单排二扣位西服有戗驳领、青果领等领型（图2-15～图2-18）。西服领部串口位的变化也会使西服呈现的效果不同（图2-19、图2-20）。单排一扣位和二扣位的线襻对扣方式非常有意义，可用美观、大方、便捷、有效、均衡、实用来描述，也就是高端、大气、上档次的完美体现，男人可瘦一点、胖一点，优雅自得。

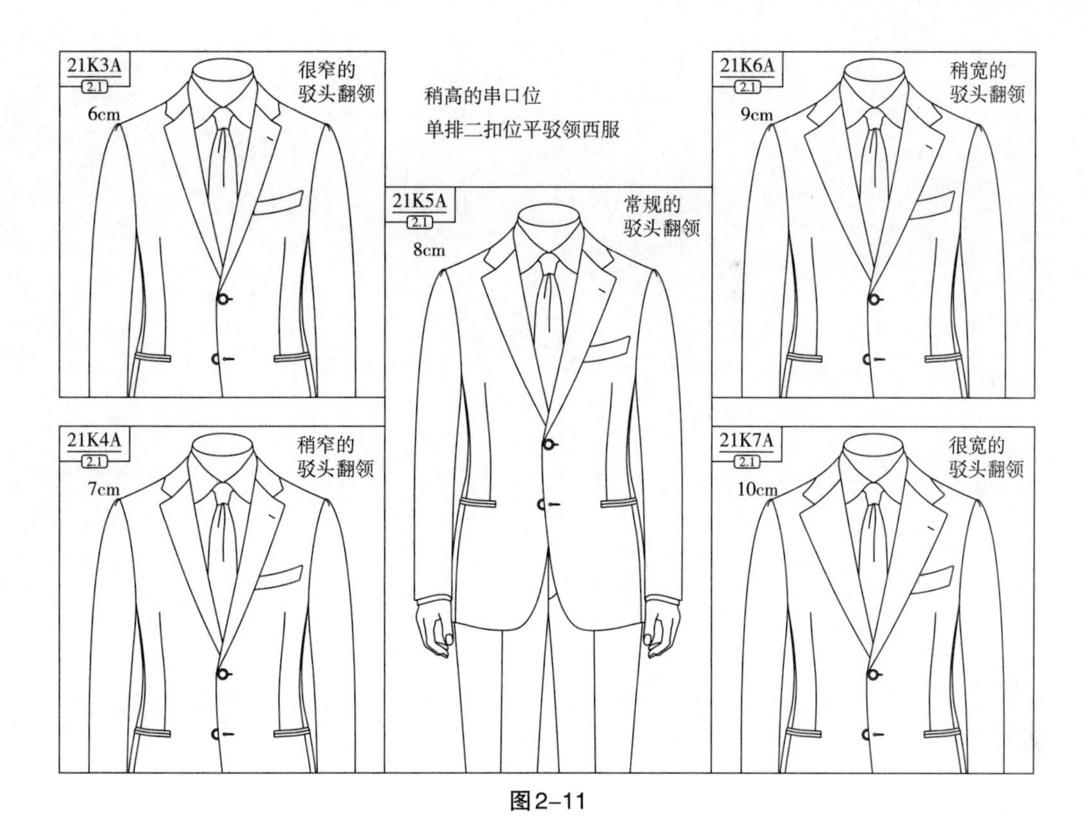


图2-11

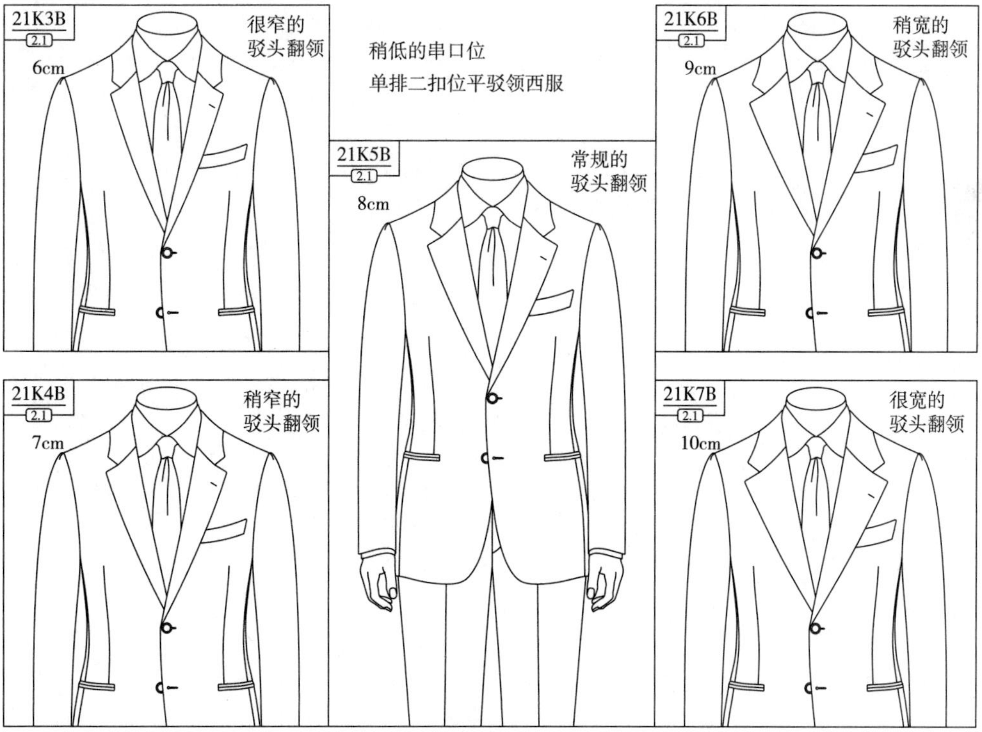

21K3B
2.1
很窄的
驳头翻领
6cm

稍低的串口位
单排二扣位平驳领西服

21K6B
2.1
稍宽的
驳头翻领
9cm

21K5B
2.1
常规的
驳头翻领
8cm

21K4B
2.1
稍窄的
驳头翻领
7cm

21K7B
2.1
很宽的
驳头翻领
10cm

图2-12

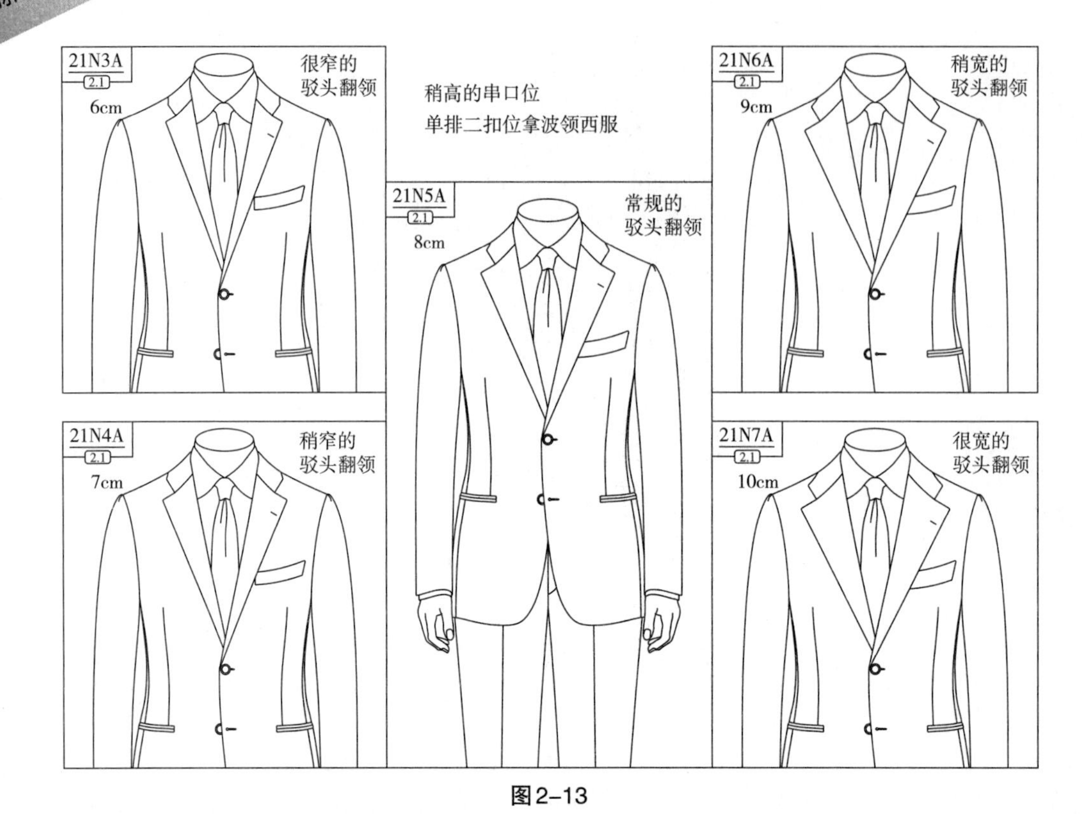
21N3A
2.1
6cm
很窄的
驳头翻领
稍高的串口位
单排二扣位拿波领西服
21N6A
2.1
9cm
稍宽的
驳头翻领
21N5A
2.1
8cm
常规的
驳头翻领
21N4A
2.1
7cm
稍窄的
驳头翻领
21N7A
2.1
10cm
很宽的
驳头翻领

图2-13

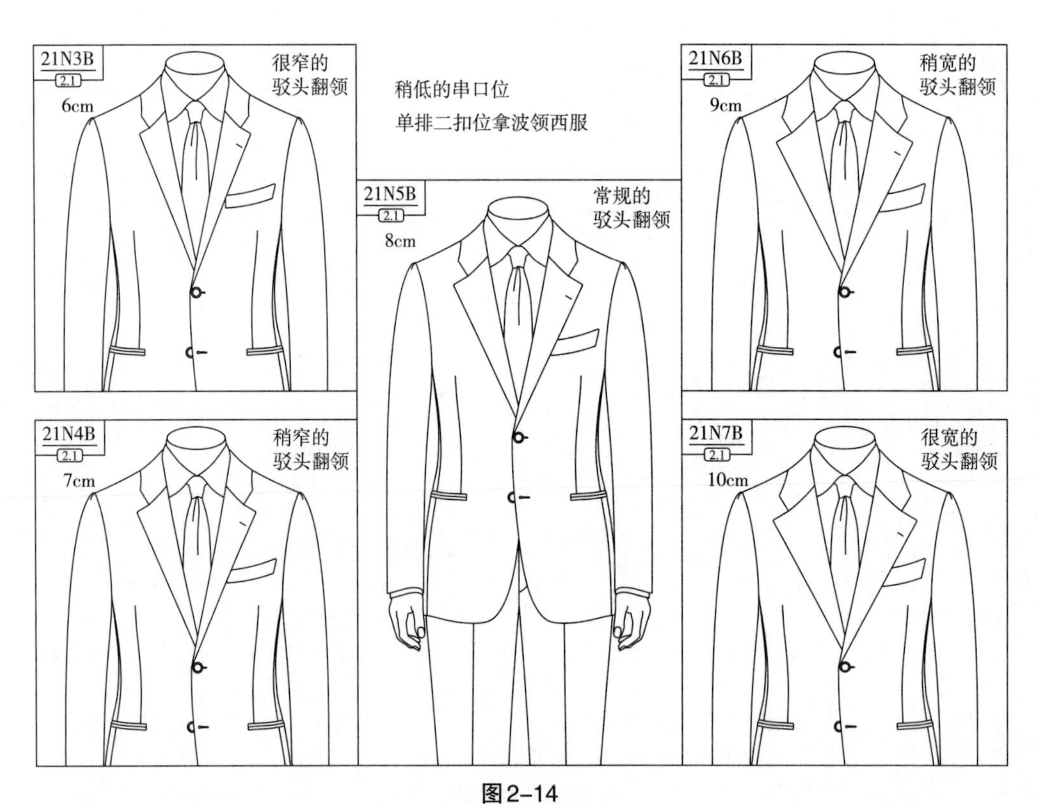
21N3B
2.1
6cm
很窄的
驳头翻领
稍低的串口位
单排二扣位拿波领西服
21N6B
2.1
9cm
稍宽的
驳头翻领
21N5B
2.1
8cm
常规的
驳头翻领
21N4B
2.1
7cm
稍窄的
驳头翻领
21N7B
2.1
10cm
很宽的
驳头翻领

图2-14

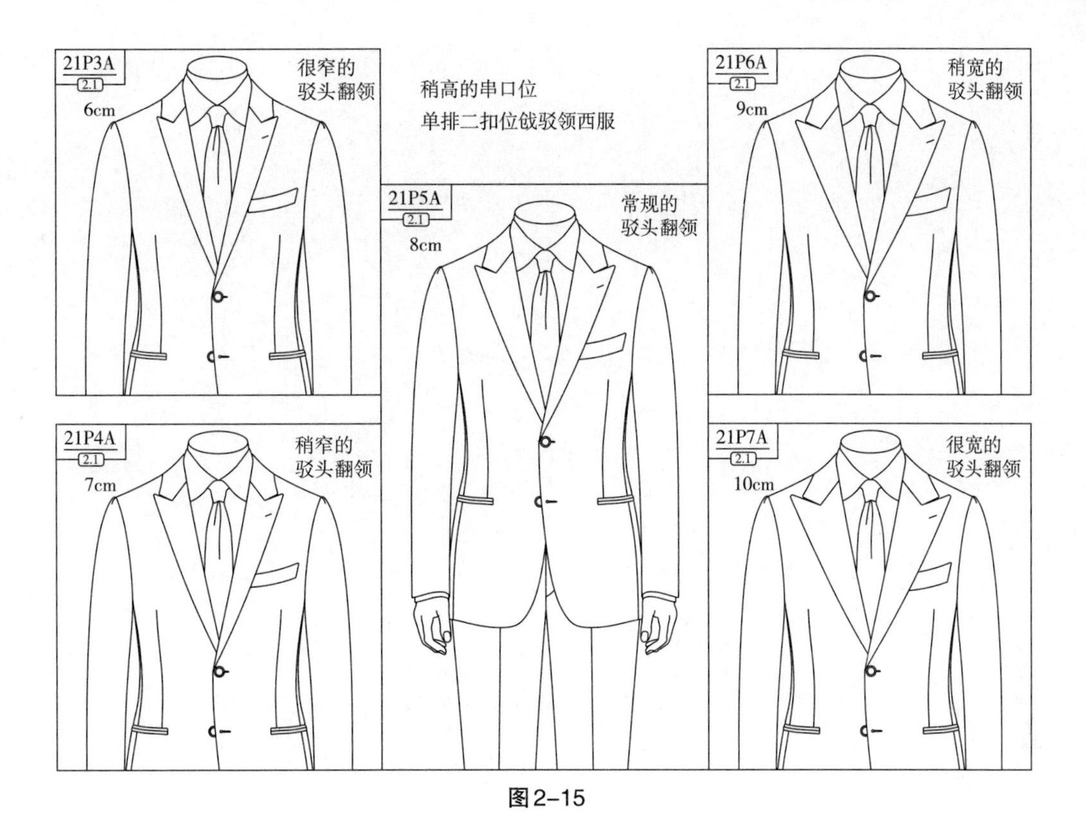


图2-15

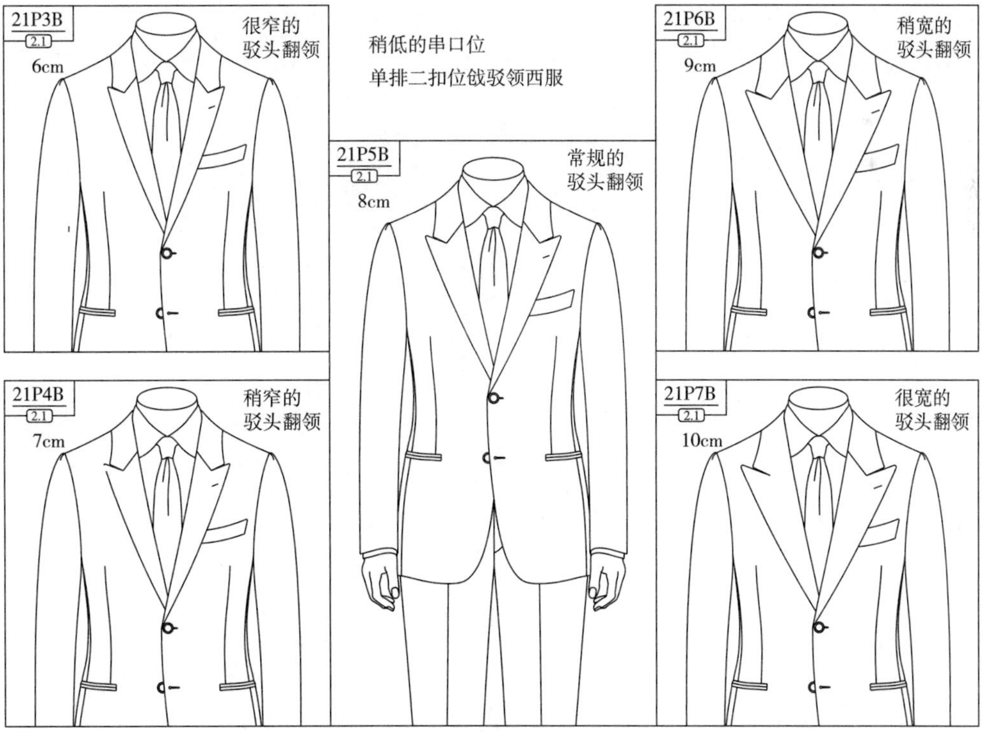

21P3B
2.1
6cm
很窄的
驳头翻领

稍低的串口位
单排二扣位戗驳领西服

21P6B
2.1
9cm
稍宽的
驳头翻领

21P5B
2.1
8cm
常规的
驳头翻领

21P4B
2.1
7cm
稍窄的
驳头翻领

21P7B
2.1
10cm
很宽的
驳头翻领

图2-16

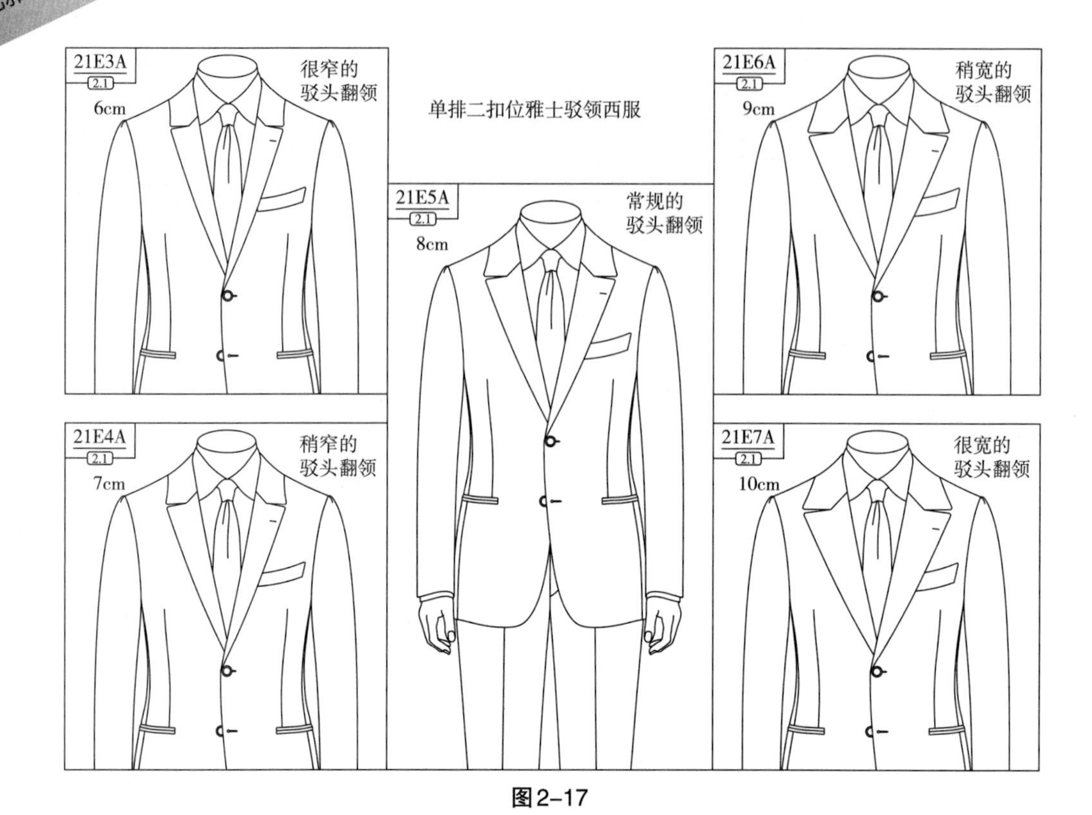


图2-17

单排二扣位青果领西服

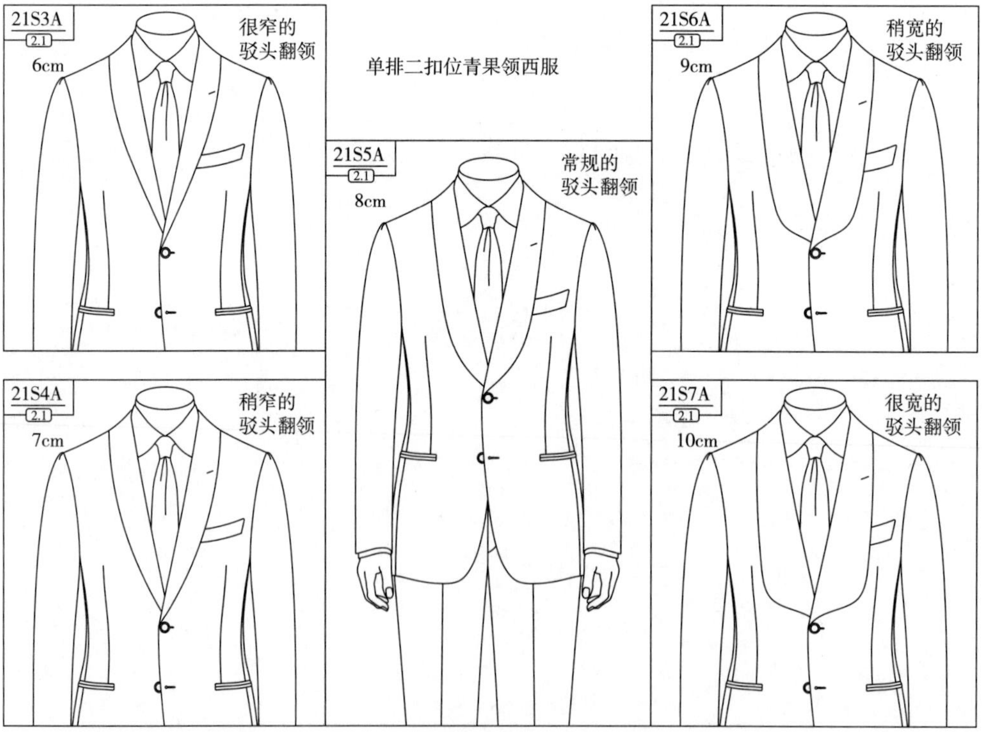

21S3A
2.1
6cm
很窄的驳头翻领

21S4A
2.1
7cm
稍窄的驳头翻领

21S5A
2.1
8cm
常规的驳头翻领

21S6A
2.1
9cm
稍宽的驳头翻领

21S7A
2.1
10cm
很宽的驳头翻领

图2-18

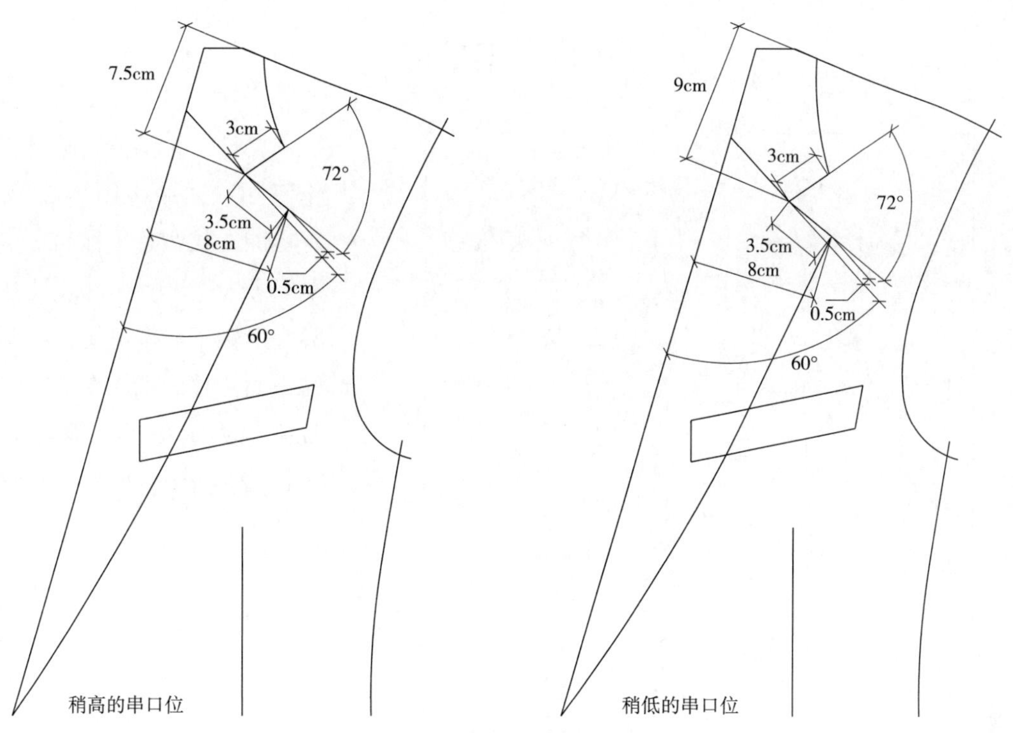


图2–19

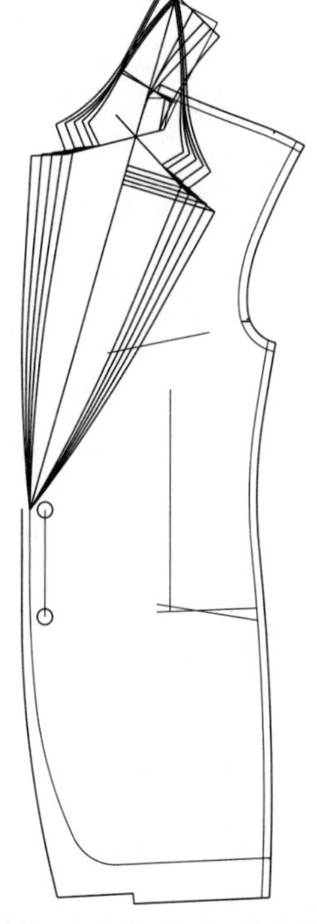

单排二扣位平驳领串口位变化

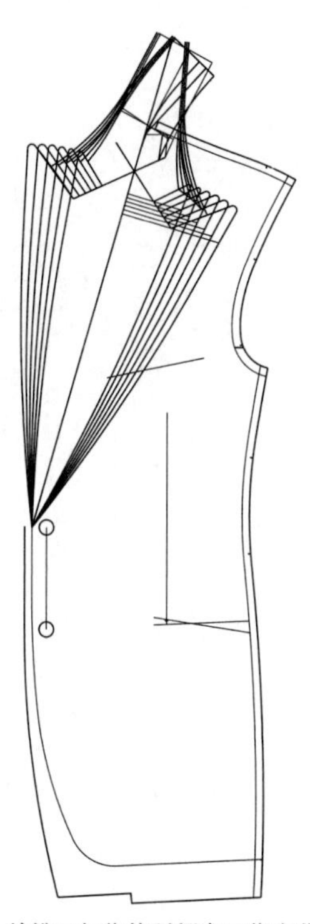

单排二扣位戗驳领串口位变化

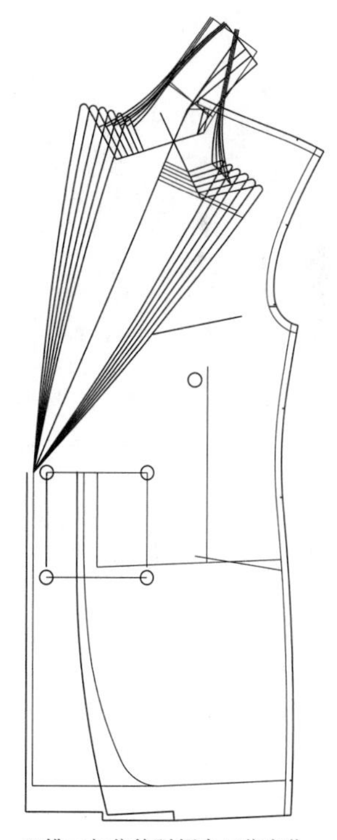

双排二扣位戗驳领串口位变化

图2–20

## 单排二扣半位

图2-21

单排二扣半位西服又叫作三扣一西服（图2-21），其实同二扣位是一样的，只是翻折点上了一些，且在驳头上锁了一个纽洞，纽洞的正面在挂面端，在穿着时常常只系上中间一颗纽扣（图2-22～图2-28）。

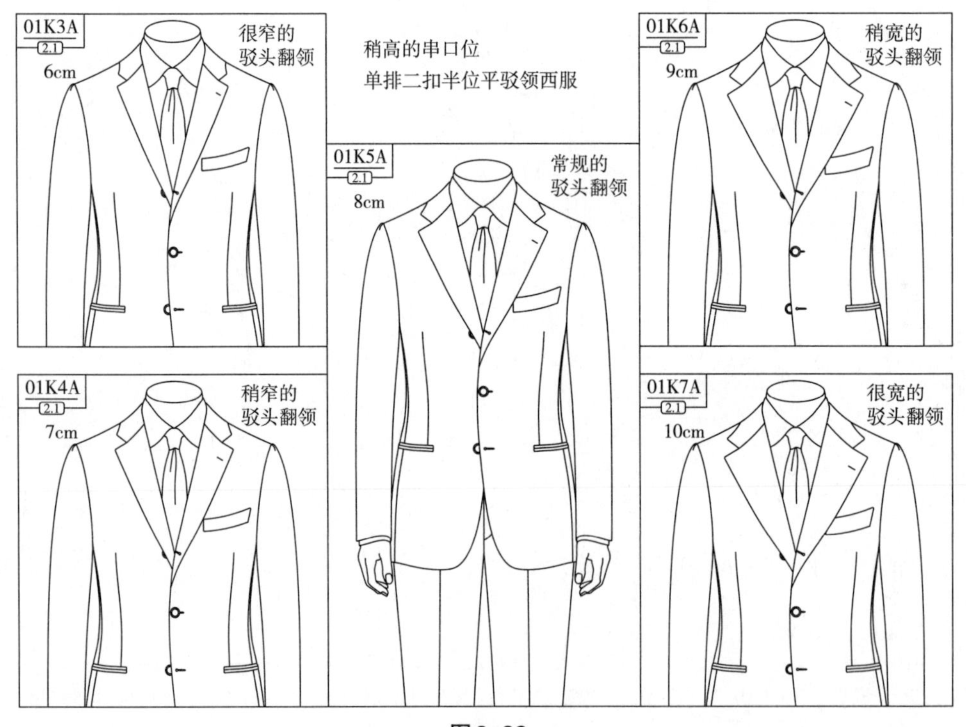

图2-22

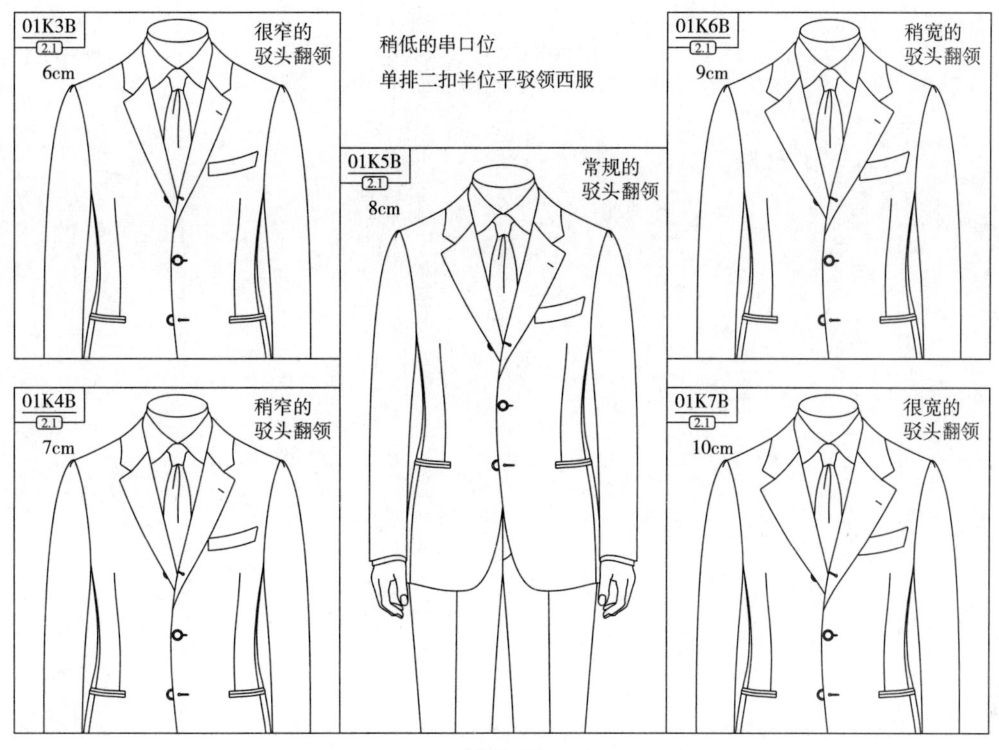
01K3B
2.1
6cm
很窄的
驳头翻领
稍低的串口位
单排二扣半位平驳领西服
01K6B
2.1
9cm
稍宽的
驳头翻领
01K5B
2.1
8cm
常规的
驳头翻领
01K4B
2.1
7cm
稍窄的
驳头翻领
01K7B
2.1
10cm
很宽的
驳头翻领

图2-23

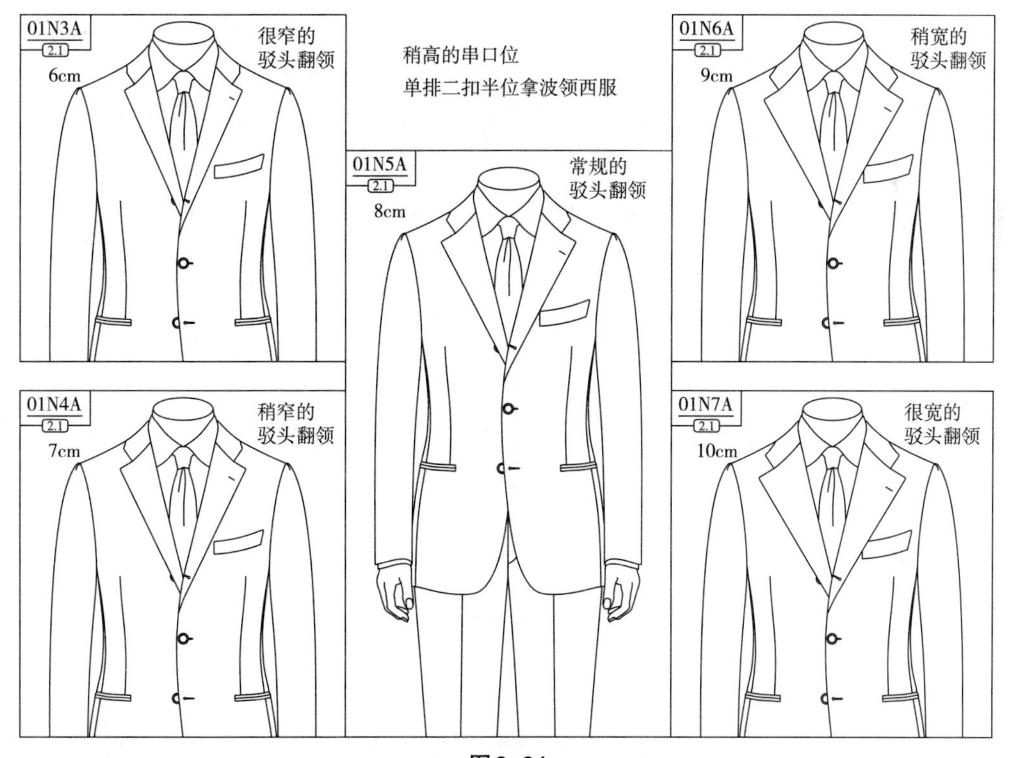
01N3A
2.1
6cm
很窄的
驳头翻领
稍高的串口位
单排二扣半位拿波领西服
01N6A
2.1
9cm
稍宽的
驳头翻领
01N5A
2.1
8cm
常规的
驳头翻领
01N4A
2.1
7cm
稍窄的
驳头翻领
01N7A
2.1
10cm
很宽的
驳头翻领

图2-24

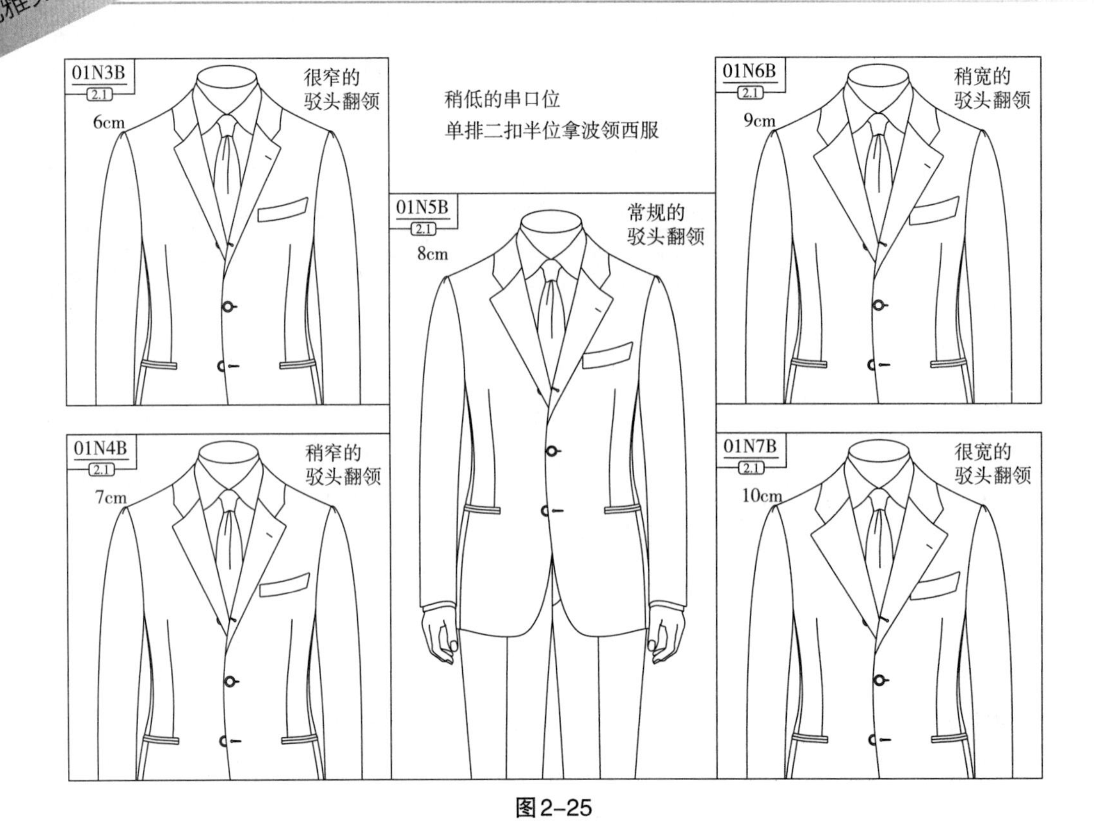
稍低的串口位
单排二扣半位拿波领西服
01N3B
2.1
很窄的
驳头翻领
6cm
01N4B
2.1
稍窄的
驳头翻领
7cm
01N5B
2.1
常规的
驳头翻领
8cm
01N6B
2.1
稍宽的
驳头翻领
9cm
01N7B
2.1
很宽的
驳头翻领
10cm

图2-25

稍高的串口位
单排二扣半位戗驳领西服
01P3A
2.1
很窄的
驳头翻领
6cm
01P4A
2.1
稍窄的
驳头翻领
7cm
01P5A
2.1
常规的
驳头翻领
8cm
01P6A
2.1
稍宽的
驳头翻领
9cm
01P7A
2.1
很宽的
驳头翻领
10cm

图2-26

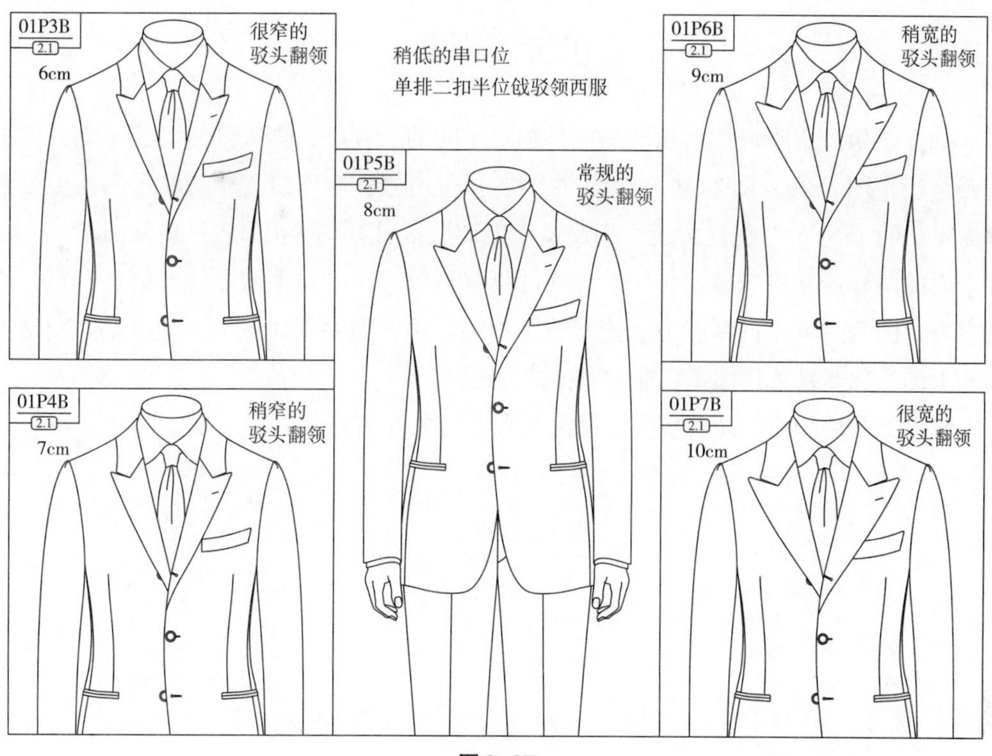
稍低的串口位
单排二扣半位戗驳领西服
01P3B
2.1
6cm
很窄的
驳头翻领
01P4B
2.1
7cm
稍窄的
驳头翻领
01P5B
2.1
8cm
常规的
驳头翻领
01P6B
2.1
9cm
稍宽的
驳头翻领
01P7B
2.1
10cm
很宽的
驳头翻领

图2–27

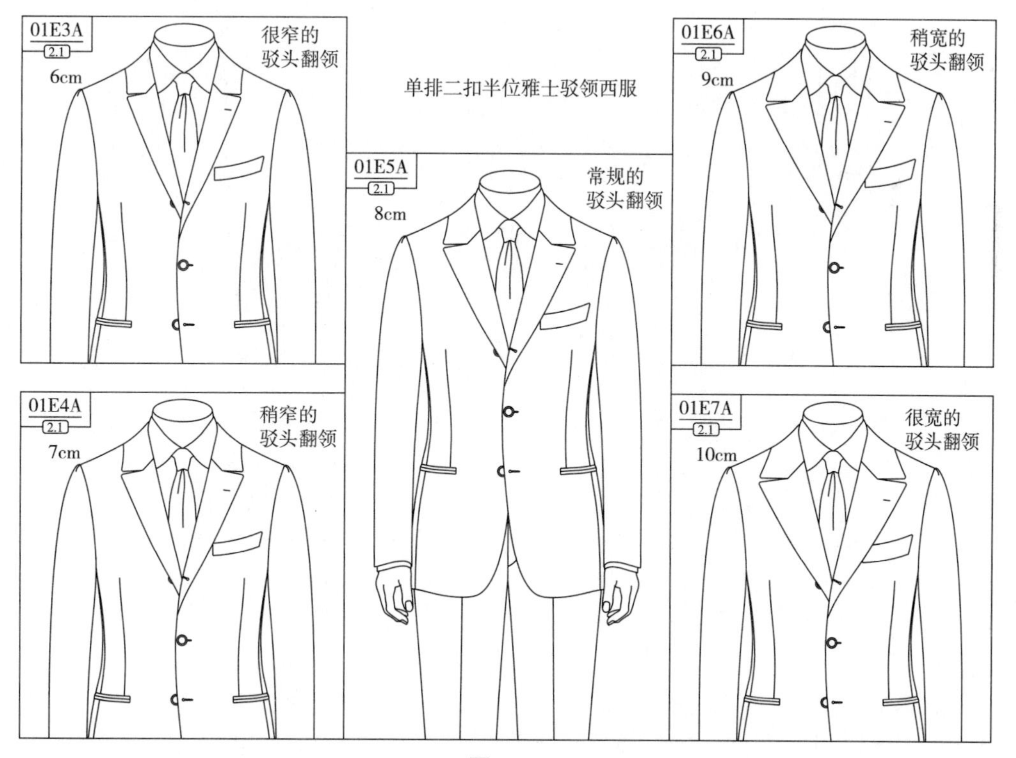
单排二扣半位雅士驳领西服
01E3A
2.1
6cm
很窄的
驳头翻领
01E4A
2.1
7cm
稍窄的
驳头翻领
01E5A
2.1
8cm
常规的
驳头翻领
01E6A
2.1
9cm
稍宽的
驳头翻领
01E7A
2.1
10cm
很宽的
驳头翻领

图2–28

## 单排三扣位

单排三扣位西服最佳系扣形式也是扣上中间的一颗纽，男人的洒脱、干练、优雅完美呈现（图2-29 ~ 图2-36），可惜很多三扣位西服在制作过程中忽略了翻折点要下移2.5cm（1英寸）的优良传统，相反还会上调1cm，于是三扣西服已成怀旧了。三扣中上面的两颗能塑造庄重、传统、保守的良好形象，三扣位西服是经典的常春藤，值得拥有，因为它的不同系扣方式能塑造不同的形象，但要记住最下面的一颗一般是不需扣上的，除非是无比庄重、非常寒冷的时刻。

除以上几种扣位，还有单排多扣位西服，如图2-37所示。

图2-29

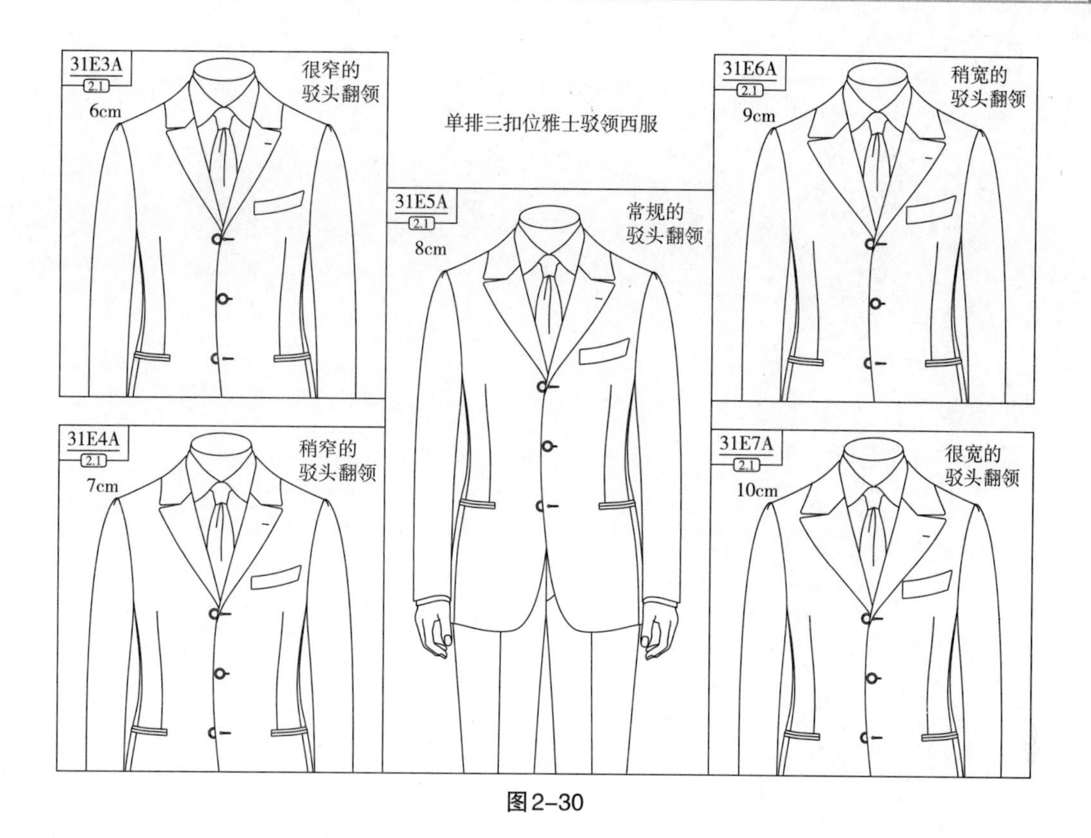


图2-30

31K3A
2.1
6cm
很窄的
驳头翻领

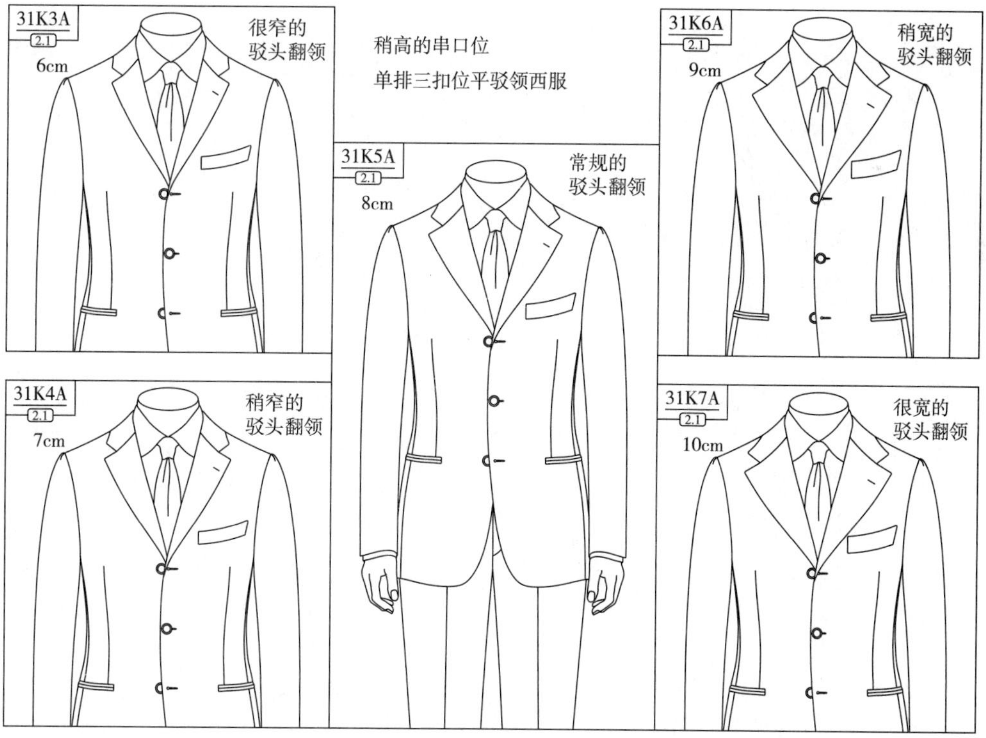

稍高的串口位
单排三扣位平驳领西服

31K6A
2.1
9cm
稍宽的
驳头翻领

31K5A
2.1
8cm
常规的
驳头翻领

31K4A
2.1
7cm
稍窄的
驳头翻领

31K7A
2.1
10cm
很宽的
驳头翻领

图2-31

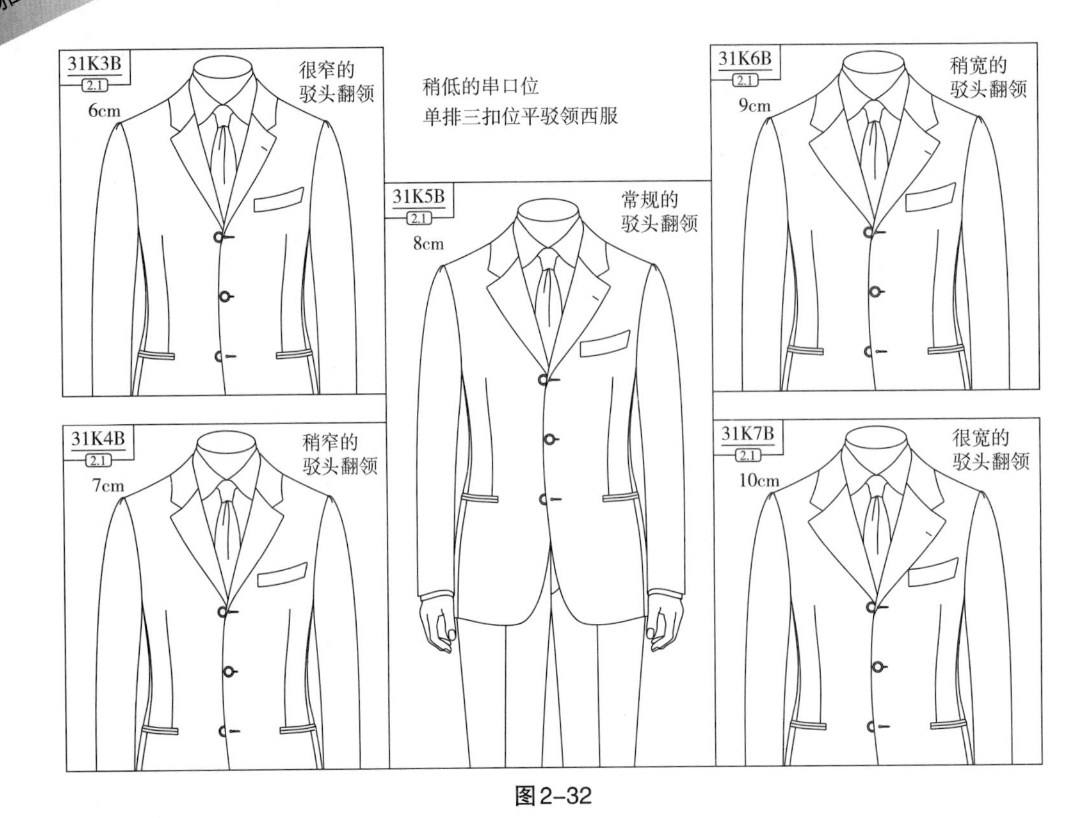


图2-32

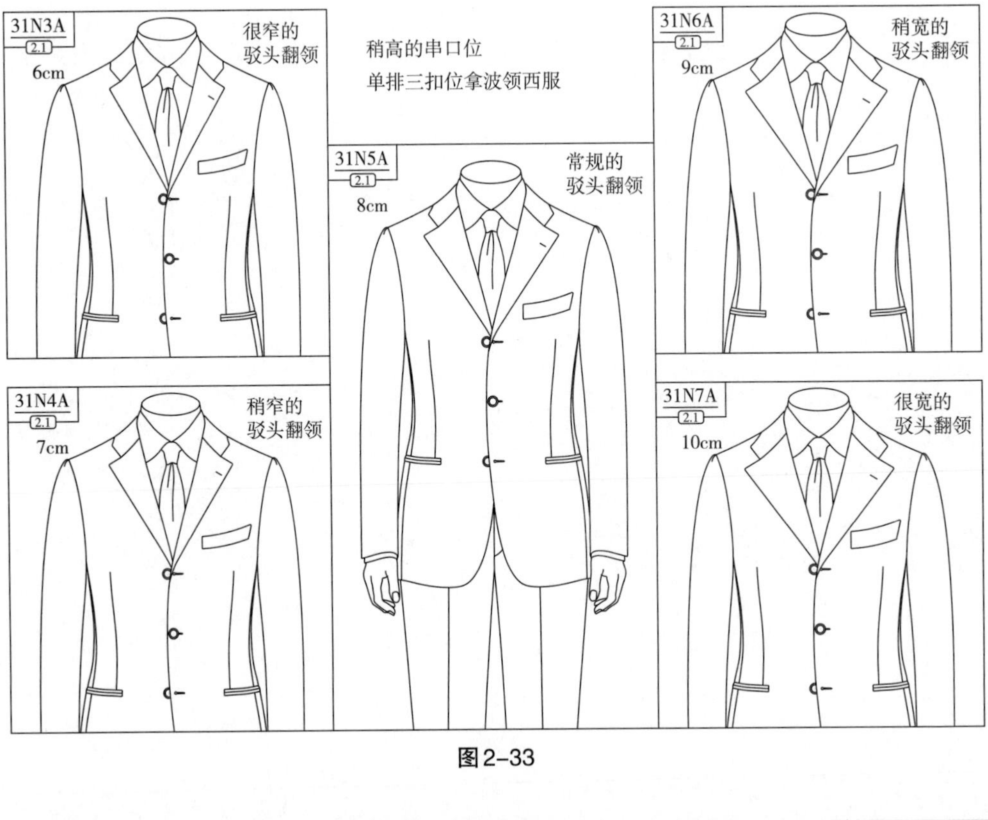

31N3A
2.1
6cm
很窄的
驳头翻领

稍高的串口位
单排三扣位拿波领西服

31N6A
2.1
9cm
稍宽的
驳头翻领

31N5A
2.1
8cm
常规的
驳头翻领

31N4A
2.1
7cm
稍窄的
驳头翻领

31N7A
2.1
10cm
很宽的
驳头翻领

图2-33

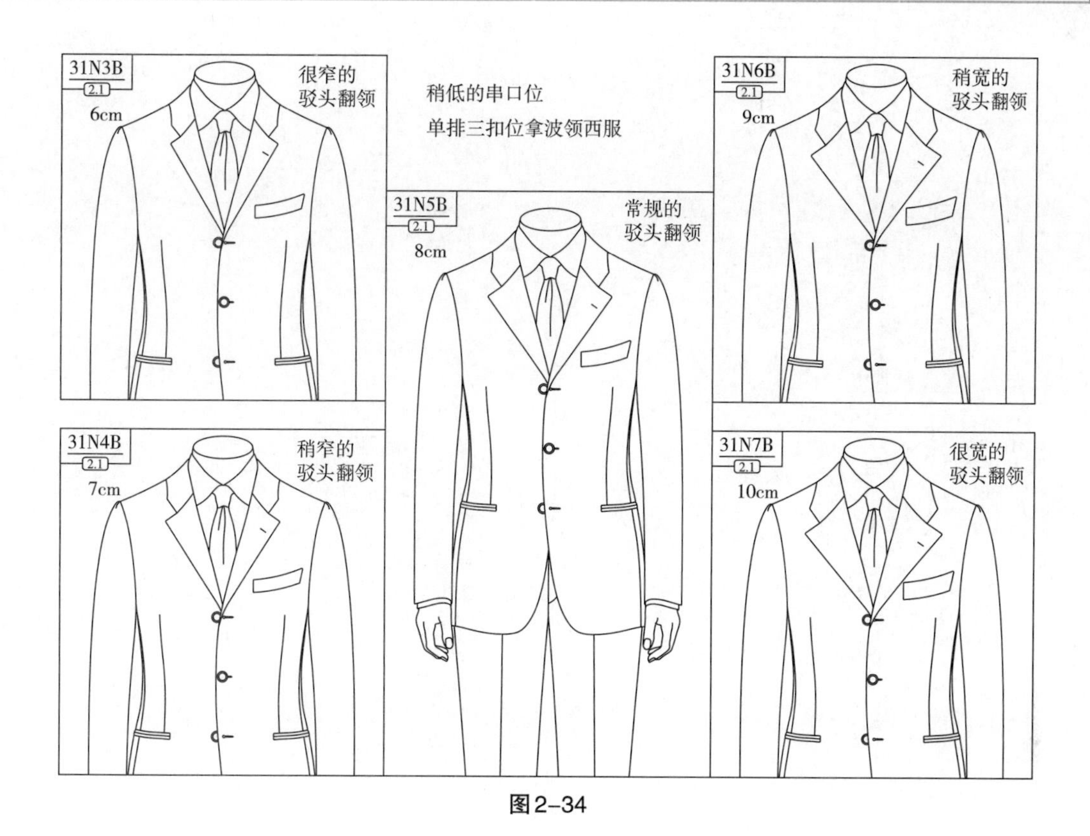


图2-34

31P3A
2.1
6cm
很窄的
驳头翻领

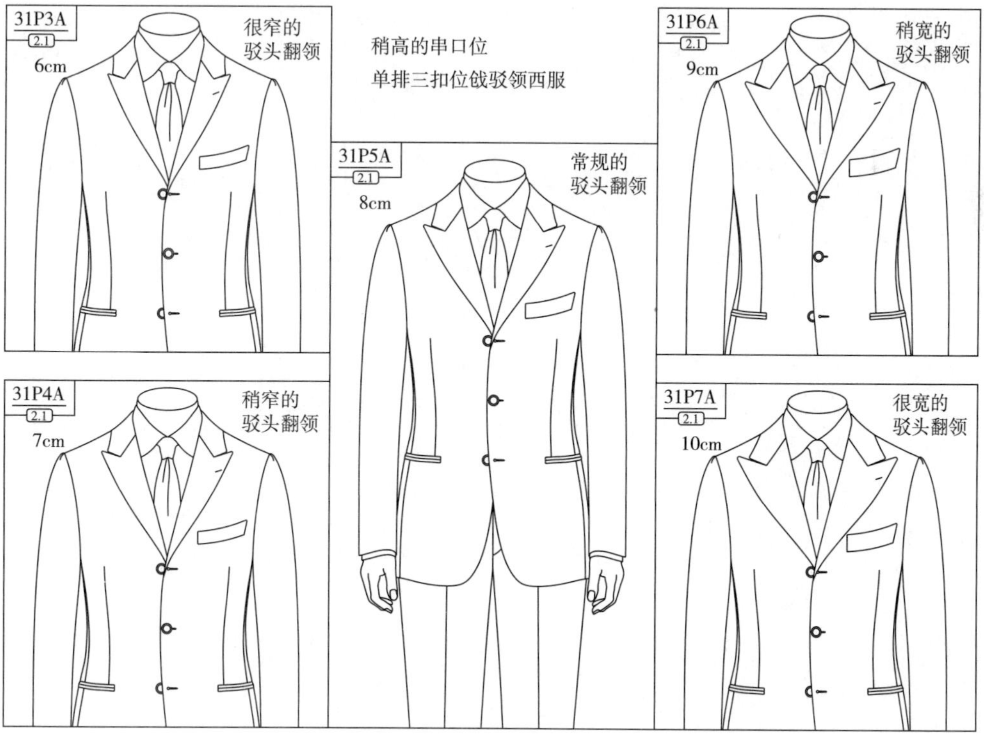

稍高的串口位
单排三扣位戗驳领西服

31P6A
2.1
9cm
稍宽的
驳头翻领

31P5A
2.1
8cm
常规的
驳头翻领

31P4A
2.1
7cm
稍窄的
驳头翻领

31P7A
2.1
10cm
很宽的
驳头翻领

图2-35

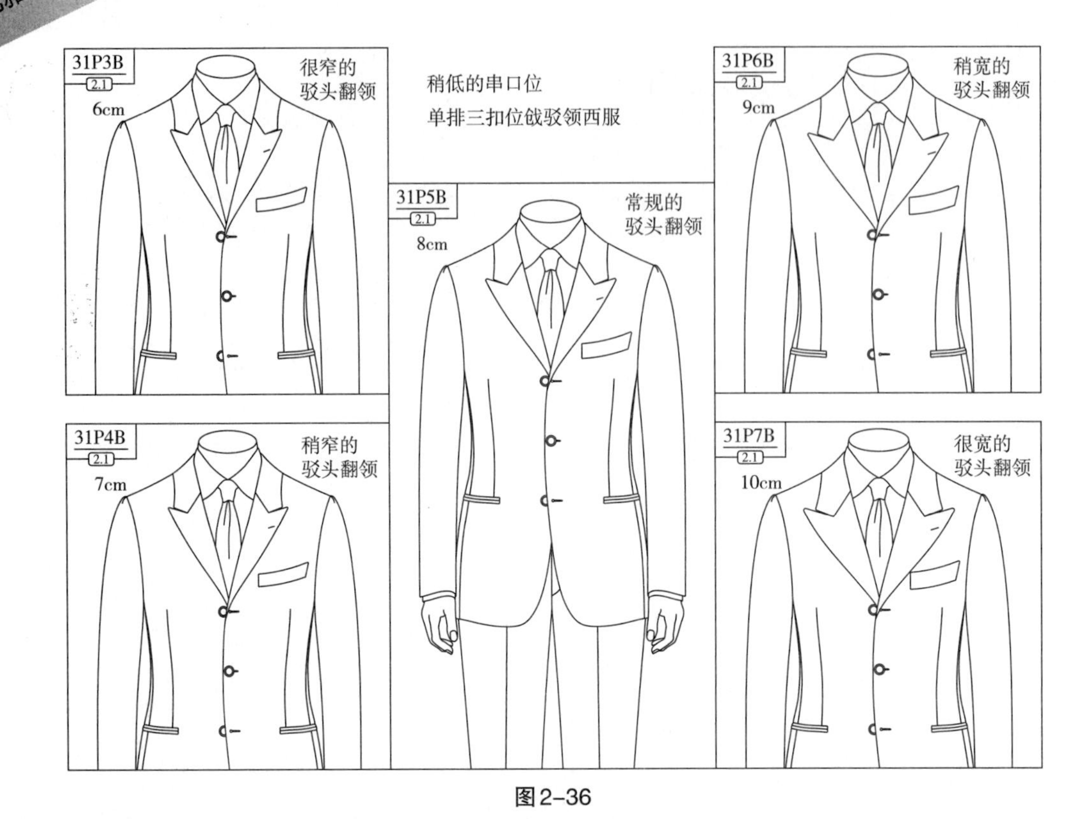
31P3B
2.1
6cm
很窄的
驳头翻领
稍低的串口位
单排三扣位戗驳领西服
31P6B
2.1
9cm
稍宽的
驳头翻领
31P5B
2.1
8cm
常规的
驳头翻领
31P4B
2.1
7cm
稍窄的
驳头翻领
31P7B
2.1
10cm
很宽的
驳头翻领

图2–36

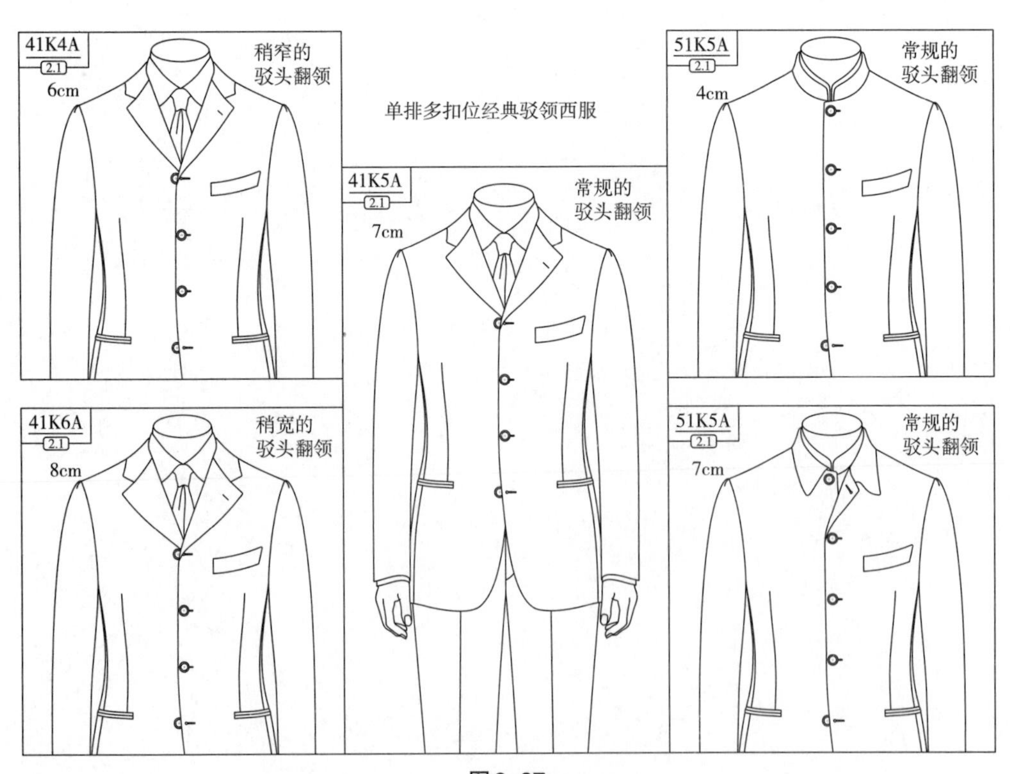
41K4A
2.1
6cm
稍窄的
驳头翻领
单排多扣位经典驳领西服
51K5A
2.1
4cm
常规的
驳头翻领
41K5A
2.1
7cm
常规的
驳头翻领
41K6A
2.1
8cm
稍宽的
驳头翻领
51K5A
2.1
7cm
常规的
驳头翻领

图2–37

## 单排下摆的变化（图2-38~图2-41）

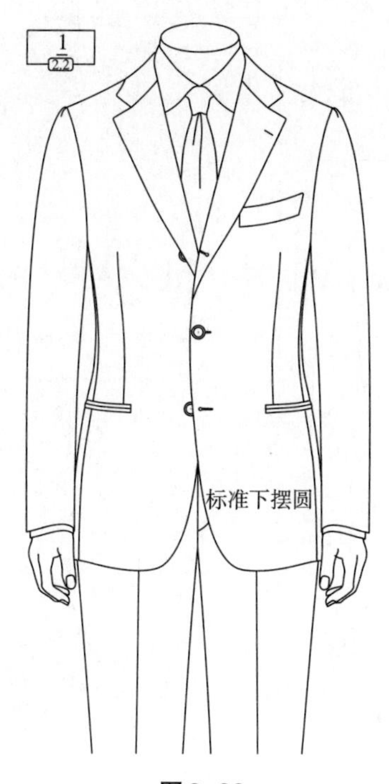


图2-38

2
2.2
斜线下摆

图2-39

图2-40

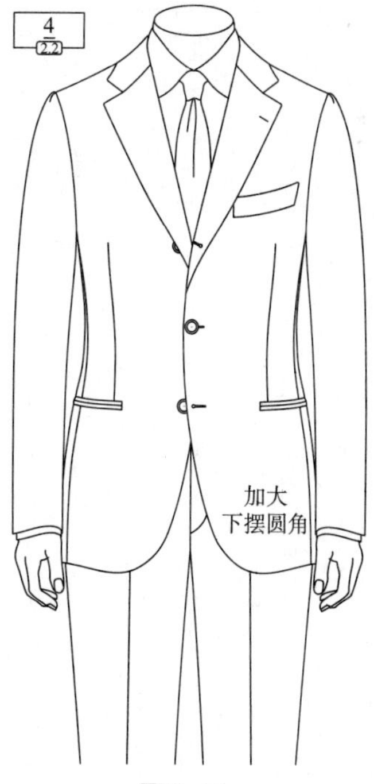


图2-41

## 双排一扣位四组（图2-42～图2-46）

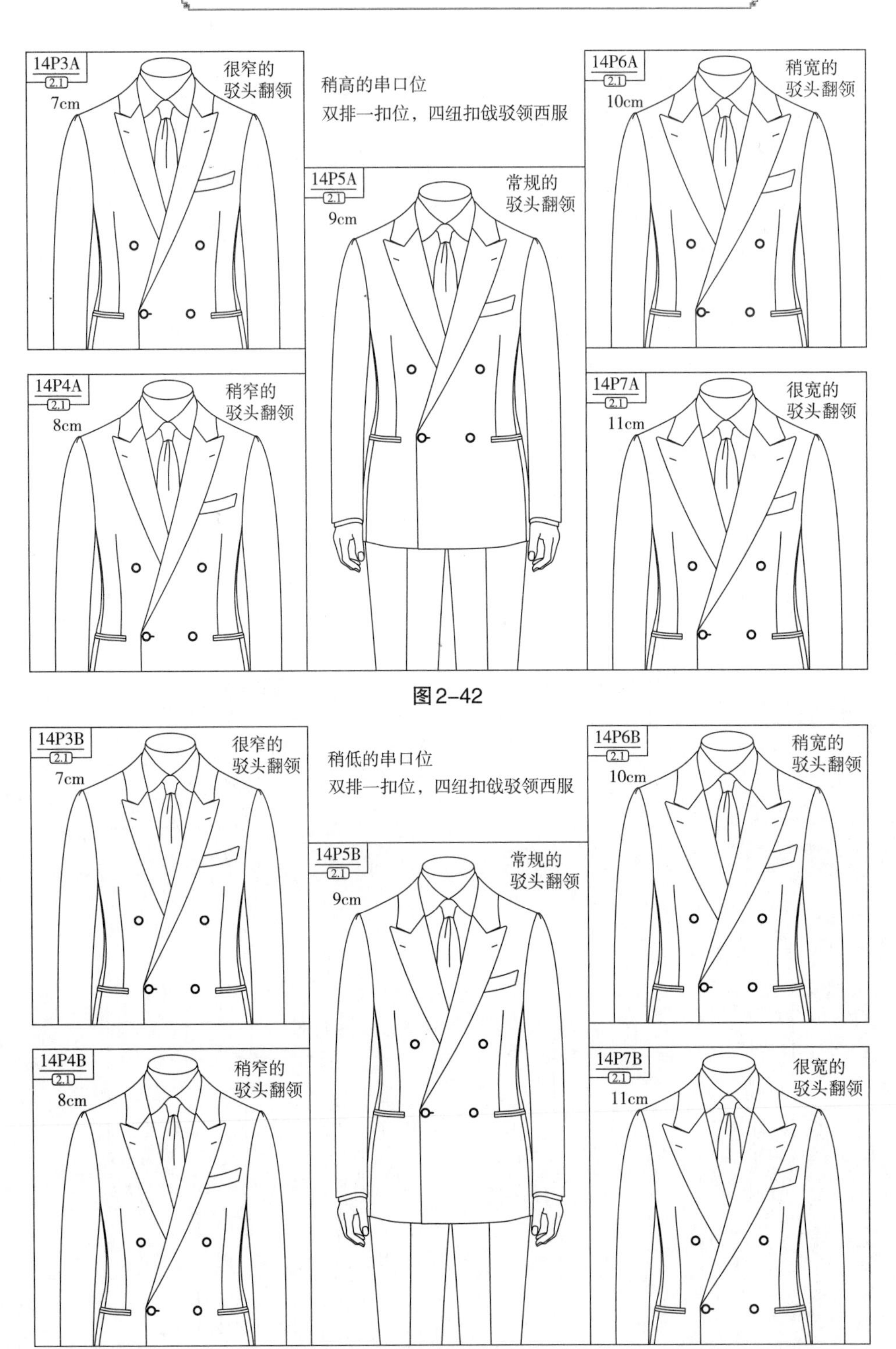


图2-42



图2-43

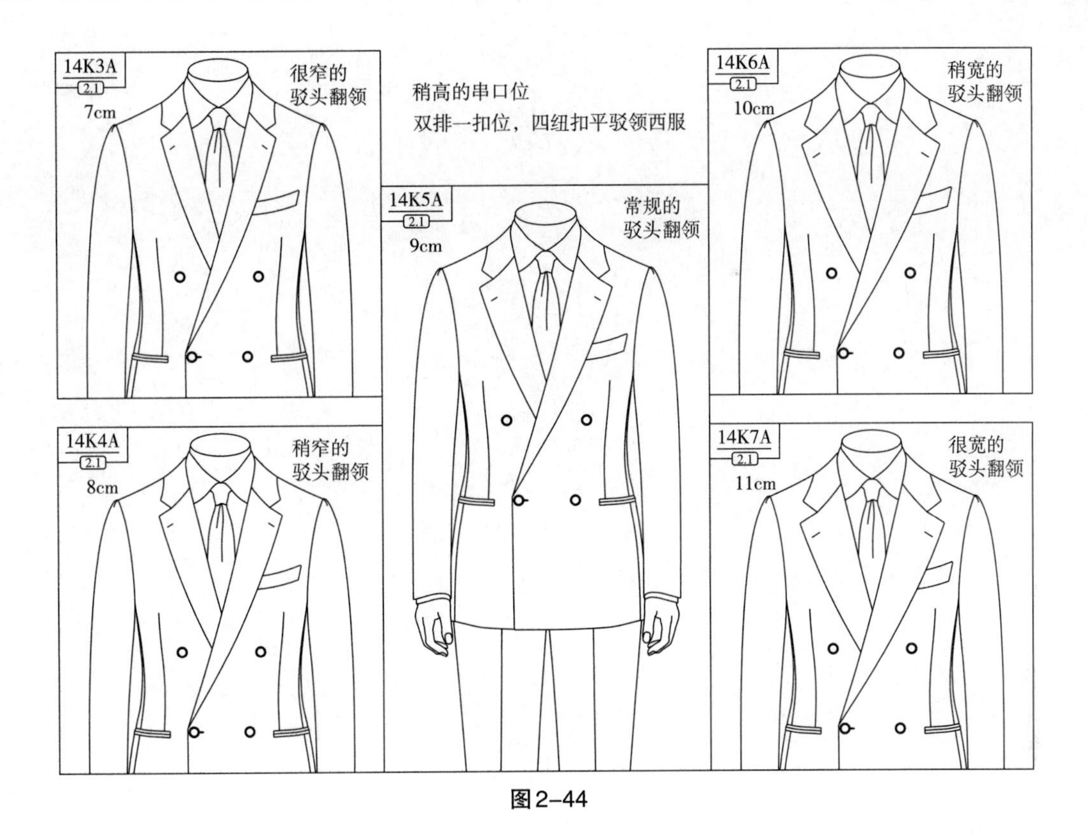


图2-44

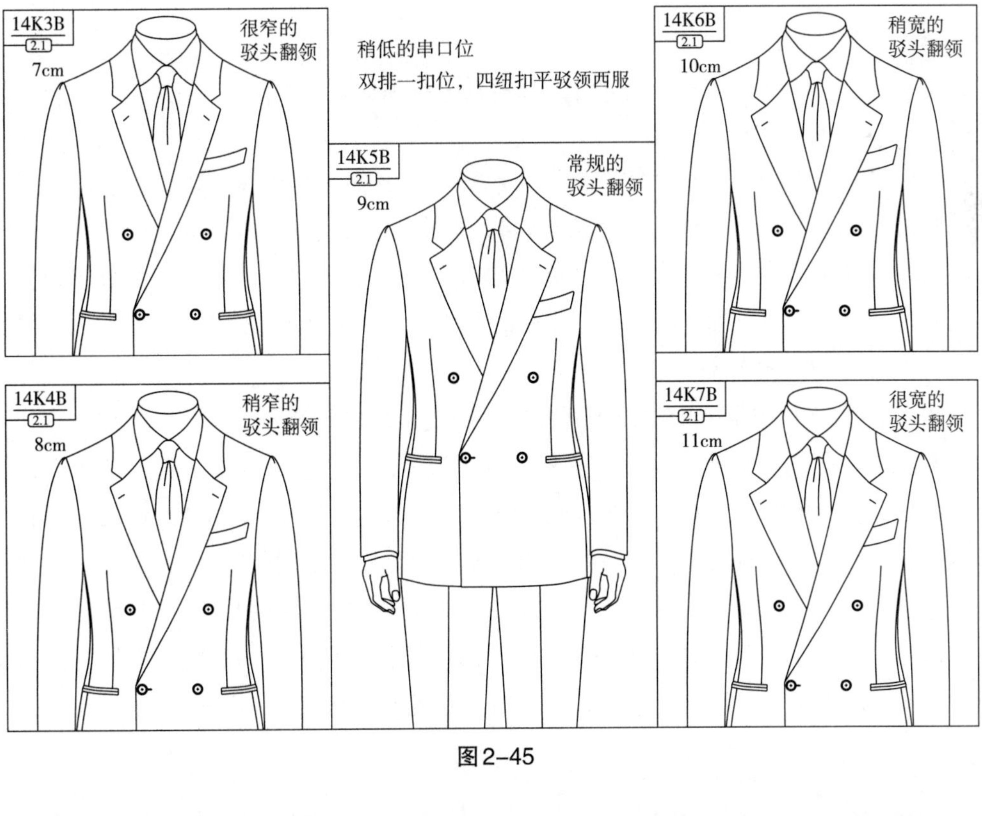

14K3B
2.1
7cm
很窄的
驳头翻领

稍低的串口位
双排一扣位，四纽扣平驳领西服

14K6B
2.1
10cm
稍宽的
驳头翻领

14K5B
2.1
9cm
常规的
驳头翻领

14K4B
2.1
8cm
稍窄的
驳头翻领

14K7B
2.1
11cm
很宽的
驳头翻领

图2-45

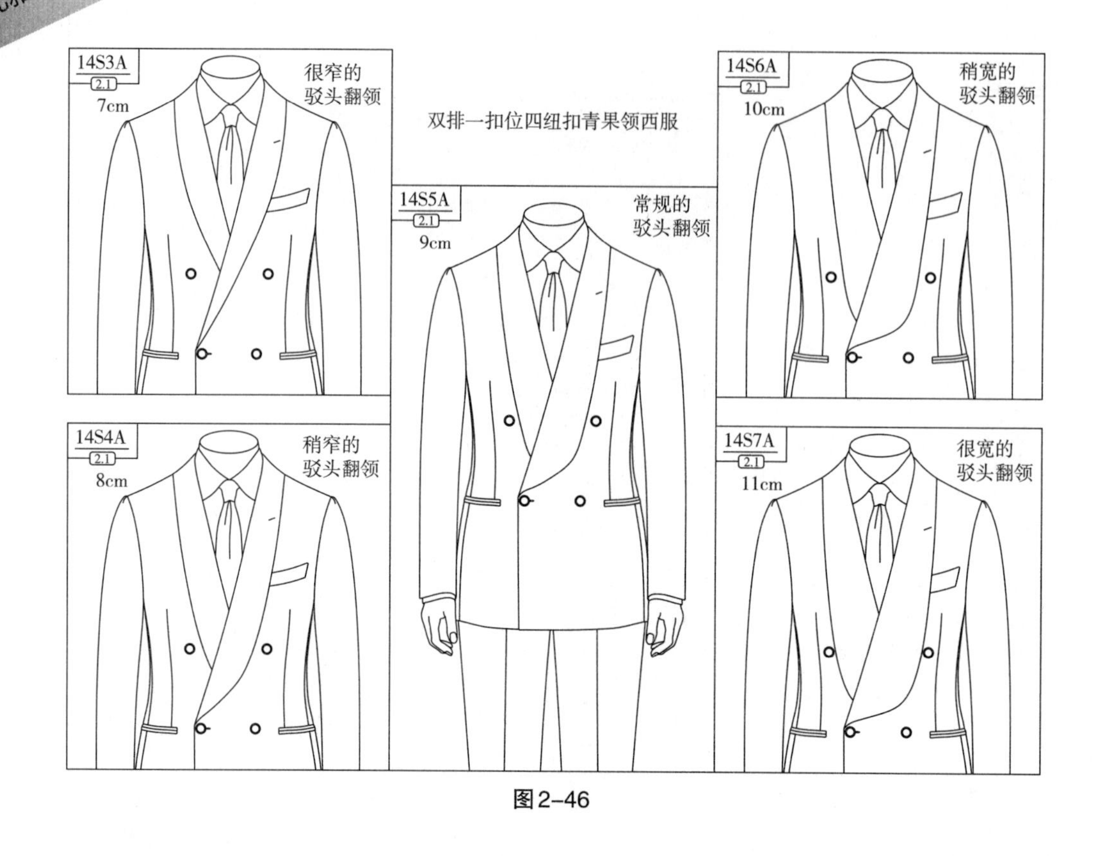


图2-46

## 双排二扣位六纽

双排二扣位西服是发展最快的西服，从船上到乡村，再占领城市，一路高升，是高雅脱俗的典范，穿着时可全系上纽扣，也可仅系上面一颗还可系最下面一颗，据说不同的系扣还可改变身高视角，双排扣切忌开襟穿着。平驳领的双排扣优雅与否似乎存在争议，有一点可以确认的是，双排扣的驳头较常规单排扣驳头宽一些，是优雅的、大方的（图2-47～图2-53）。

20世纪80年代末期，中国改革开放后，引进了世界先进西服生产线，加上中国人的勤劳能干（服装属劳动密集型）及黏合衬西服工艺的普及，我国大规模地生产西服产品，其中最突出的就是双排一扣位戗驳领西服，有六扣一（六粒扣扣两粒）、四扣一（四粒扣扣一粒），还有二扣一（二粒扣扣一粒）。从城市到乡村至田间处处可见，现在看来还是二扣位的优雅，随着“王牌特工”系列的热映，双排扣的春天开始了，当然是双排二扣位，至于是六扣二还是四扣二（四粒扣扣两粒）并不重要，只是钉扣不同而已，本书以六扣二为主体，至于双排一扣位西服则以四扣一为主体。

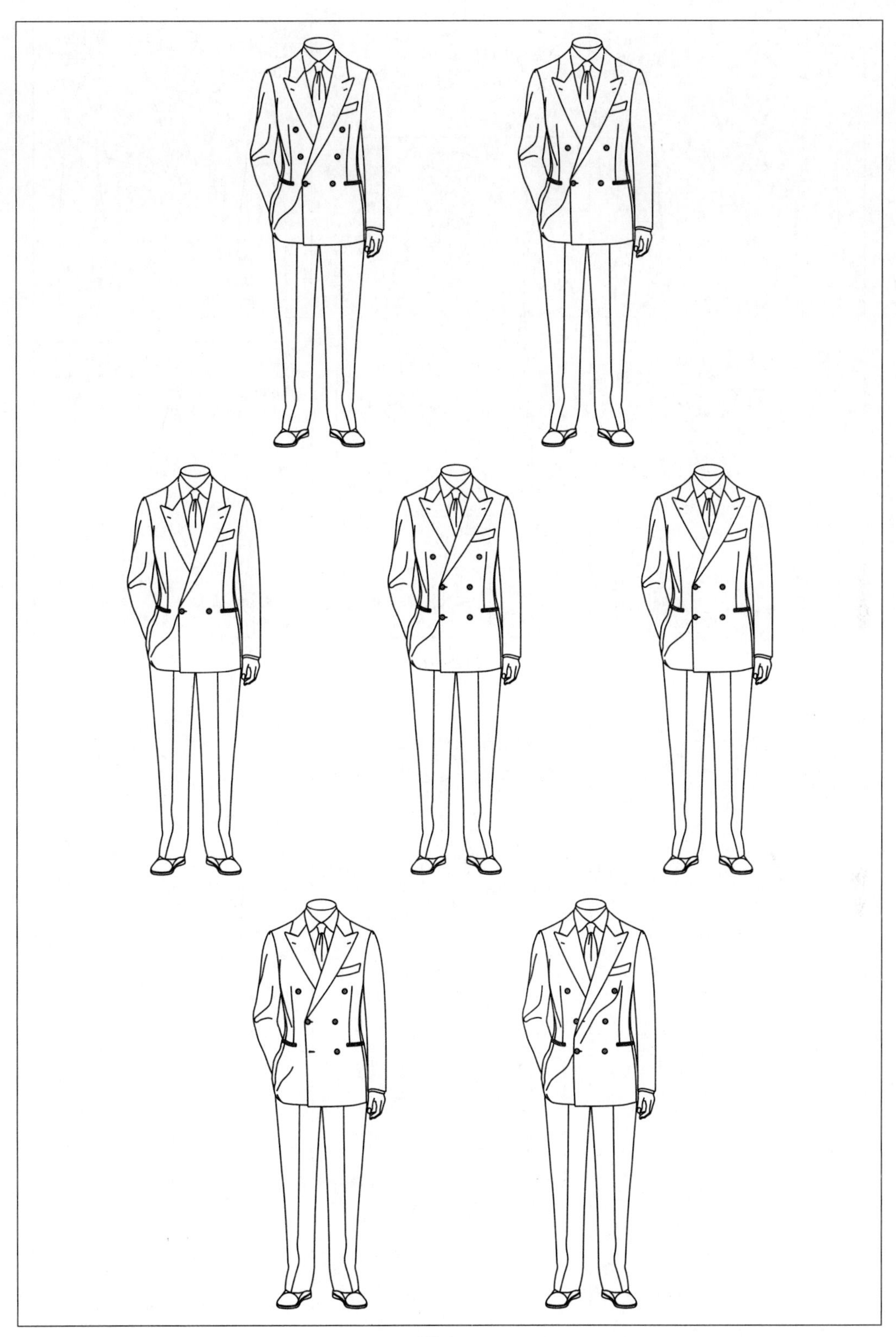

图2-47

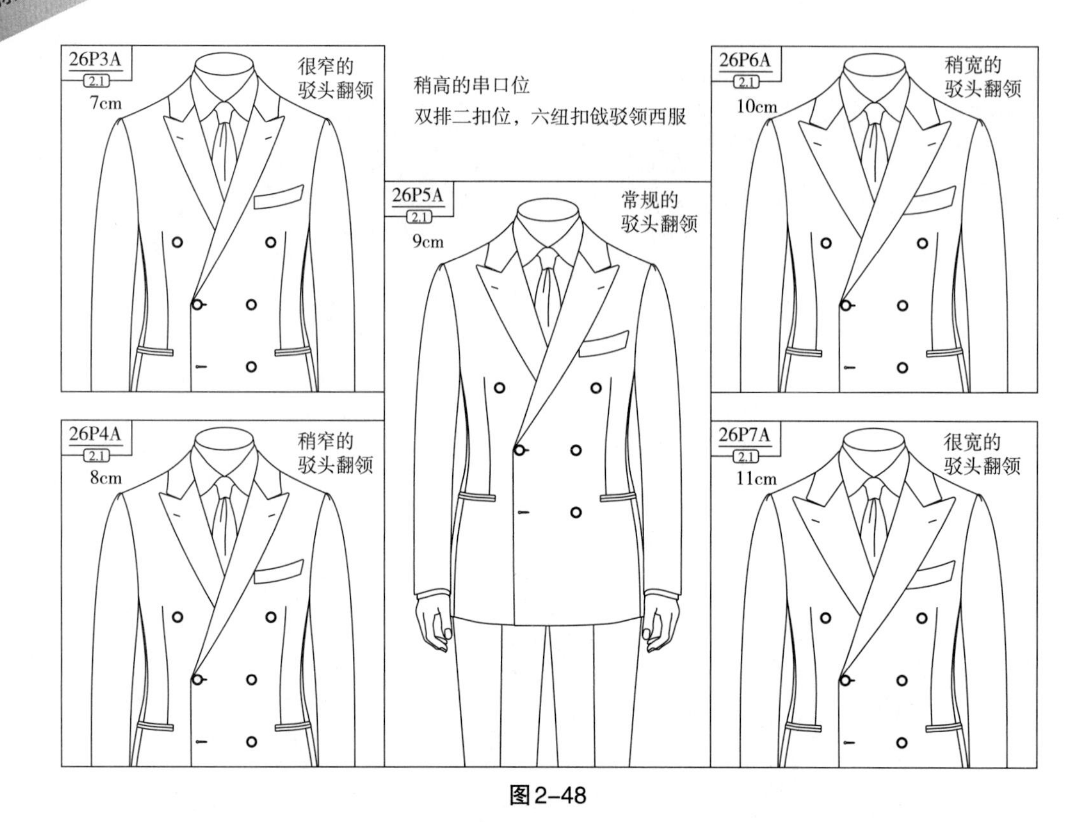
26P3A
2.1
7cm
很窄的
驳头翻领
稍高的串口位
双排二扣位，六纽扣戗驳领西服
26P6A
2.1
10cm
稍宽的
驳头翻领
26P5A
2.1
9cm
常规的
驳头翻领
26P4A
2.1
8cm
稍窄的
驳头翻领
26P7A
2.1
11cm
很宽的
驳头翻领

图2-48

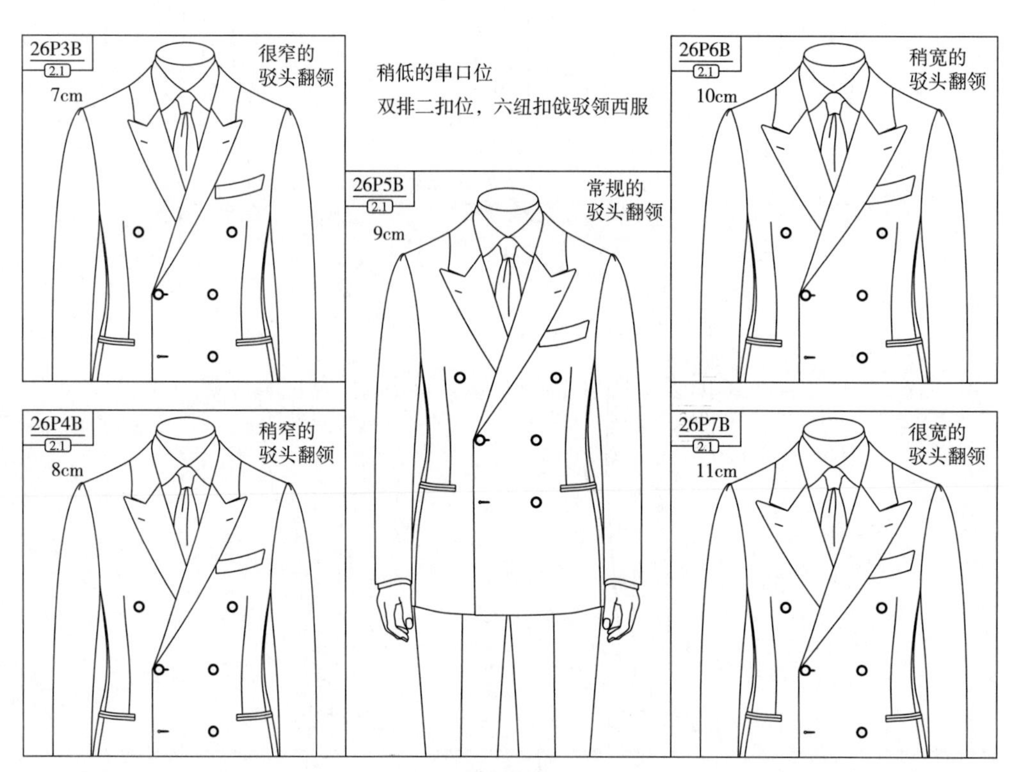
26P3B
2.1
7cm
很窄的
驳头翻领
稍低的串口位
双排二扣位，六纽扣戗驳领西服
26P6B
2.1
10cm
稍宽的
驳头翻领
26P5B
2.1
9cm
常规的
驳头翻领
26P4B
2.1
8cm
稍窄的
驳头翻领
26P7B
2.1
11cm
很宽的
驳头翻领

图2-49

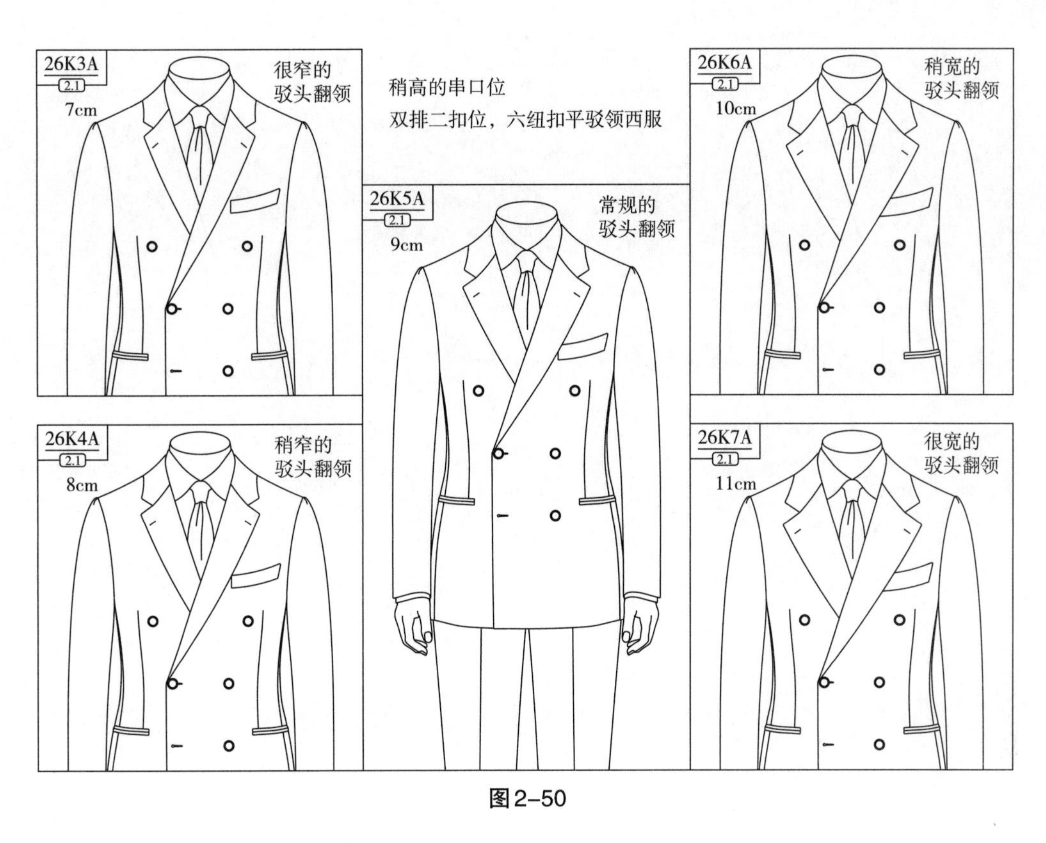
26K3A
2.1
7cm
很窄的
驳头翻领
稍高的串口位
双排二扣位，六纽扣平驳领西服
26K6A
2.1
10cm
稍宽的
驳头翻领
26K5A
2.1
9cm
常规的
驳头翻领
26K4A
2.1
8cm
稍窄的
驳头翻领
26K7A
2.1
11cm
很宽的
驳头翻领
图2-50

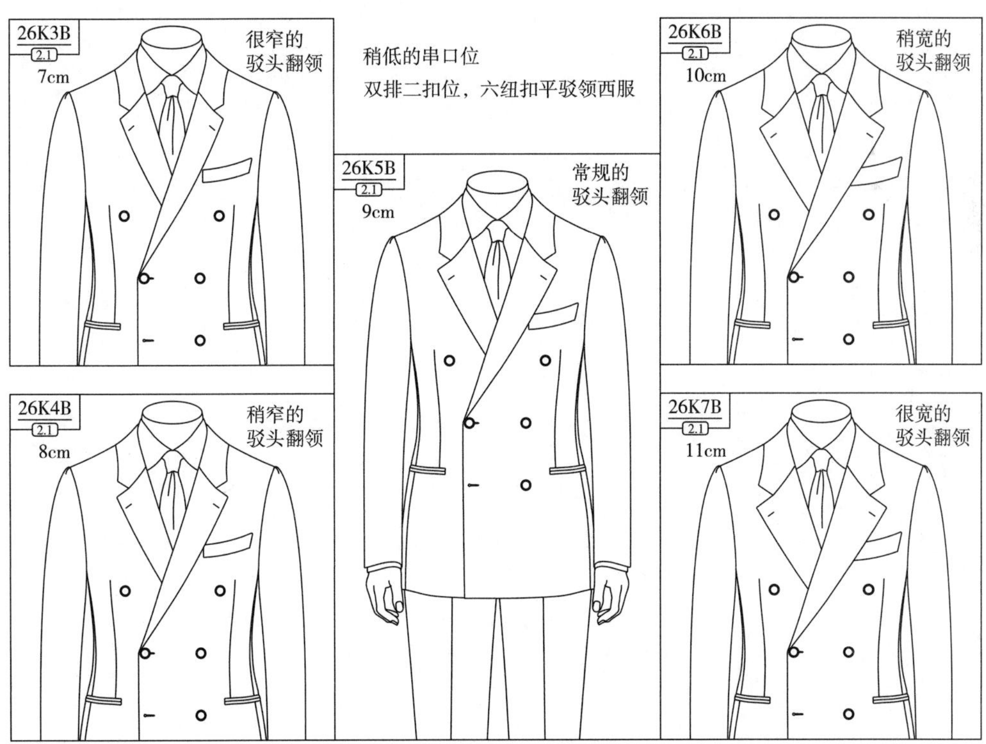
26K3B
2.1
7cm
很窄的
驳头翻领
稍低的串口位
双排二扣位，六纽扣平驳领西服
26K6B
2.1
10cm
稍宽的
驳头翻领
26K5B
2.1
9cm
常规的
驳头翻领
26K4B
2.1
8cm
稍窄的
驳头翻领
26K7B
2.1
11cm
很宽的
驳头翻领
图2-51

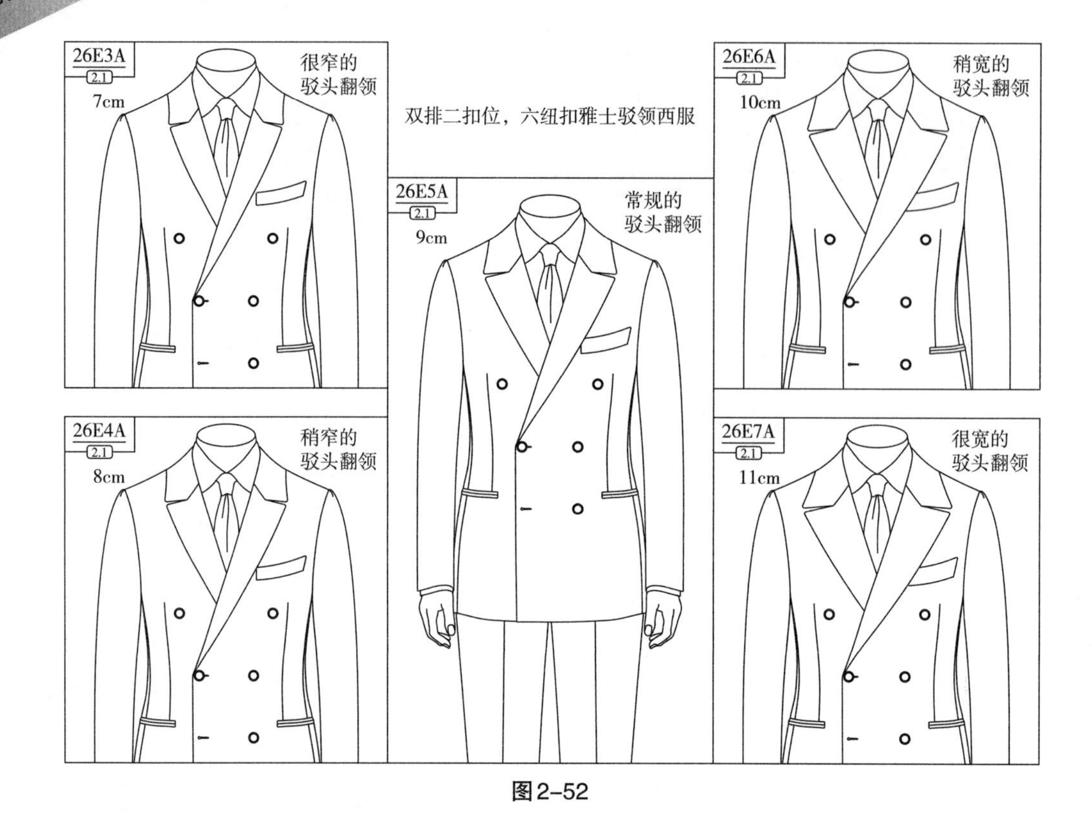
双排二扣位，六纽扣雅士驳领西服
26E3A
2.1
7cm
很窄的
驳头翻领
26E4A
2.1
8cm
稍窄的
驳头翻领
26E5A
2.1
9cm
常规的
驳头翻领
26E6A
2.1
10cm
稍宽的
驳头翻领
26E7A
2.1
11cm
很宽的
驳头翻领

图2-52

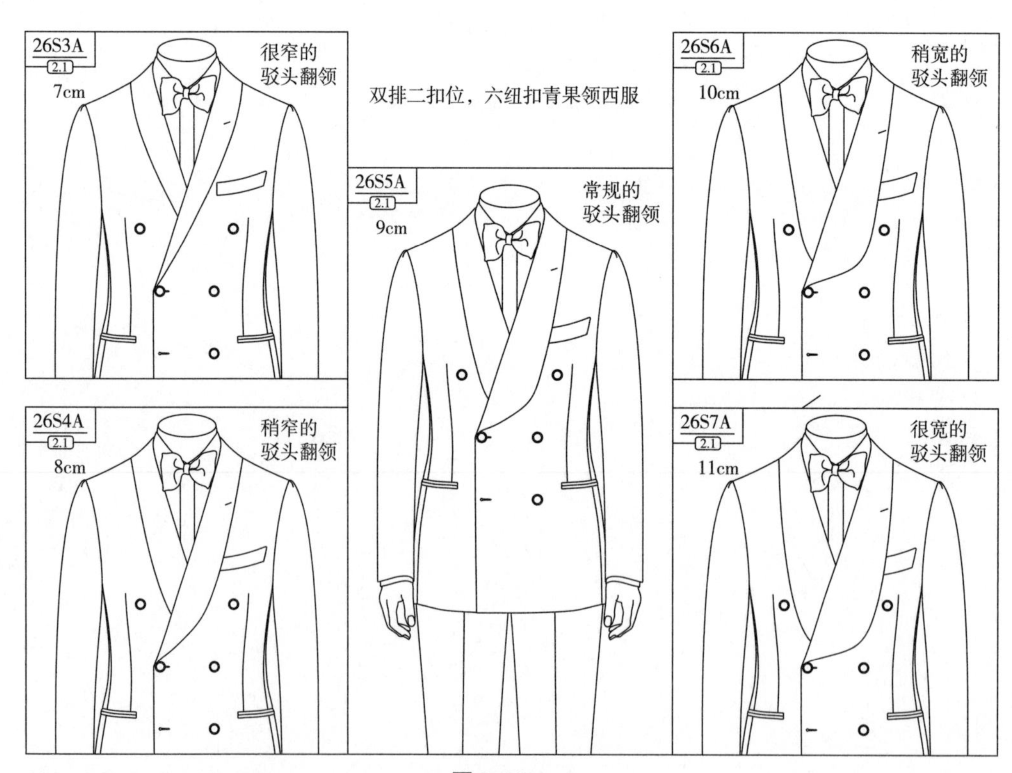
双排二扣位，六纽扣青果领西服
26S3A
2.1
7cm
很窄的
驳头翻领
26S4A
2.1
8cm
稍窄的
驳头翻领
26S5A
2.1
9cm
常规的
驳头翻领
26S6A
2.1
10cm
稍宽的
驳头翻领
26S7A
2.1
11cm
很宽的
驳头翻领

图2-53

## 双排二扣半位六纽（图2-54～图2-57）

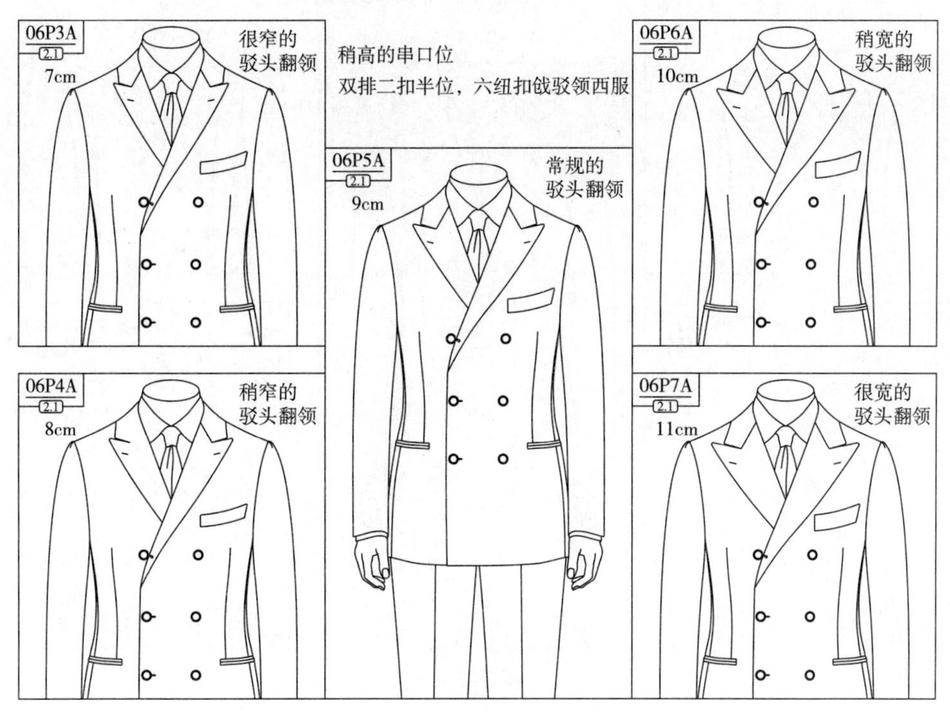


图2-54

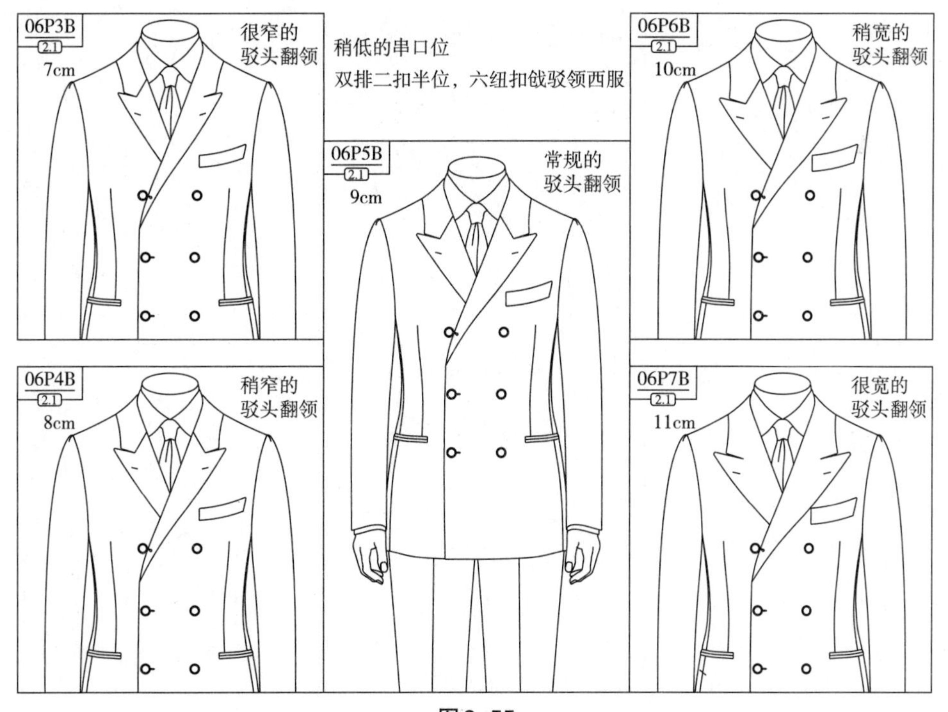


图2-55

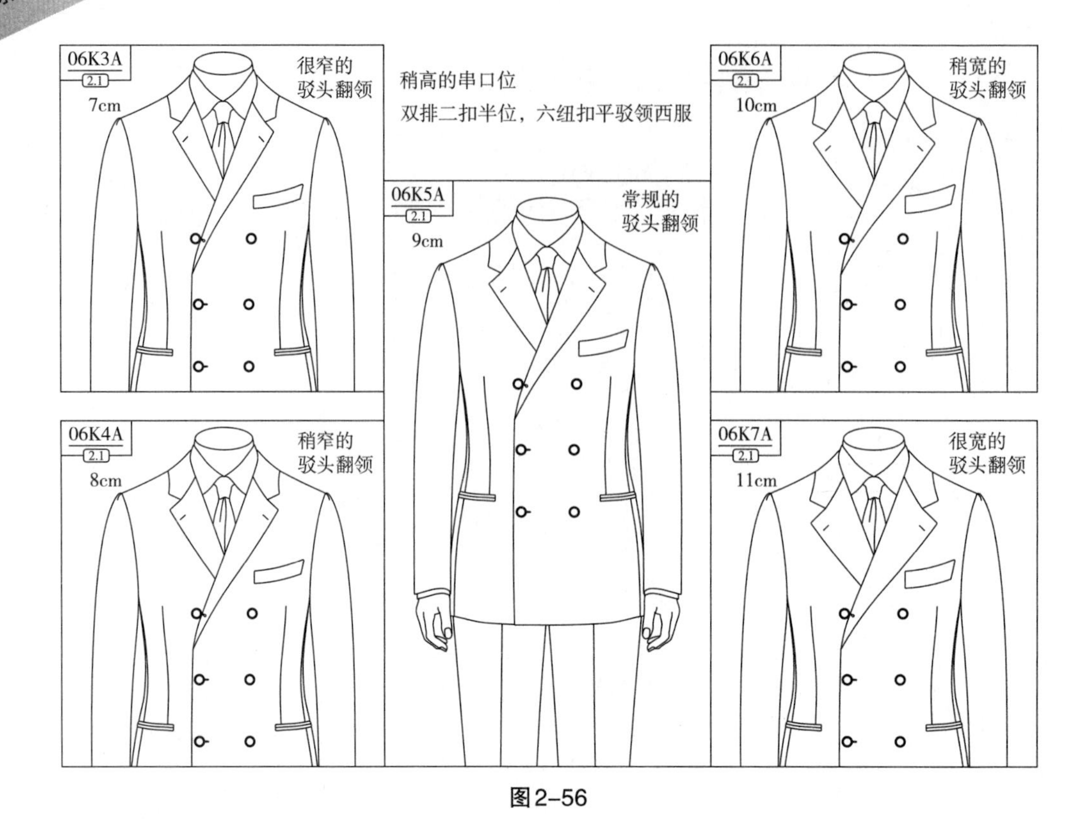
06K3A
2.1
7cm
很窄的
驳头翻领
稍高的串口位
双排二扣半位，六纽扣平驳领西服
06K6A
2.1
10cm
稍宽的
驳头翻领
06K5A
2.1
9cm
常规的
驳头翻领
06K4A
2.1
8cm
稍窄的
驳头翻领
06K7A
2.1
11cm
很宽的
驳头翻领

图2–56

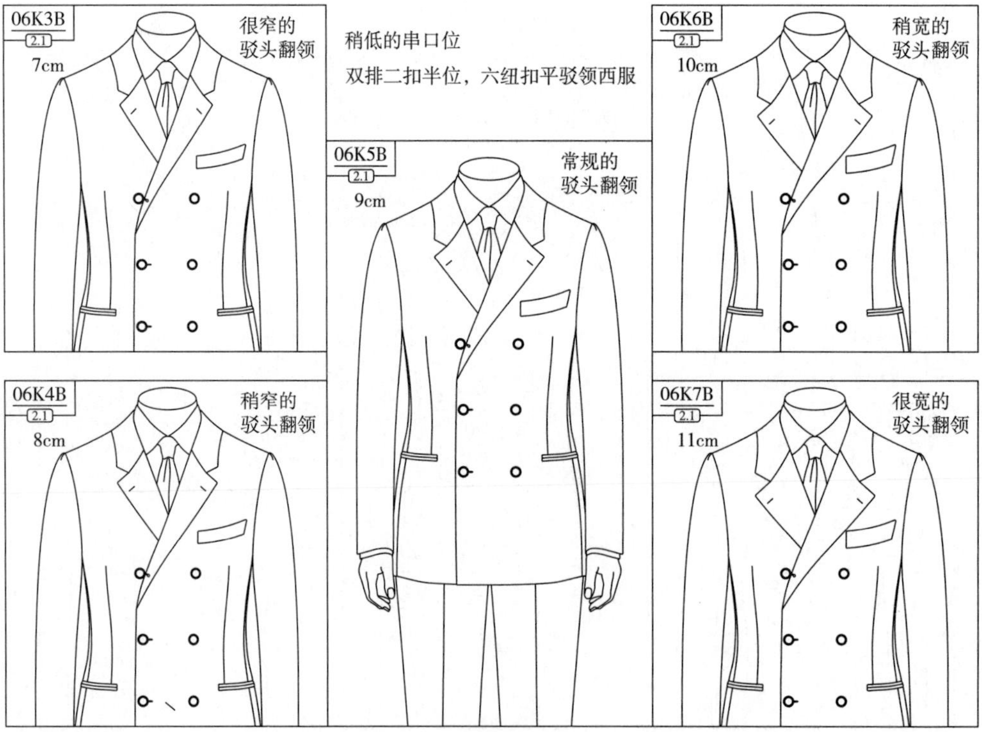

06K3B
2.1
7cm
很窄的
驳头翻领
稍低的串口位
双排二扣半位，六纽扣平驳领西服
06K6B
2.1
10cm
稍宽的
驳头翻领
06K5B
2.1
9cm
常规的
驳头翻领
06K4B
2.1
8cm
稍窄的
驳头翻领
06K7B
2.1
11cm
很宽的
驳头翻领

图2–57

## 双排三扣位六纽（图2-58~图2-63）

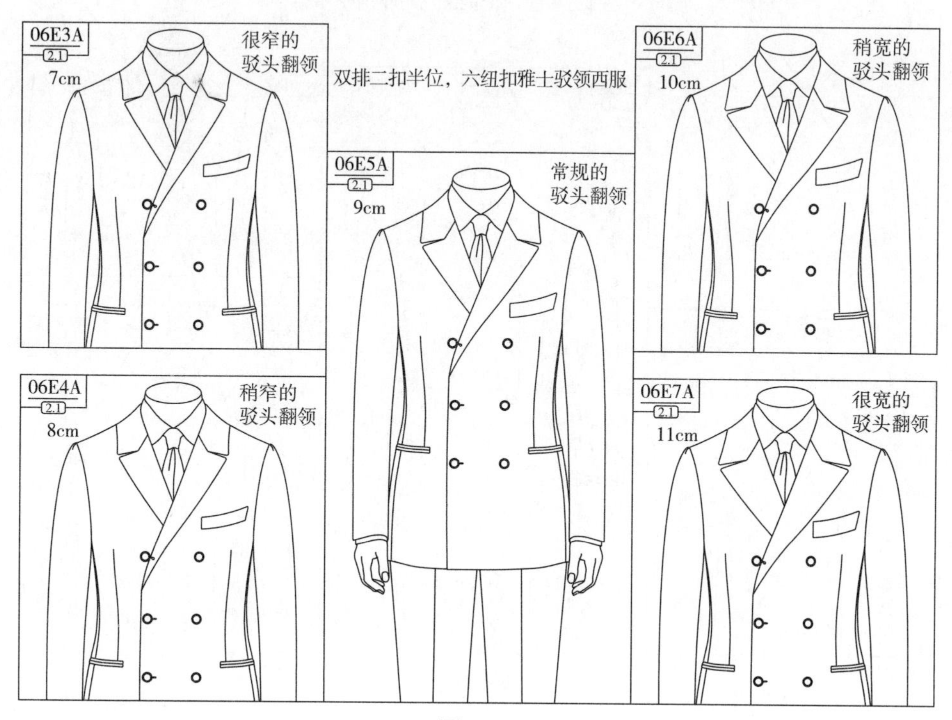


图2-58

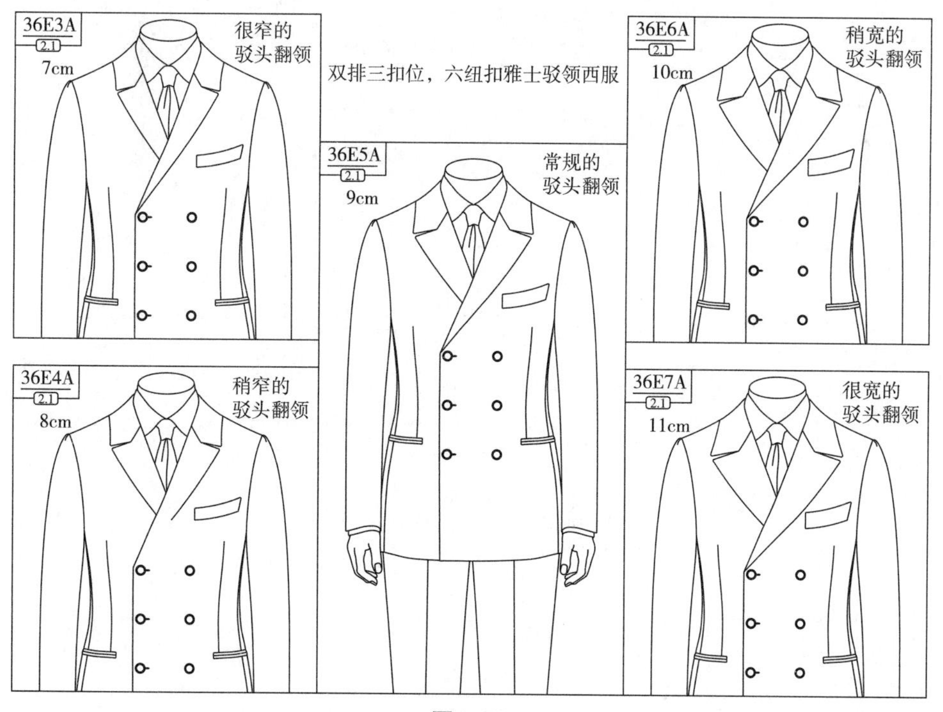


图2-59

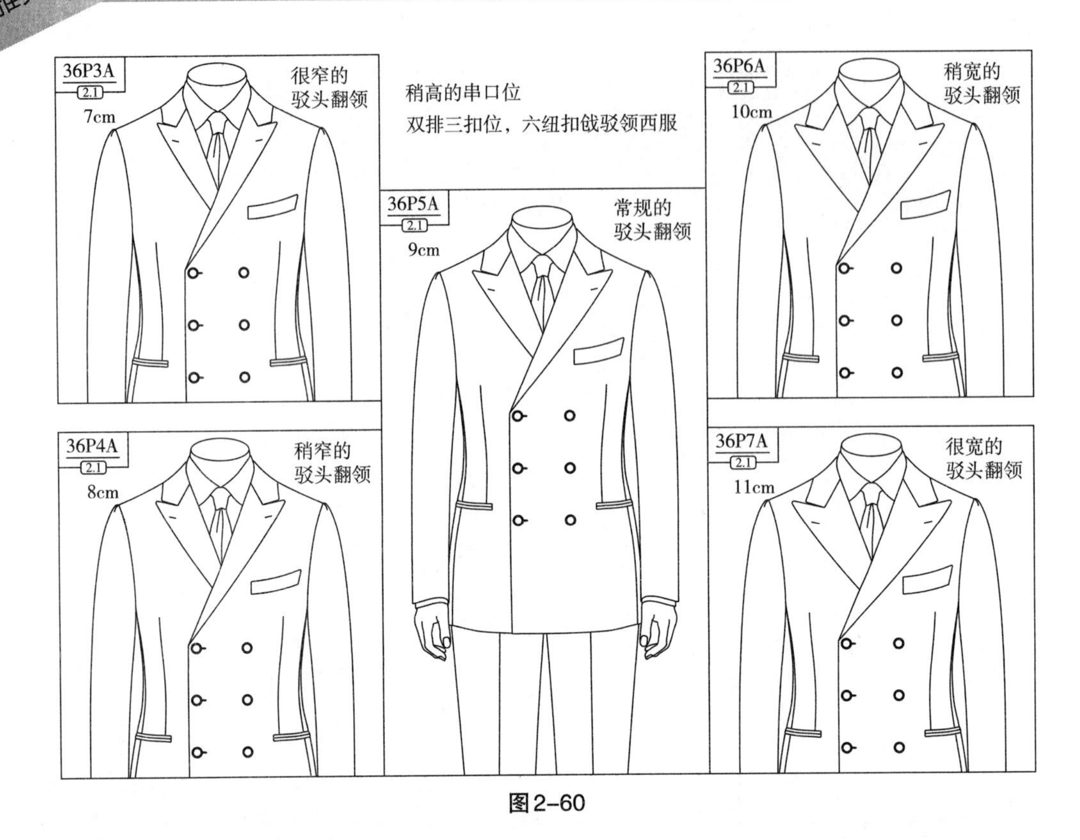
36P3A
2.1
7cm
很窄的
驳头翻领
稍高的串口位
双排三扣位，六纽扣戗驳领西服
36P6A
2.1
10cm
稍宽的
驳头翻领
36P5A
2.1
9cm
常规的
驳头翻领
36P4A
2.1
8cm
稍窄的
驳头翻领
36P7A
2.1
11cm
很宽的
驳头翻领

图2-60

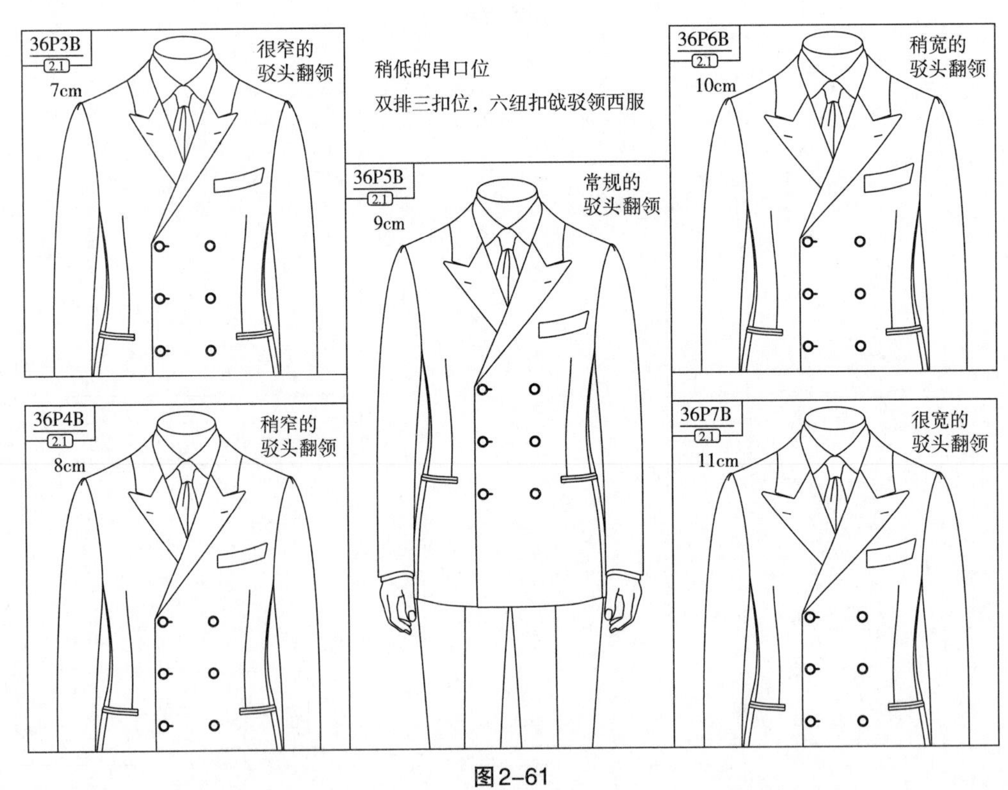
36P3B
2.1
7cm
很窄的
驳头翻领
稍低的串口位
双排三扣位，六纽扣戗驳领西服
36P6B
2.1
10cm
稍宽的
驳头翻领
36P5B
2.1
9cm
常规的
驳头翻领
36P4B
2.1
8cm
稍窄的
驳头翻领
36P7B
2.1
11cm
很宽的
驳头翻领

图2-61

36K3A
2.1
7cm
很窄的
驳头翻领
稍高的串口位
双排三扣位，六纽扣平驳领西服
36K6A
2.1
10cm
稍宽的
驳头翻领
36K5A
2.1
9cm
常规的
驳头翻领
36K4A
2.1
8cm
稍窄的
驳头翻领
36K7A
2.1
11cm
很宽的
驳头翻领

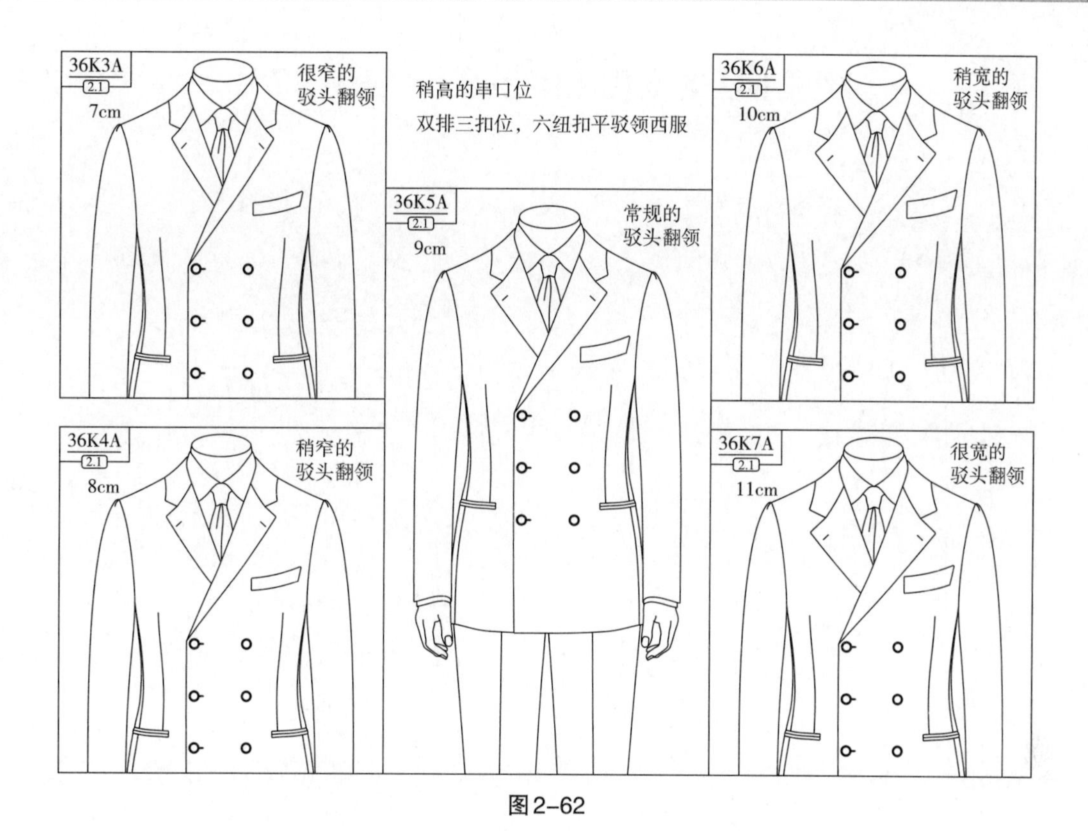

图2-62

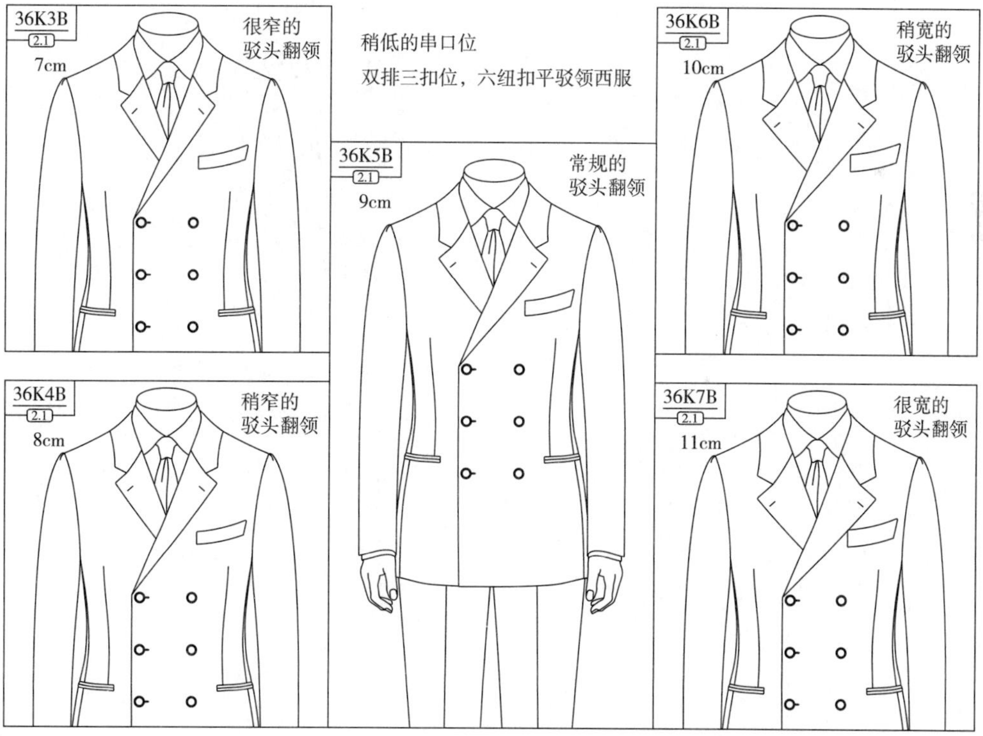

36K3B
2.1
7cm
很窄的
驳头翻领
稍低的串口位
双排三扣位，六纽扣平驳领西服
36K6B
2.1
10cm
稍宽的
驳头翻领
36K5B
2.1
9cm
常规的
驳头翻领
36K4B
2.1
8cm
稍窄的
驳头翻领
36K7B
2.1
11cm
很宽的
驳头翻领

图2-63

## 双排下摆的变化（图2-64～图2-67）

图2-64

图2-65

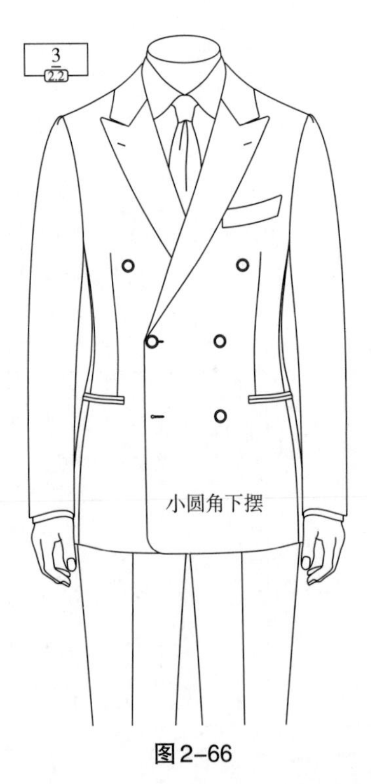


图2-66

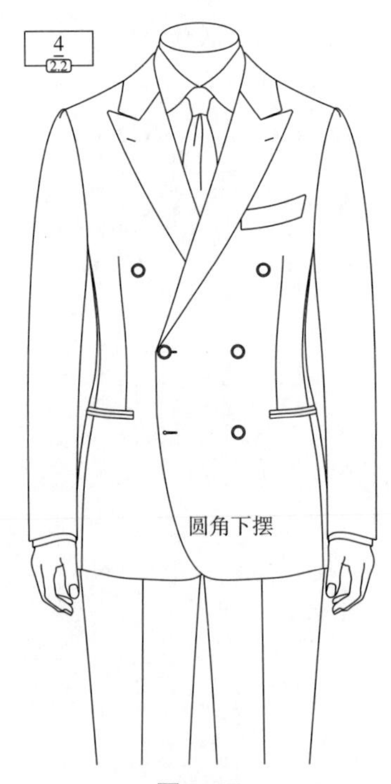


图2-67

# 领型的变化（图2-68～图2-70）

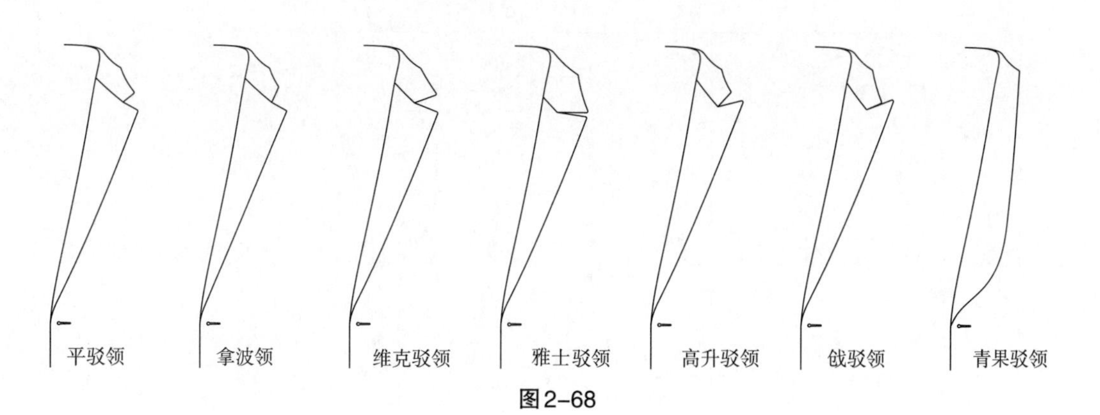


图2-68

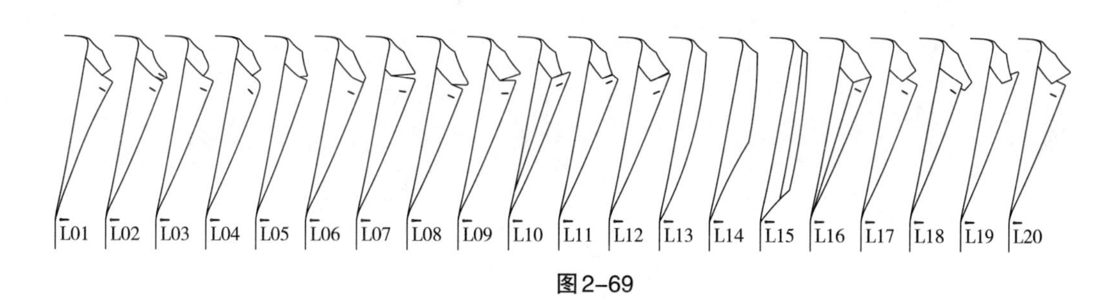


图2-69

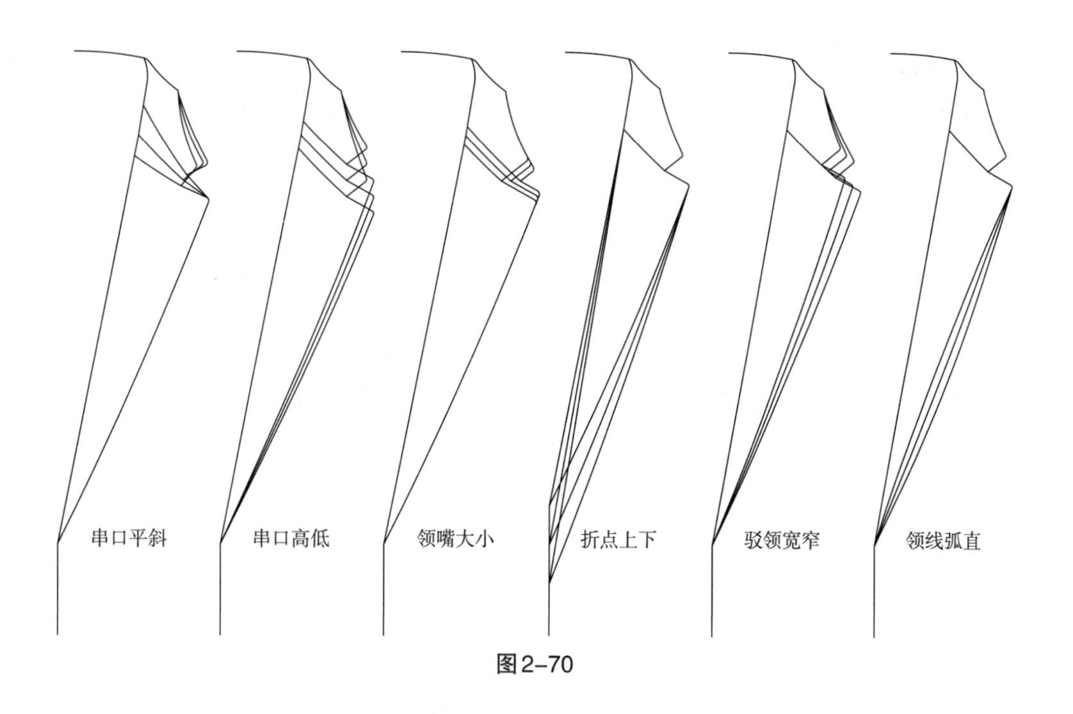


图2-70

## 后背的变化（图2-71、图2-72）

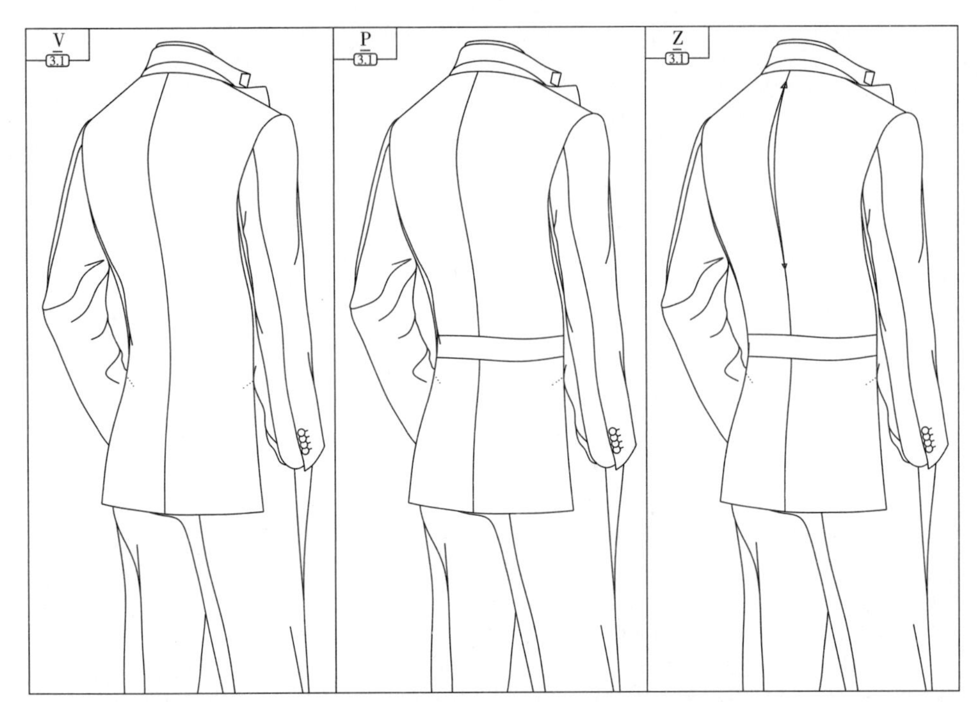


图2-71

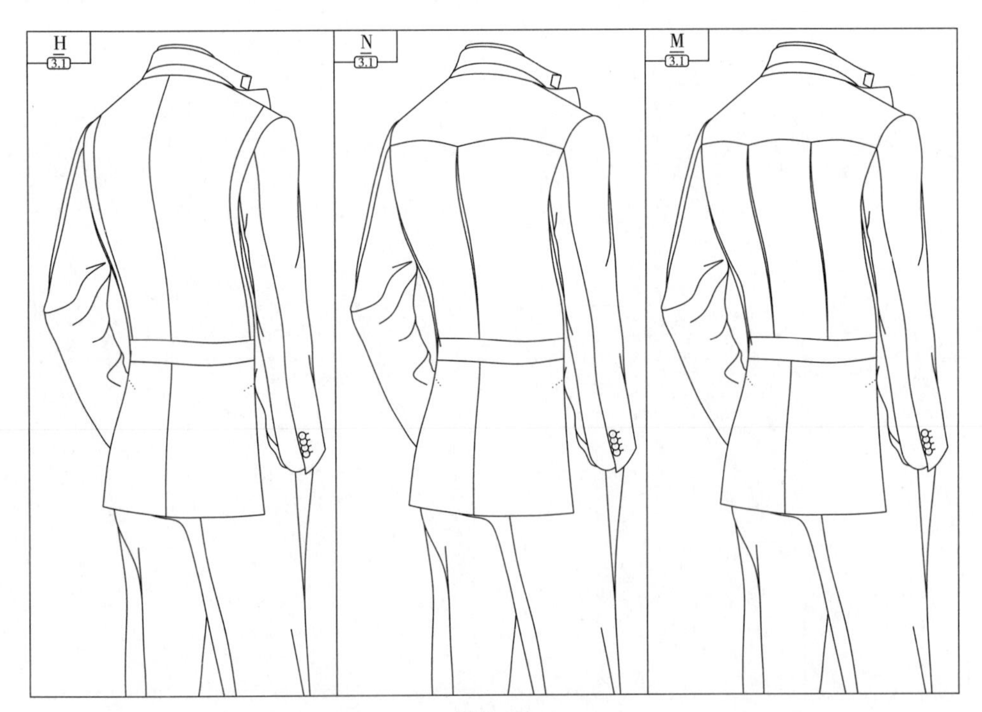


图2-72

## 全里开衩与挂面（图2-73～图2-78）

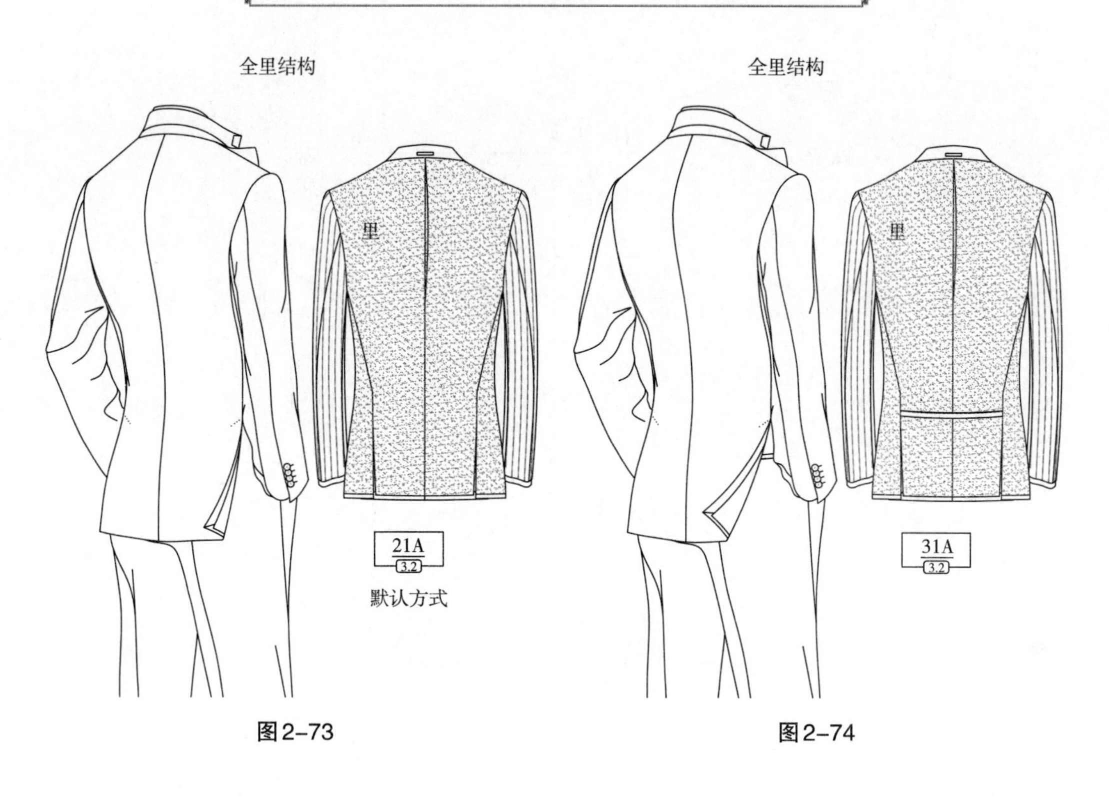


图2-73

图2-74

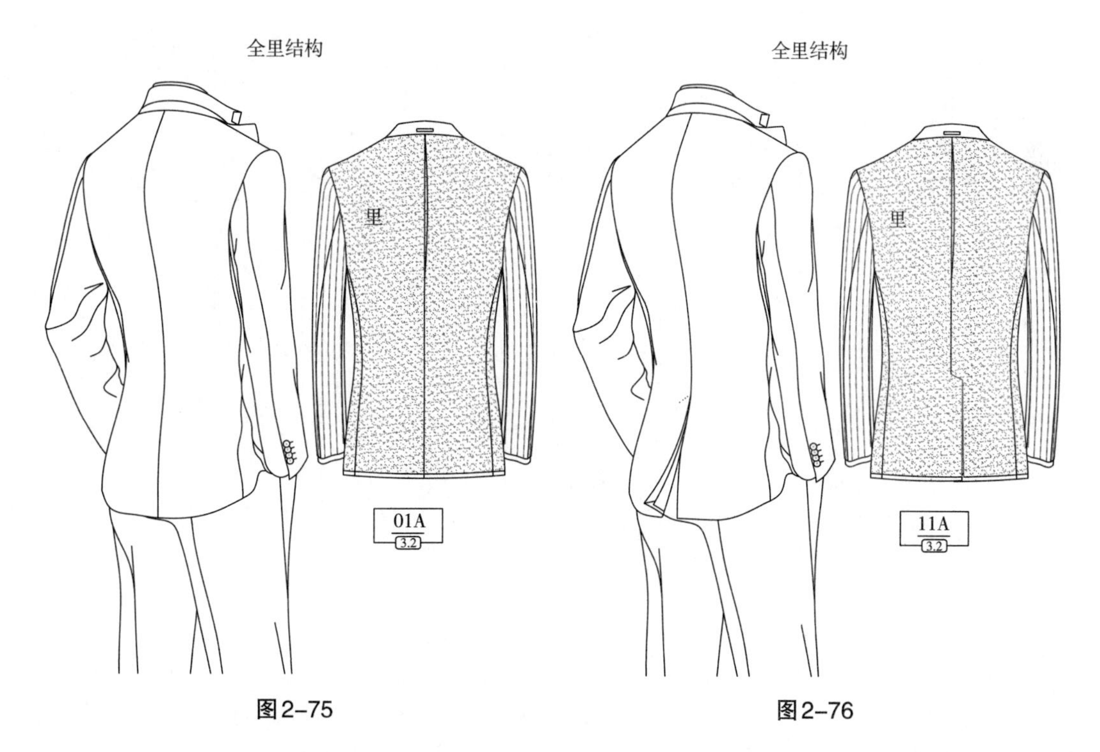


图2-75

图2-76

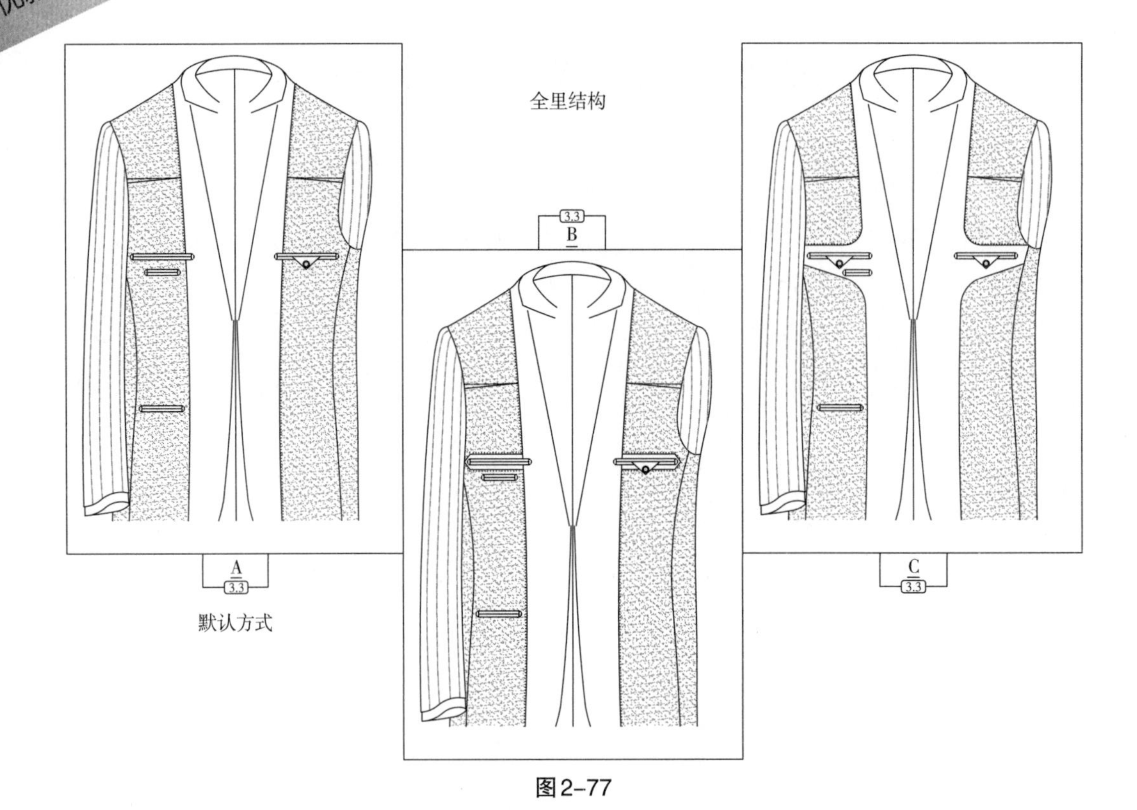


图2-77

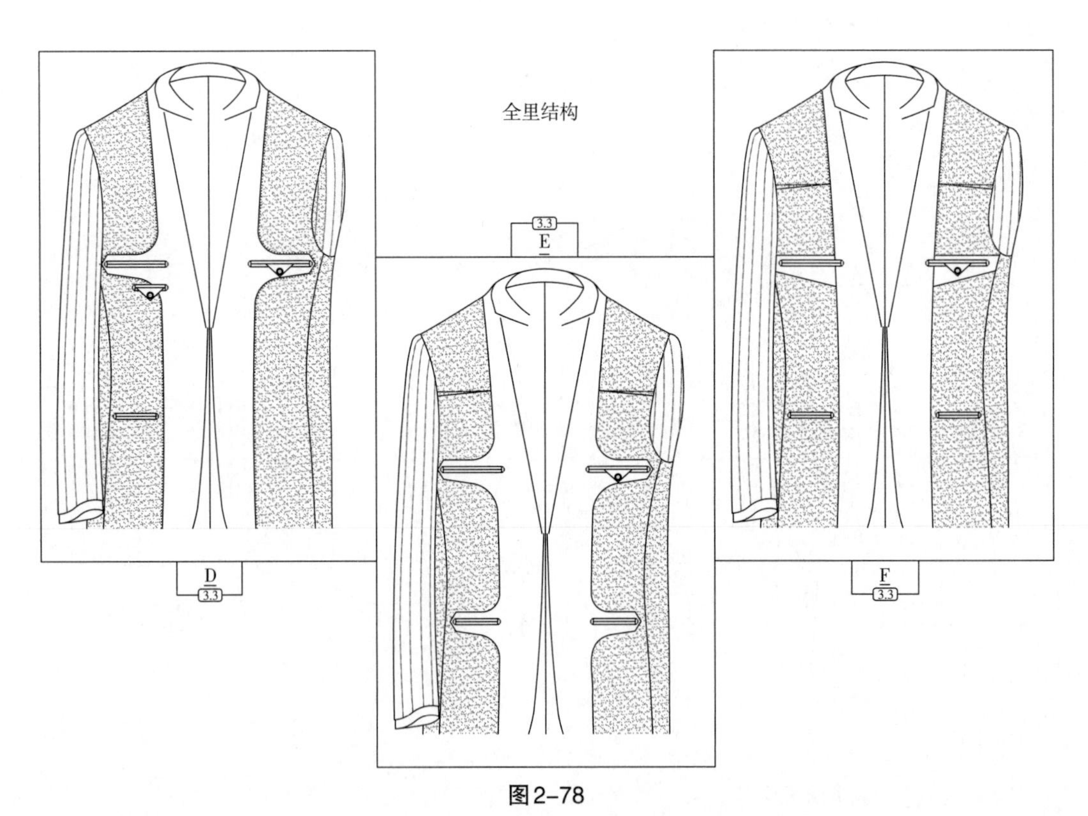


图2-78

# 半里、无里开衩与挂面

## 内里、挂面，半里、无里结构

内里、挂面的结构变化是无限的，然而对于西服外形而言意义不大，但仍有很多服装设计师会着眼于此，而且乐此不疲。更多时候是给工艺制作带来麻烦，且导致服装品质下降。

内里、挂面结构要求一般不能对服装外观造成根本影响，也要求工艺实施的可行、通用设备的便捷和材料成本的优化，更要求穿着的极限舒适、自由。避免由此误入歧途、误导客户，打着高级的旗帜、做低质的不良产品。

图2-79是最佳的内里形式，不仅节省面料而且穿着感最为舒适，不会因为内里的缝头等原由给人带来任何不适感。可能有人担心内袋的牢固，高品质的制作工艺会在袖窿和挂面之间加上一层布衬，以确保内袋的牢固可靠。

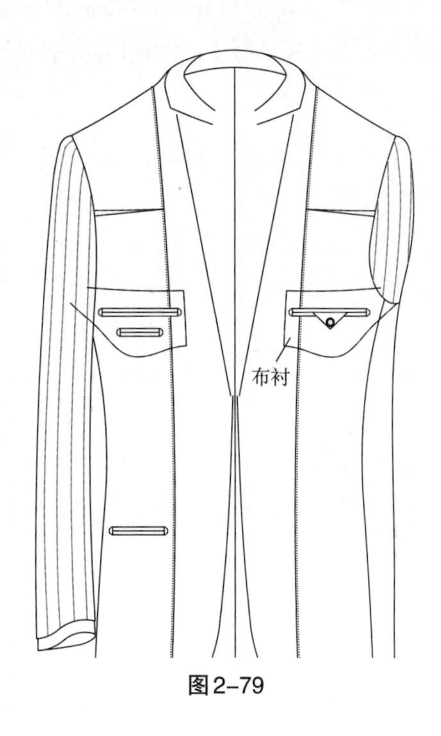

图2-79

里布与挂面之间不宜加入牵条、线绳等装饰物，因为那样或多或少会影响西服外形。

半里、无里结构的做法多种多样（图2-80～图2-106），包边、来去缝、锁边折转，缲缝、分缝压线、点针、珠边拱针无穷无尽，所有一切几乎与西服的外观造型无关，相反一些不佳的面料却因此影响了衣服的外形轮廓。如同人们很少会将西服脱掉去展示内里一样，也会很少有人告知他人内缝的做法如何个性，最多能在脱帽、换衣的不经意间流露一点而已。

西服的核心在板型工艺，亮点在面料风格质地，灵魂在风格廓型的格调，人们真正看到的是西服的外形格调。

除了有内里、挂面款式，后面的还展示了一些半里、无里内缝的做法工艺，只求做一些合理的标准规范化的指导。

至于内里挂面边线的处理默认方式是沿着挂面边缘0.15cm做链式珠边缝，这也是最佳的工艺方式，对西服的外观不产生影响，很多厂商所采用的加牵条、色丁布等花里胡哨方式是不可取的，牵条等严重影响了西服外观及穿着性能。

就标准化的方式而言，常用的线宽参数预设为：

（1）靠边0.15cm；

（2）靠边0.6cm；

（3）靠边0.15cm加0.6cm双线；

（4）靠边0.6cm加0.15cm窄双线。

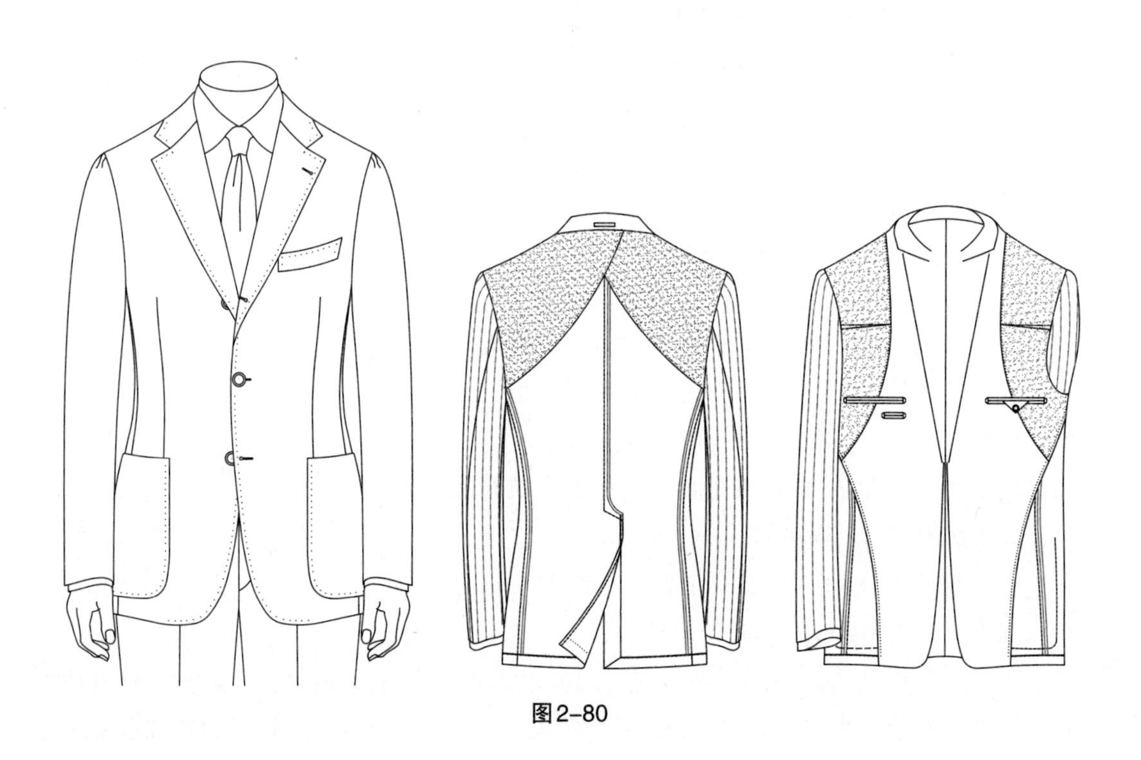

图2-80

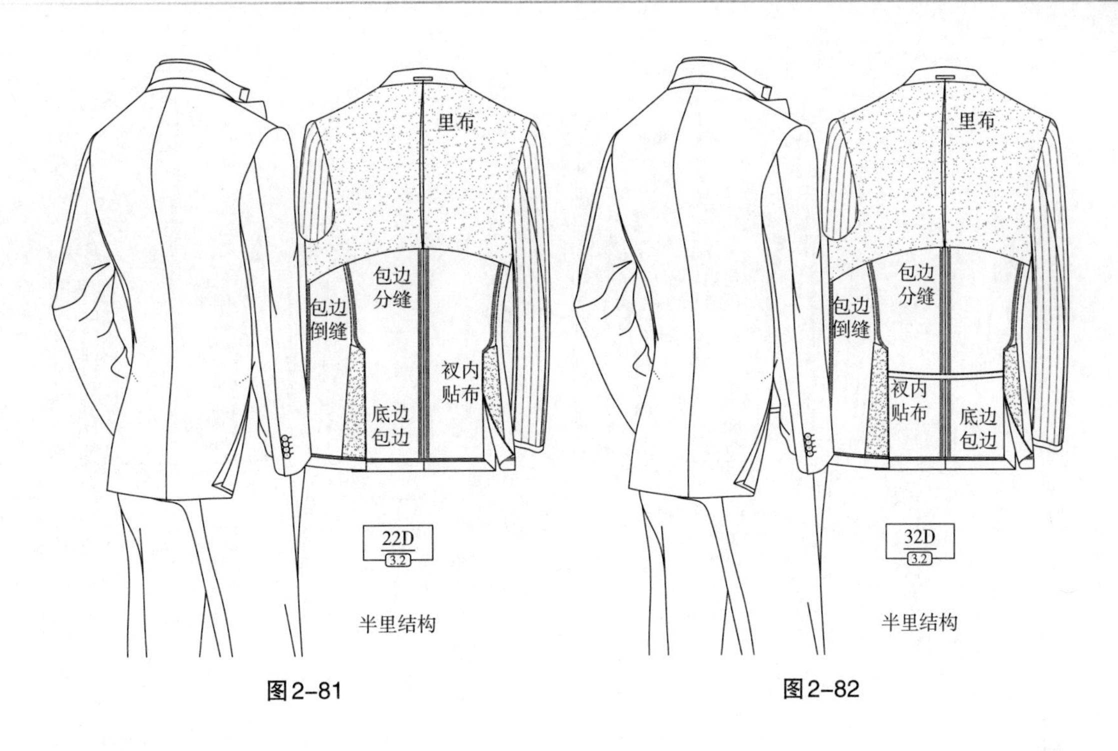


图2-81　　图2-82

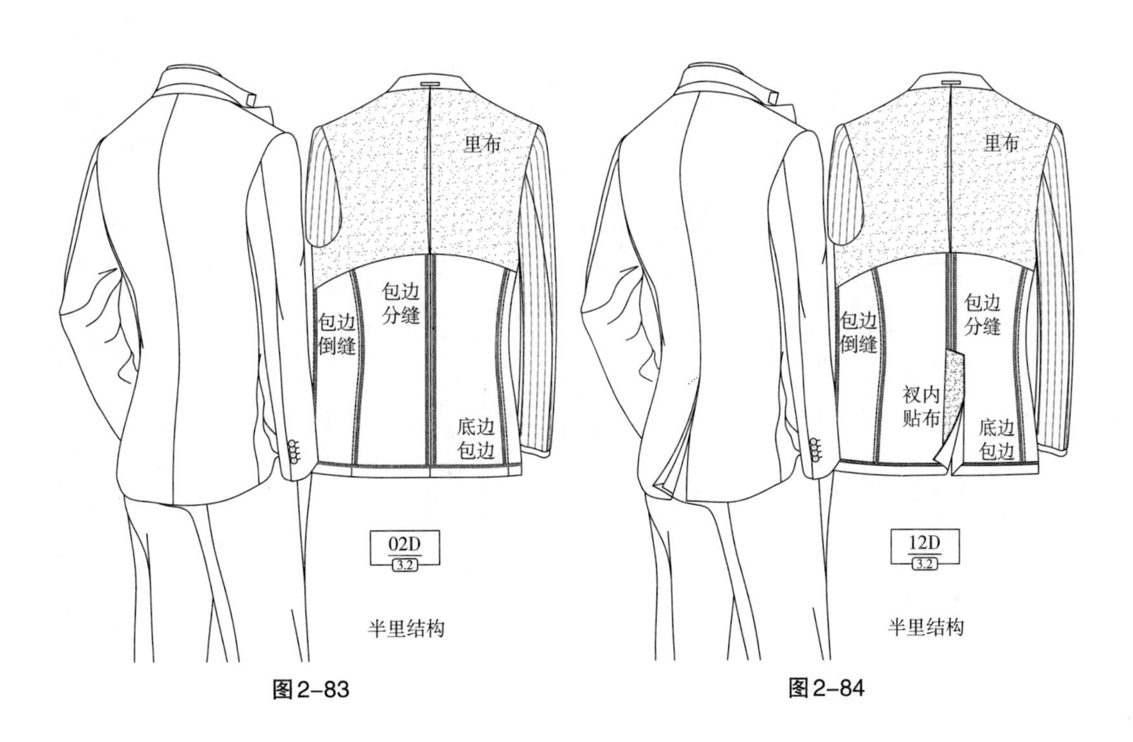


图2-83　　图2-84

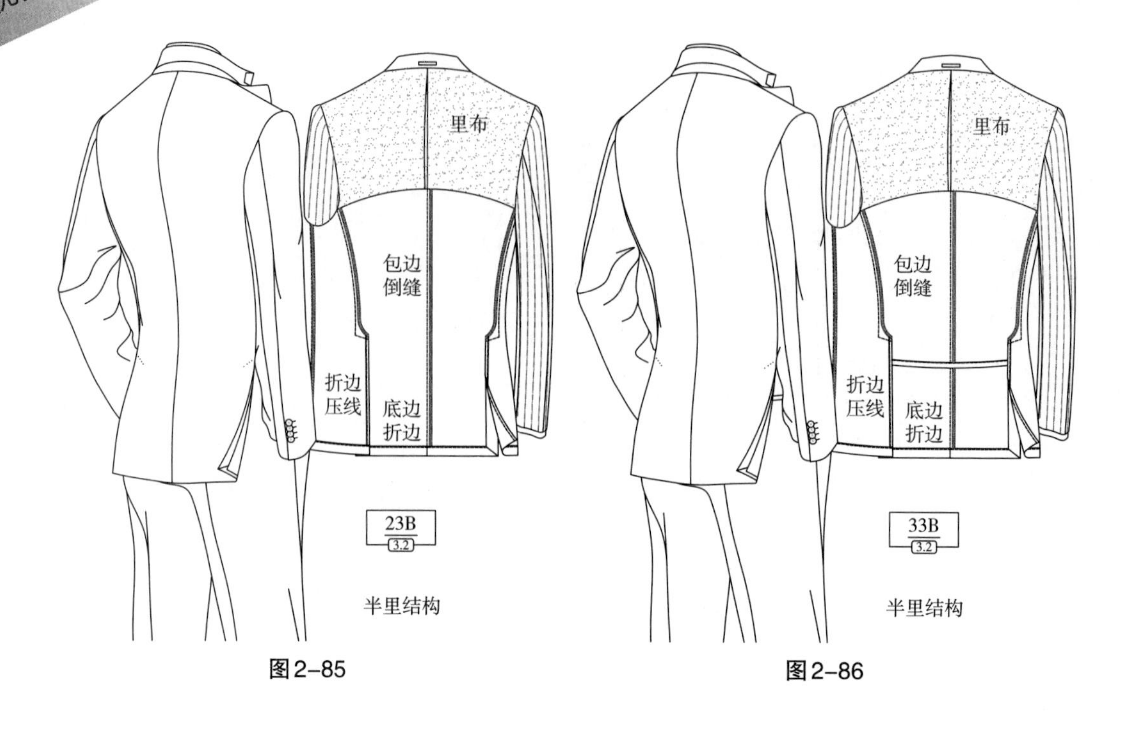


图2-85　　图2-86

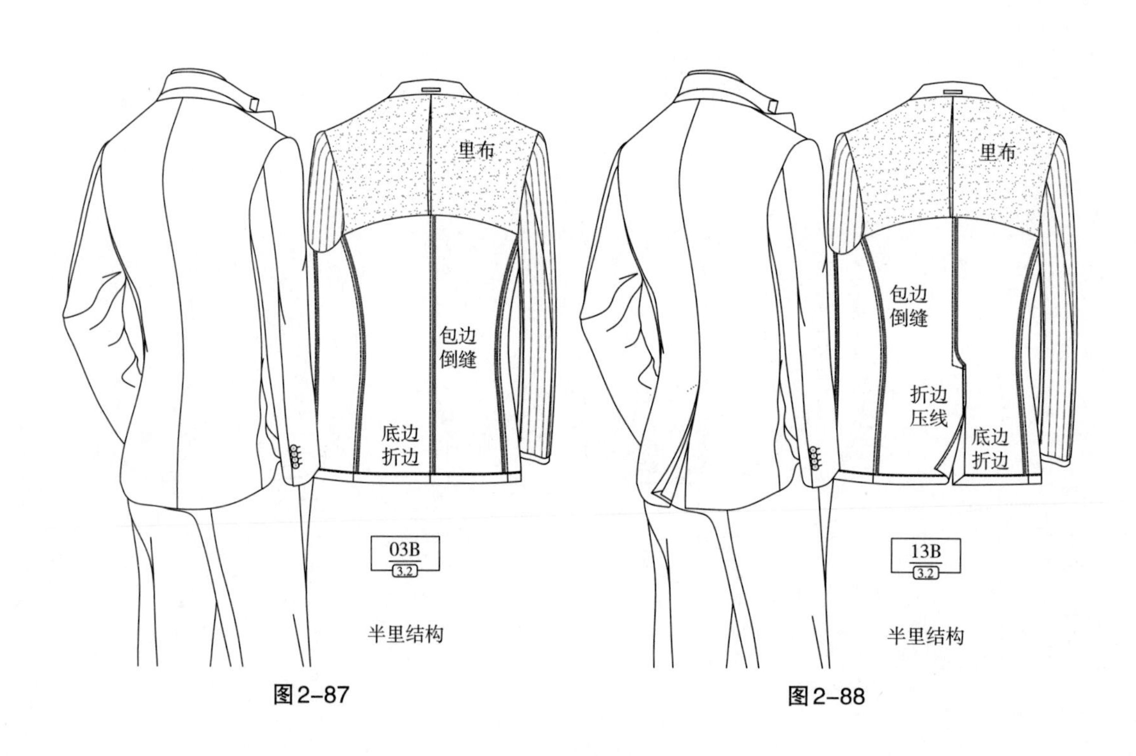


图2-87　　图2-88

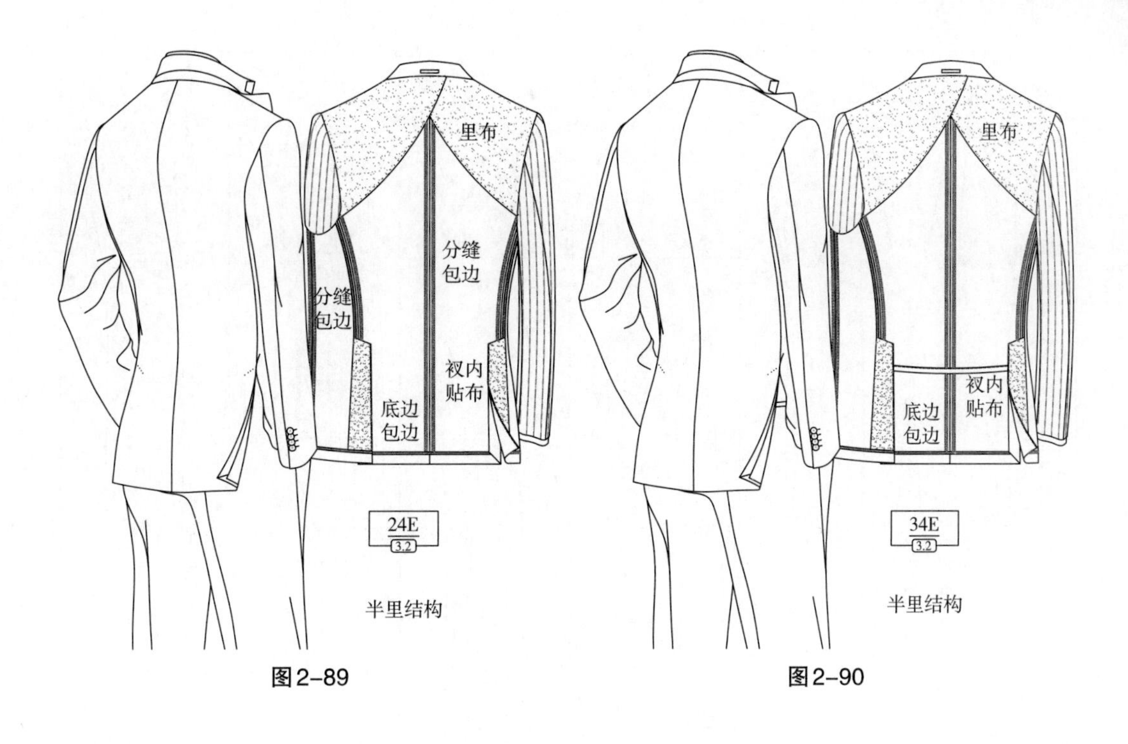


图2-89　　图2-90

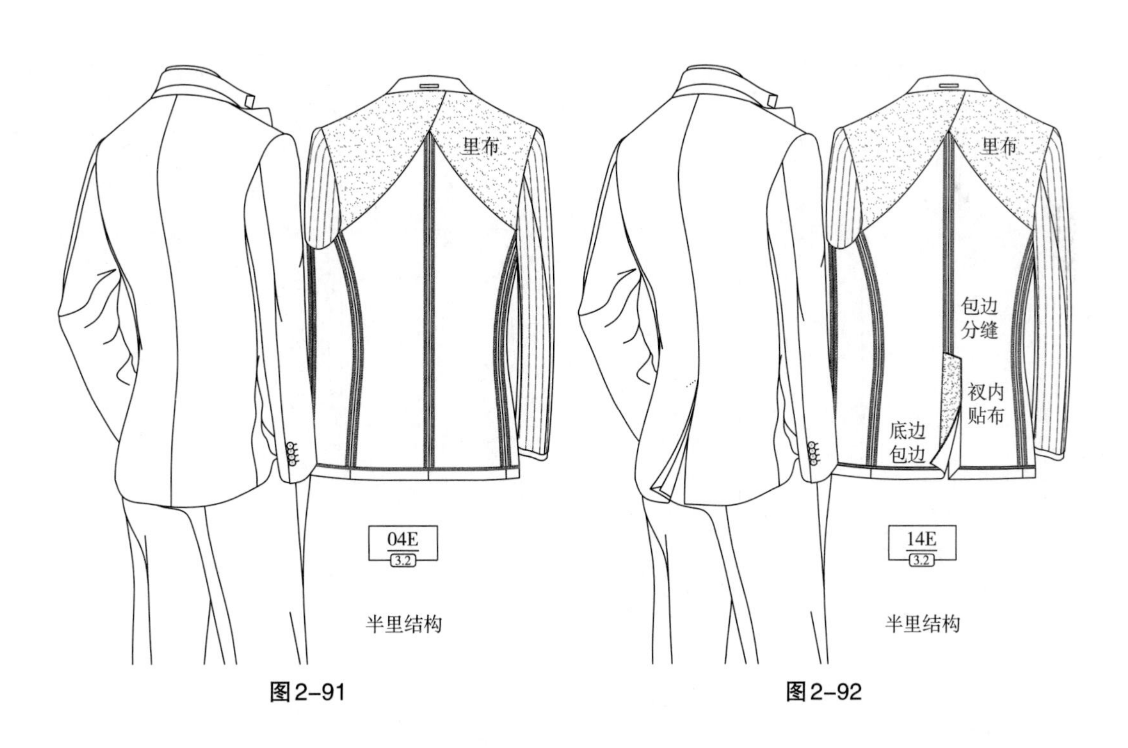


图2-91　　图2-92

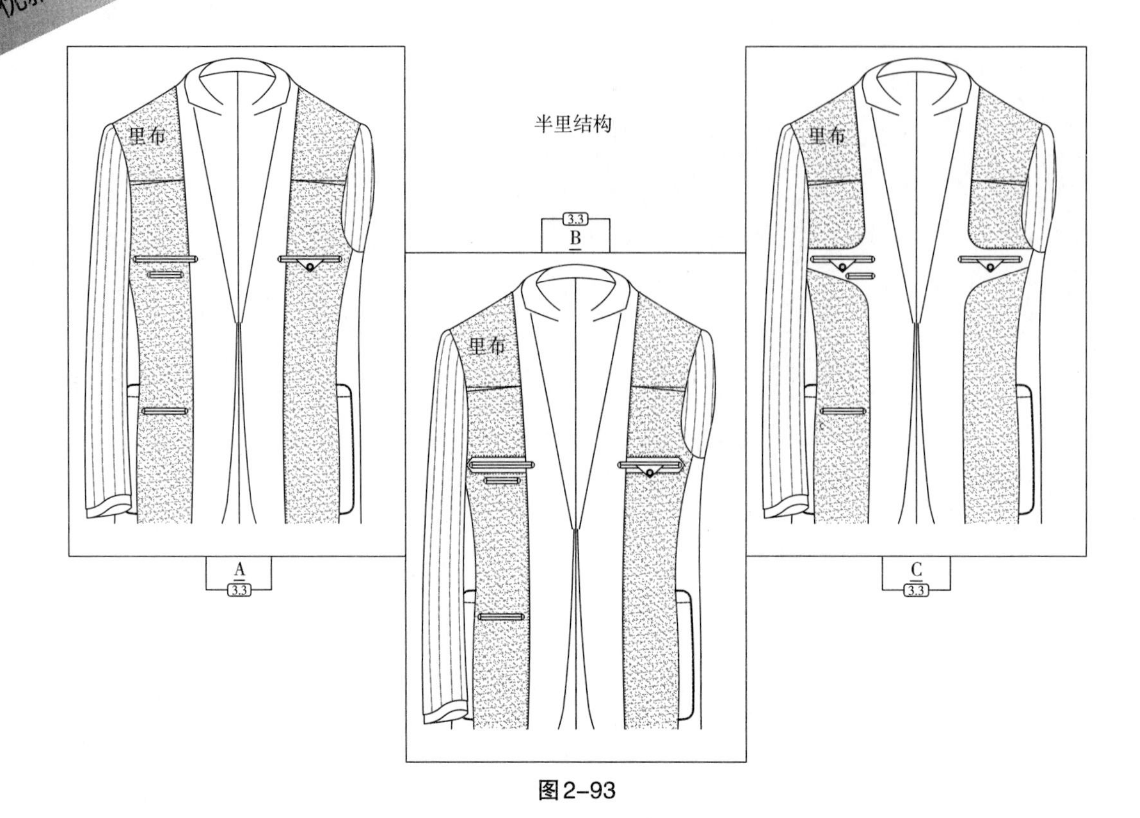


图2-93

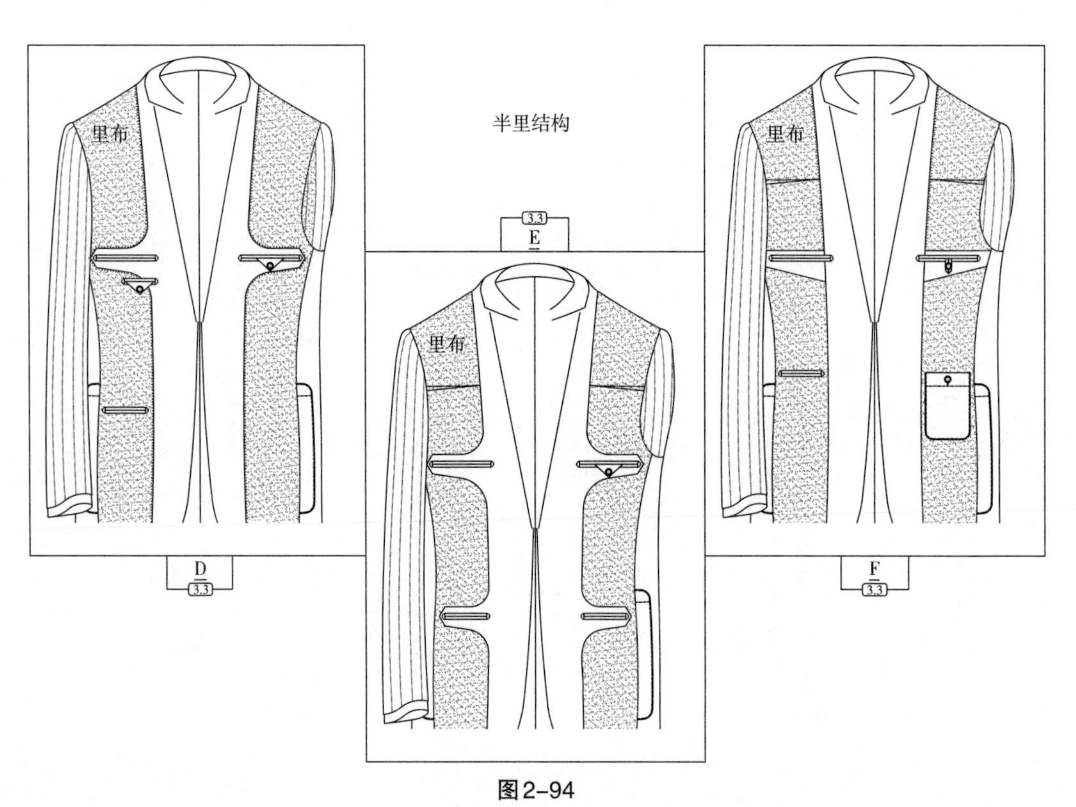


图2-94

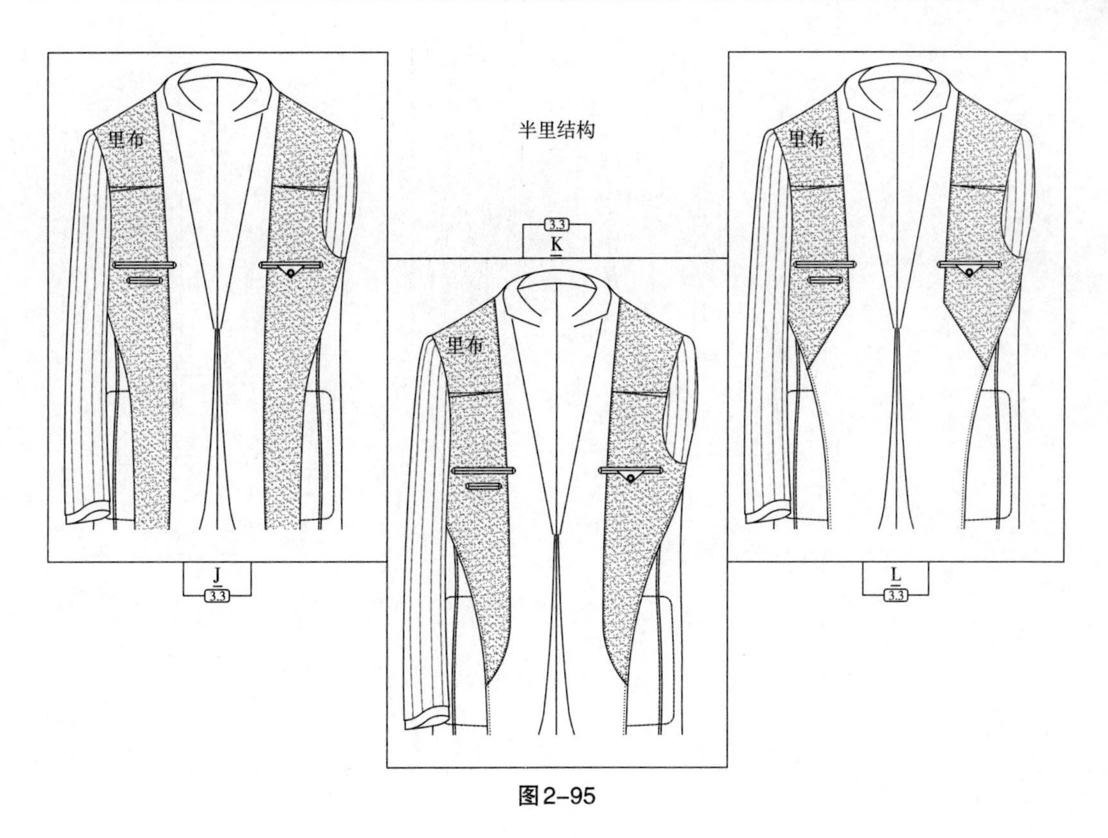


图2-95

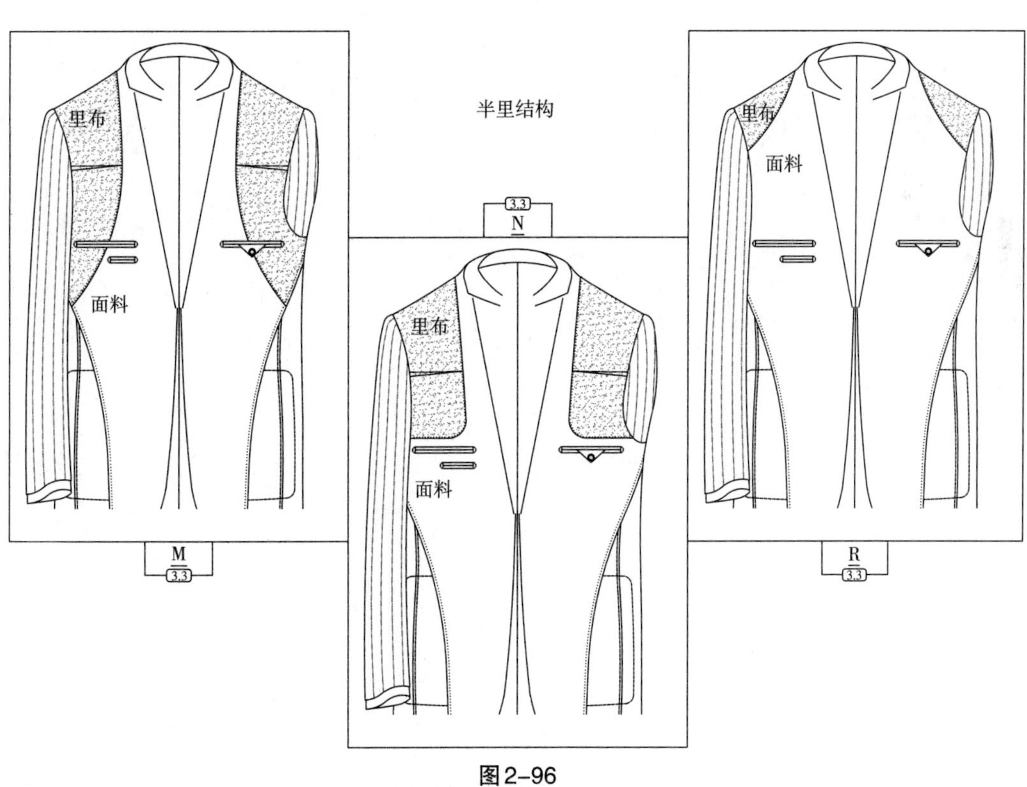


图2-96

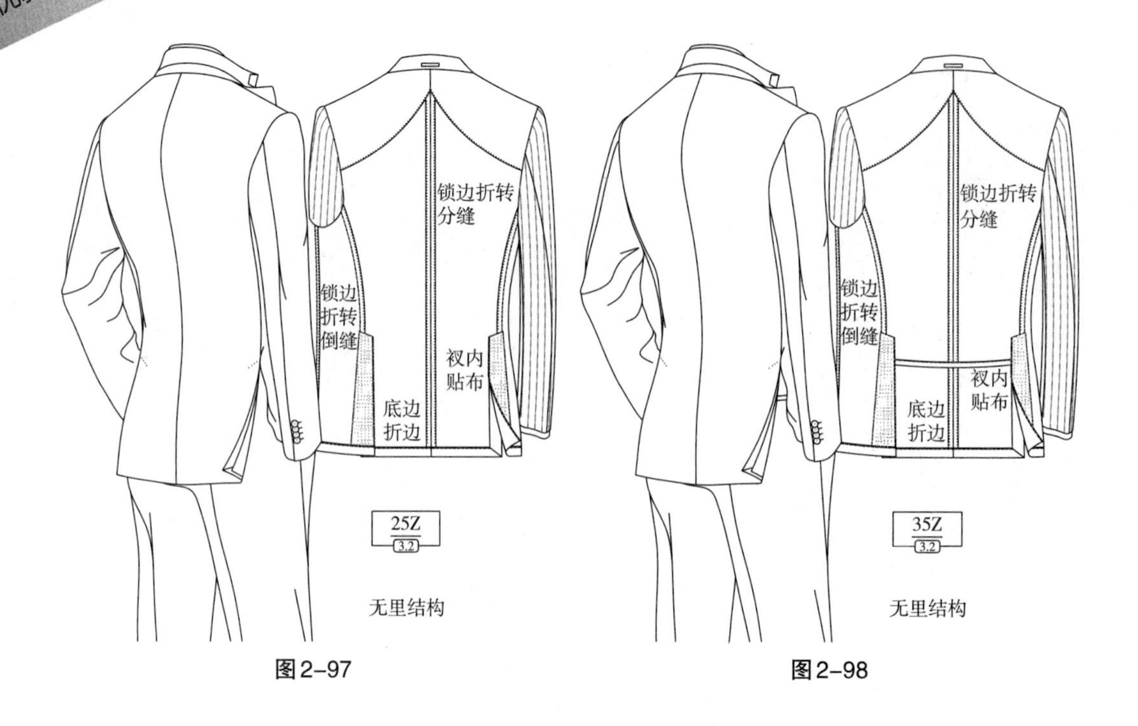


图2-97　　图2-98

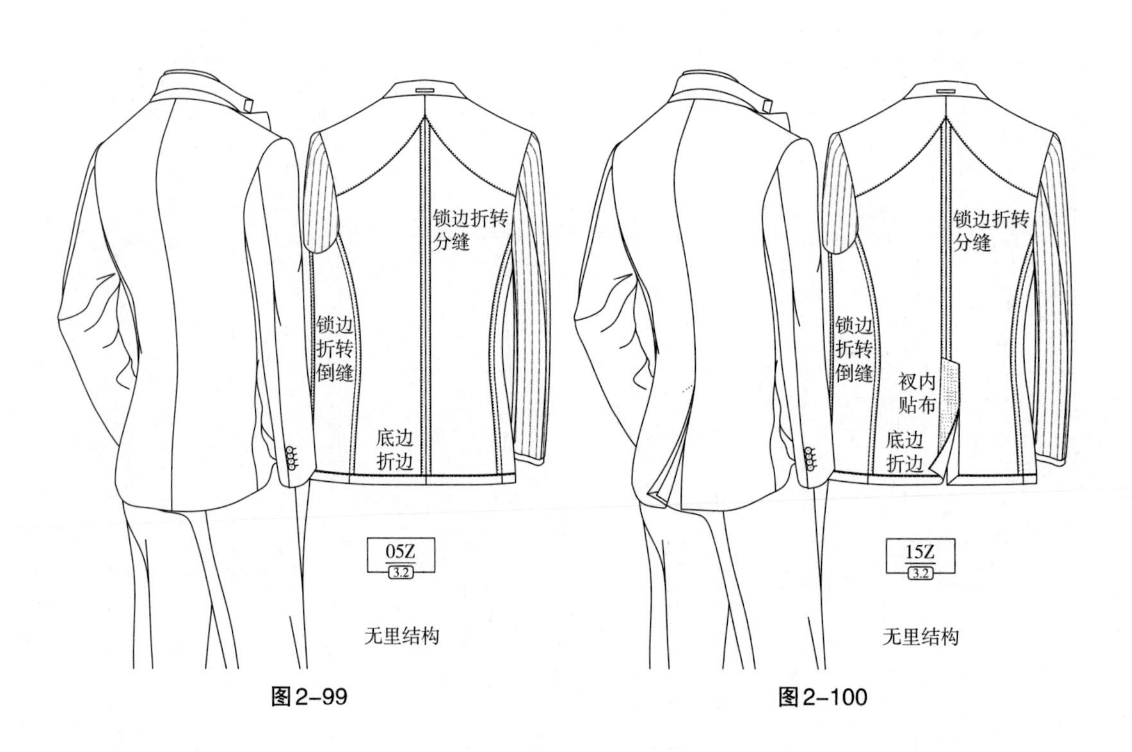


图2-99　　图2-100

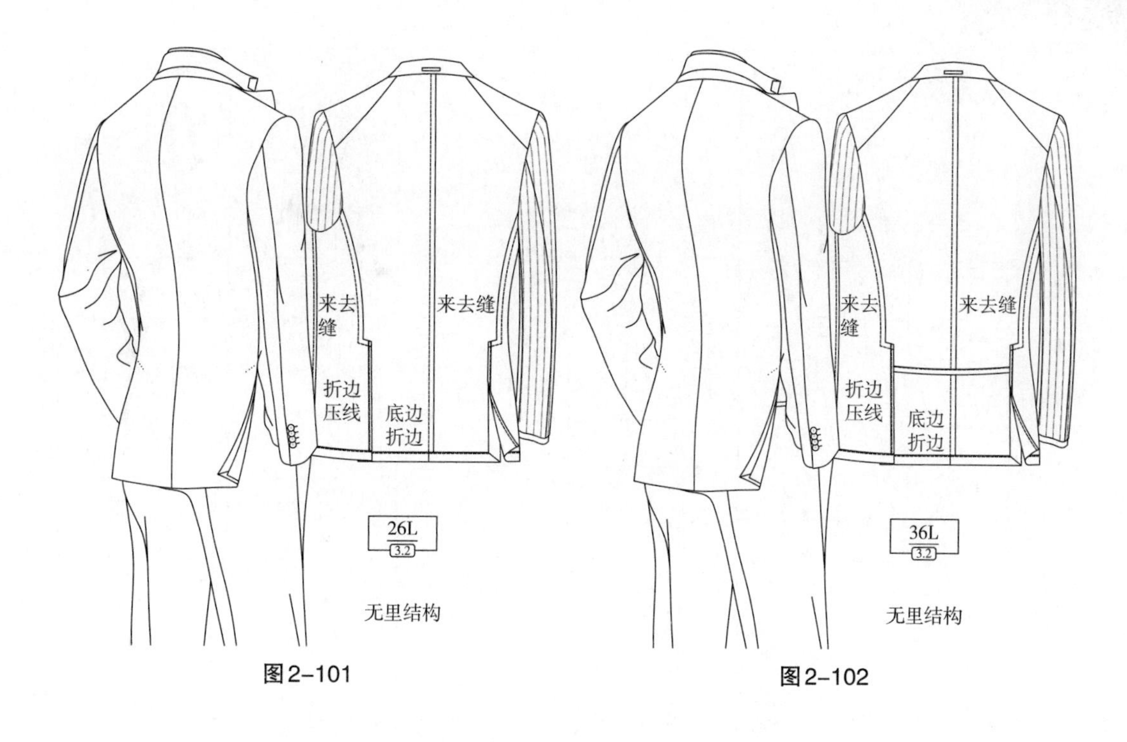


图2-101　图2-102

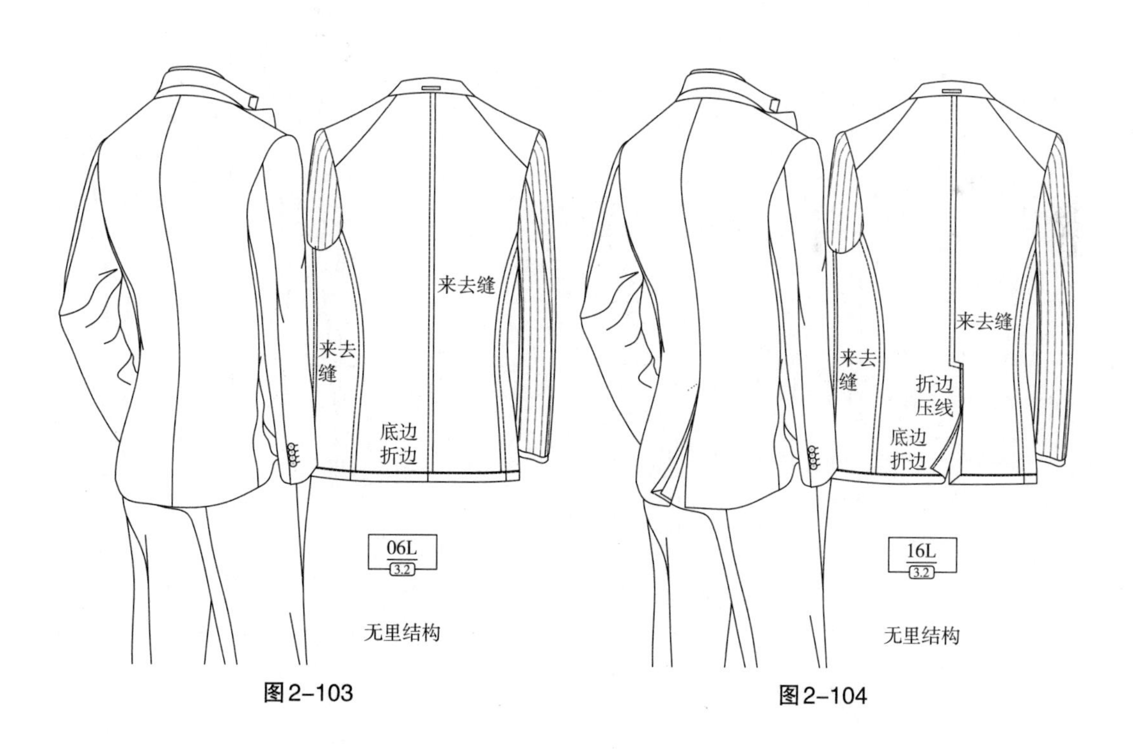


图2-103　图2-104

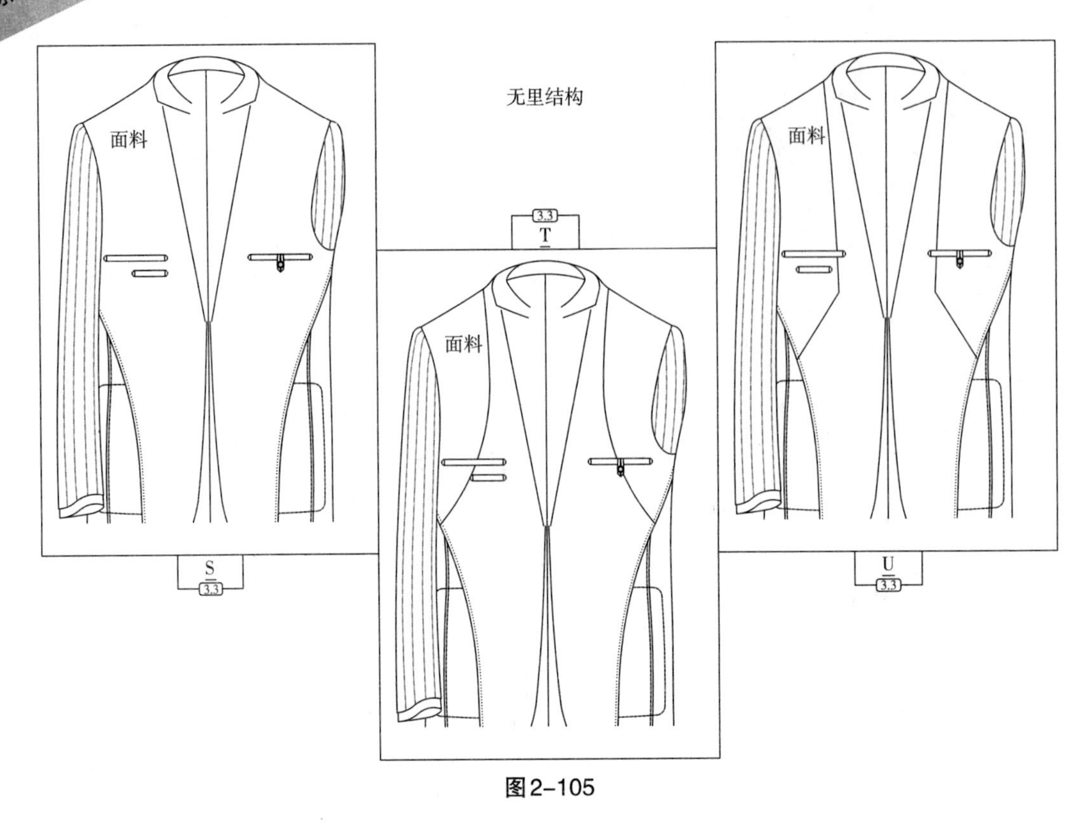


图2-105

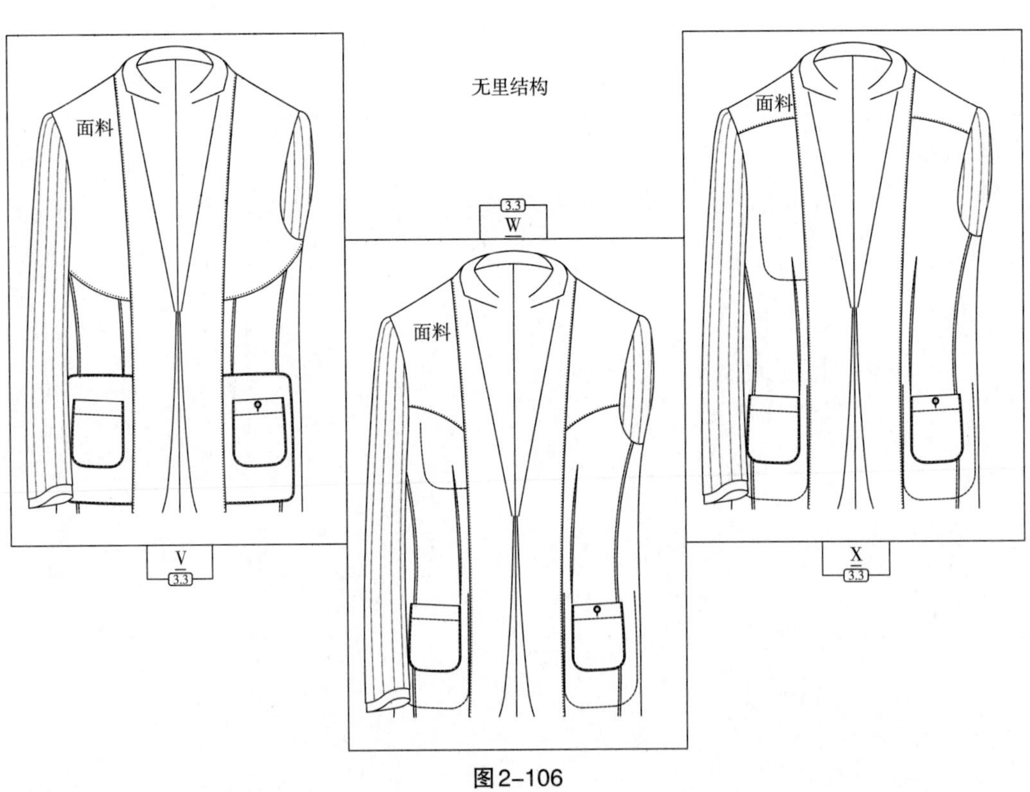


图2-106

### 开衩

从实用、美学和优雅的角度，开衩分为双开衩、不开衩、中开衩。

双开衩让穿着更自由，特别当坐下来的时候，还有双手插在裤袋的那一刻，即便静立在那儿也有一种洒脱的感觉，当然一些工艺不足的西服翘起来的衩会误导人们对双开衩的印象。

不开衩西服显得相对保守、稳重，特别正式的礼服西服会采用，据说不开衩很适合小个子，能从视角上给人高大一些的错觉。

中开衩优雅的着装尽量不采纳，因为稍不留意就会有翘尾巴之嫌，即使工艺高超的大师也很难保证，当然在便装、休闲运动装格调的西装上，可多多尝试中开衩的方式。

有的人臀部是翘翘的，穿双开衩的时候总豁开，其实有个小窍门，那就是在选取双开衩时加上连接牵带方式，很多高品质的西服都有这种服务。至于衩的高度只要保证衩长不是很短就行，一般要大于20cm（8英寸），衩也可以开得很高，但不可高过腰线，因为那样在样板上是很难处理的，一般高出常规衩3cm（常规衩长23～25cm）就属于高开衩了。

## 内袋

内袋方式以机开双嵌线袋最为上等，因为机器会将袋垫、嵌线、布衬、袋布用一道线同时缝住，让袋口松弛自然、牢固可靠，单嵌线的方式常用于半里或无里结构中（图2-107）。避免人为加上的黏合衬、线绳等无意义织物（人为制造的花样效果），保证西服胸部的舒适自然流畅。至于袋口三角还是线襻甚至拉链并不重要，只是一种安全方式。

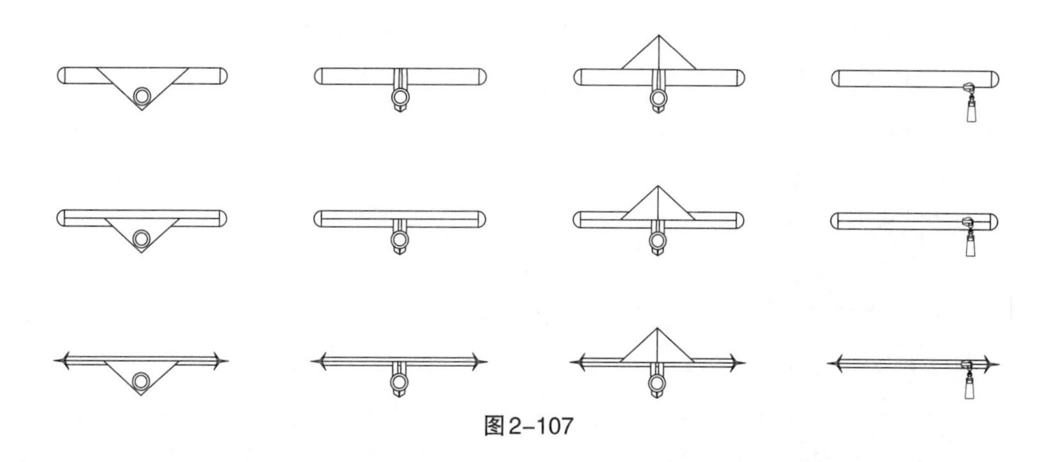

图2-107

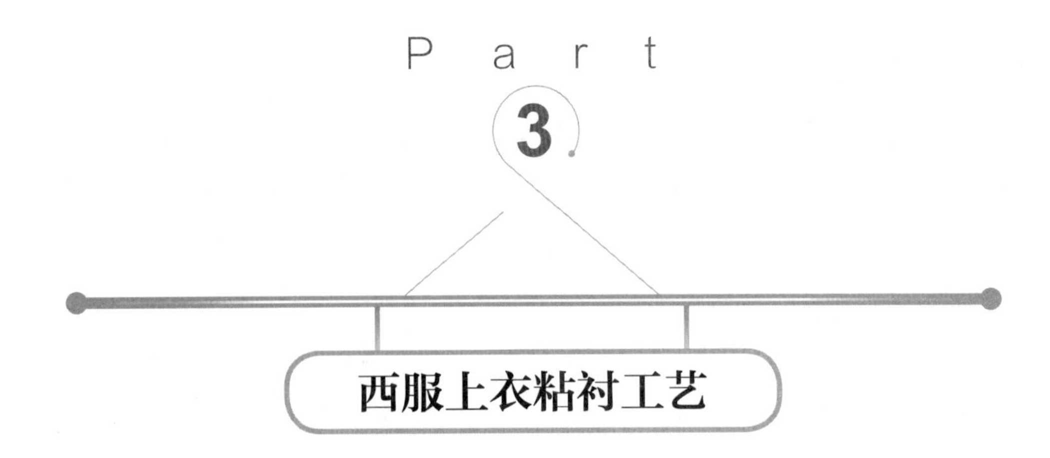


# 西服上衣粘衬工艺

西服工艺一般会分为：全毛衬、半毛衬、黏合衬、准全毛衬（有点假的全毛衬）。

## 全毛衬

全毛衬是西服传统的经典手工工艺（图3-1），男装工艺技艺的最高境界。应该承认真正实现批量规模化生产的工厂是极少的，多数号称能规模化生产的工厂大多是他们“优化”的结果，或做了一些展示样品的西服而已，所谓的“优化”是指生产中加了许多黏合衬的工艺方式。

全毛衬工艺很好地保持了面料原始、天然的性能，由于采用全副的胸衬龙骨结构，让成衣西服非常有型、经久耐穿、不易变形而且服装胸部富有弹性，真正能够达到人衣合一的境界。正因如此，西服对面料的选取、辅料的应用都有极高的要求，不是所有面料都适宜做全毛衬的。

全毛衬的辅料为胸衬龙骨，首先大身衬要求横向纵向都要有柔韧性，能随面料的不同状态而变化（干燥、潮湿等），不能出现皱巴巴的问题（有时候这种现象会被厂商说成全毛衬的风格，这是不对的）。这种衬布经纱、纬纱一般都是采用有柔性的羊毛织物并加上牦牛毛、山羊毛、马尾等天然弹性材料，其又被称为黑炭衬，因为中间确实有许多的黑黑点点。然后是包芯马尾衬和真正的马尾衬组合在一起，最后再覆盖一层棉绒，并要求几种衬之间的性能吻合以便在后期的浸泡、高温高压中变化接近。同时也要保证能与面料“同呼吸”，适应不同环境的变化，始终让西服有模有样有型。组合胸衬过程（制作胸衬龙骨）是非常讲究的，整个过程要始终保持在立体状态（3D的胸部），哪一层先做、哪一片后上，更要控制好缝线的松紧和线迹，确保西服能在人们的穿着过程中适应不同的人体活动并使西服保持优雅廓型。

全毛衬西服的敷衬（面料与胸衬龙骨组合在一起）过程还必须采用不同的压机定型，让西服稳定，一般需要5套压机，普通西服敷衬有2套压机就属于高端工艺了，真正全毛衬大概的制作流程如下。

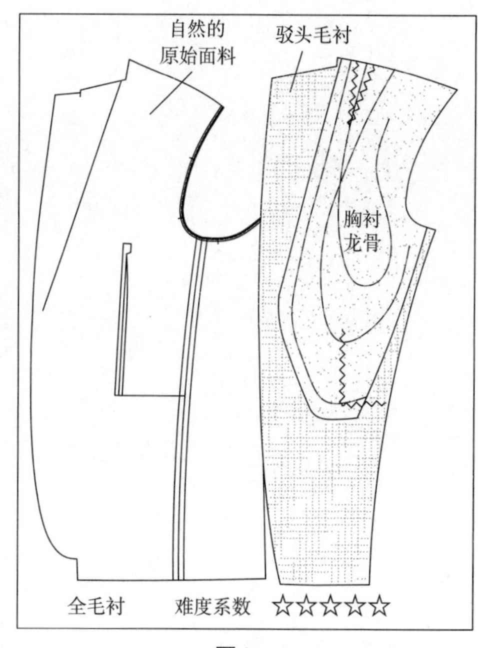


图3-1

面料：缝前用压机1预缩（裁好的衣片进入缝制时的压机预缩），缝合小侧缝、拉肩袖窿牵带。用压机2定型衣身，找正纱线分烫侧缝，开做胸袋、大袋、腰袋。用压机3找顺衣身势道定型，衣身准备进入敷衬。

胸衬龙骨：立体组合制作胸衬龙骨，浸泡（时间、水温、水质很有讲究）胸衬龙骨，吊放晾干胸衬龙骨，用压机4压烫定型胸衬龙骨，准备进入敷衬。

开始敷衬，将上述的衣身和胸衬龙骨组合在一起：首先是立体地定固胸部、袋布与衬，然后缝制翻折线的牵带（2cm左右宽的布条），塑造胸部的饱满形状，接下来修整驳头的衬和面料准备纳驳头。

纳驳头：有人会将全毛衬分成手工全毛衬和机器全毛衬，用机器纳驳头的叫机器全毛衬，用手工纳驳头的叫手工全毛衬，而且会将手工纳驳头说得高大上。其实这种区分意义不大。一套好的纳驳头机器（分左右）是很贵的，大概一百万元。全毛衬的整个工艺过程依赖的就是经验手工（高水准的），因此仅以纳驳头去区分手工和机器是不可取的，况且机器纳驳头的水准远远在手工之上，除非真的是一位懂得西服工艺的大师，而且心灵手巧、精力旺盛、不辞劳苦、始终如一、左右对称地去纳驳头。

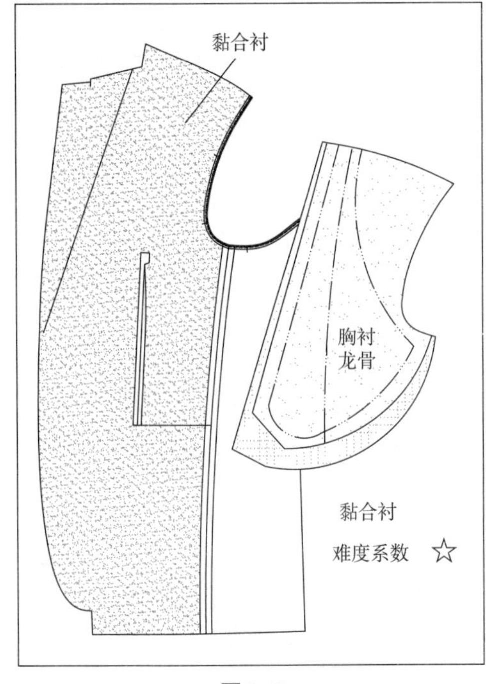


图3-2

纳完驳头之后再一次用压机5定型衣身胸衬龙骨，理顺势道、理直纱线、推归该弧的曲线。由于这种复杂、艰难的全毛衬制作过程对面料、辅料的要求极高（全毛衬的黑炭衬价格是一般优质黑炭衬价格的5倍左右），真正实现的工厂是很少的。但市场由于种种原因（炒作、概念模糊、忽悠），对全毛衬西服又极为推崇、追求，于是就出现了“优化工艺”后的全毛衬，即准全毛衬，还有前面提到的所谓手工全毛衬（是简化更多工艺、省去更多设备的手工作坊方式）来适应市场需求。

全毛衬工艺过程中的每一次压机定型都是极其重要的，使面料、胸衬龙骨紧密结合制成坚挺的西服，让西服经久耐穿、稳固有型。准全毛衬与半毛衬的工艺相同，面料上是粘了衬的，正因如此几乎可以让所有面料都能做成全毛衬西服，而且外观效果还很好，只是像黏合衬工艺（图3-2）一样牺牲了面料自然原始的性能。黏合衬确实是西服工业化的一次革命，让西服能够规模化大批量的生产而且外观效果还非常棒。

## 半毛衬

半毛衬（图3-3）是介于两者之间，非常具有超高性价比的工艺方式，驳头翻领的效果和全毛衬是一样的，半毛衬西服是目前中高端的主流工艺方式。

从去伪存真的角度，笔者推介的工艺方式是：半毛衬、全毛衬和黏合衬，至于准全毛衬（图3-4）和所谓的手工全毛衬不建议采纳。如同全毛衬工艺中所说，不是所有面料都适合做全毛衬工艺的，在选择面料时应该特别谨慎小心（图3-5～图3-16）。

一年有四季，西服的胸衬龙骨也有4、3、2、1等多层多样，以便适应不同季节的穿着需求，即便同一季节也可选用不同层数的胸衬龙骨制造出不同风格效果。一般秋冬季的全夹里西服常选用标准的4层或3层薄型胸衬龙骨，这两种方式的西服都非常有型，穿着也很舒适自在。春夏季的西服不仅可以选用半夹里或无夹里的结构，在衬的

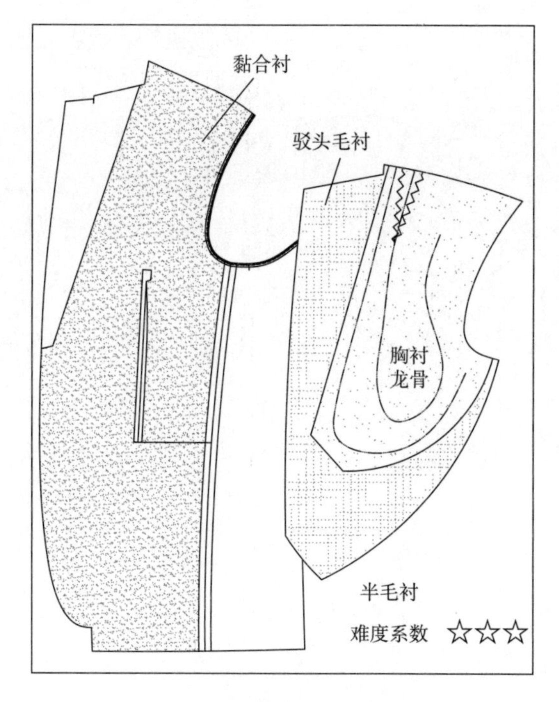


图3-3

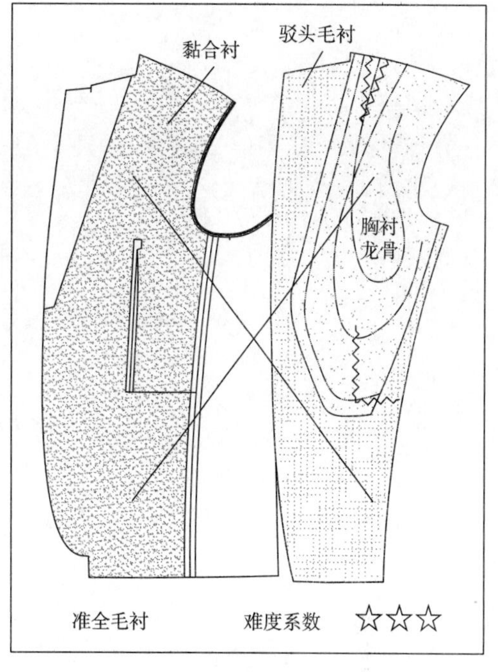


图3-4

层数上也可以选择3层薄衬、2层轻薄或单层超薄衬的龙骨，西服会变得更加轻松自在。衬的层数少了对西服外形的挺括度会有影响，甚至会出现扭肩、扭胸一些问题，因此在衬料材质的选择上非常关键，当然西服的板型结构、制作工艺更为重要。胸衬龙骨的层数也可以是5层、6层，现如今材料技术进步很快，4层的效果已非常棒了，本着环保的理念不推荐4层以上的胸衬龙骨。当然也可选择无胸衬龙骨的西服，只是因为成衣效果很难保证优雅理念，也被排除在外了。

我们要学会甄别西服的优劣，了解不同工艺方式、不同胸衬层次的特点，为选取成衣提供帮助。同时也要学习对西服品质工艺的鉴赏，避免由此而被他人误导或被带入一些误区。

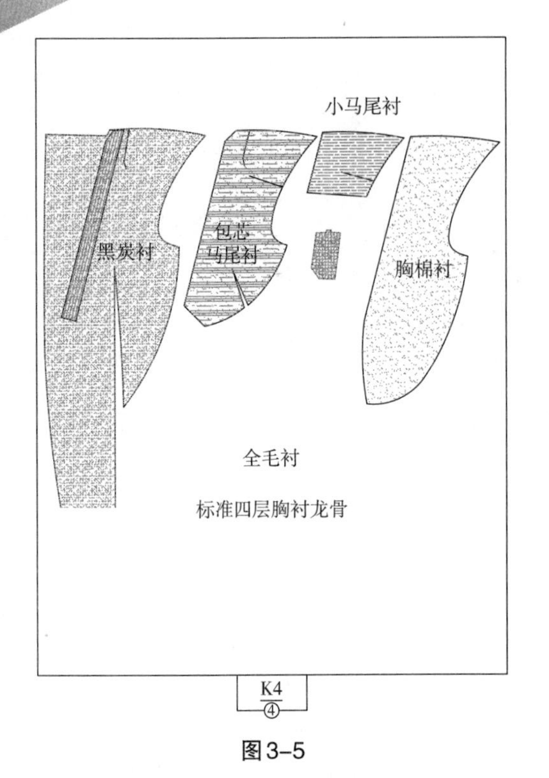


图3-5

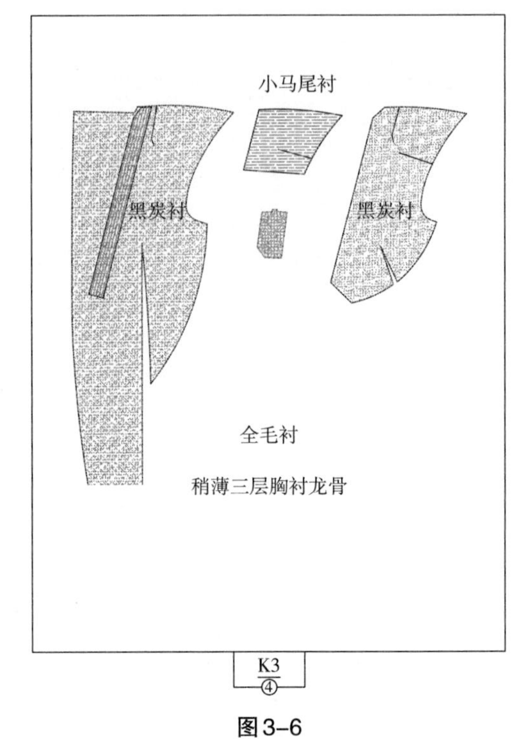


图3-6

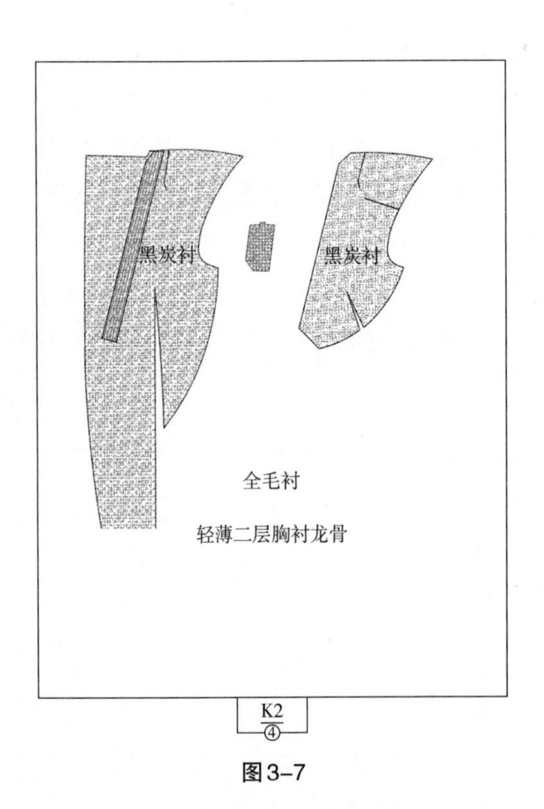


图3-7

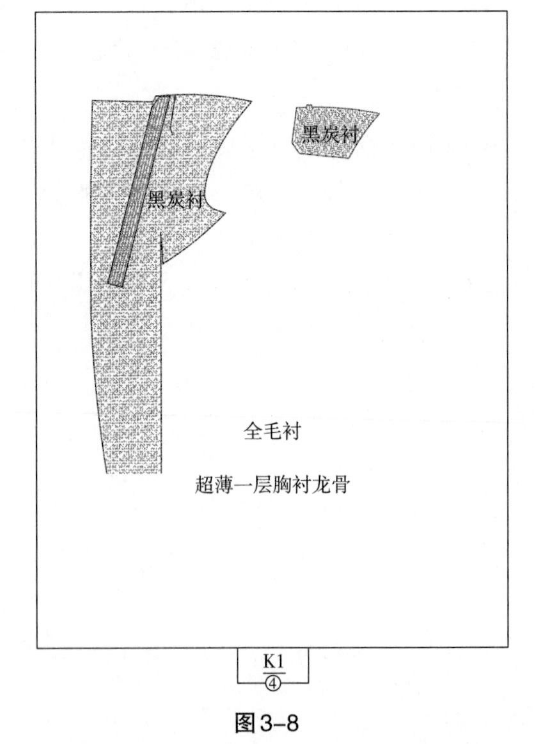


图3-8

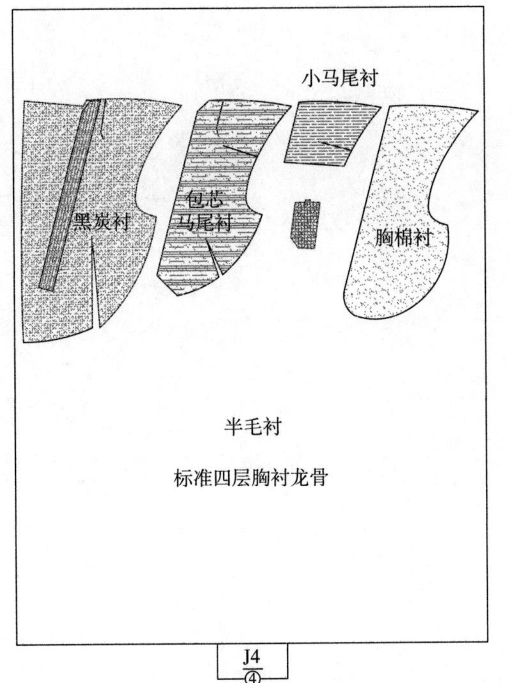


图3-9

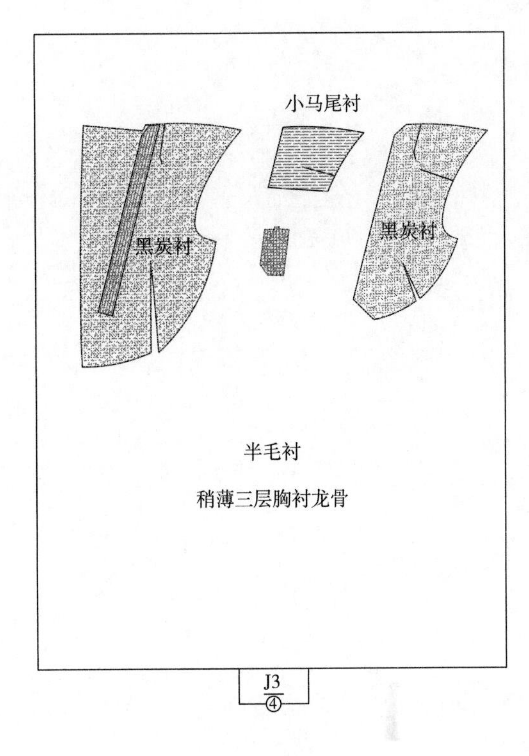


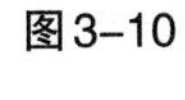

图3-10

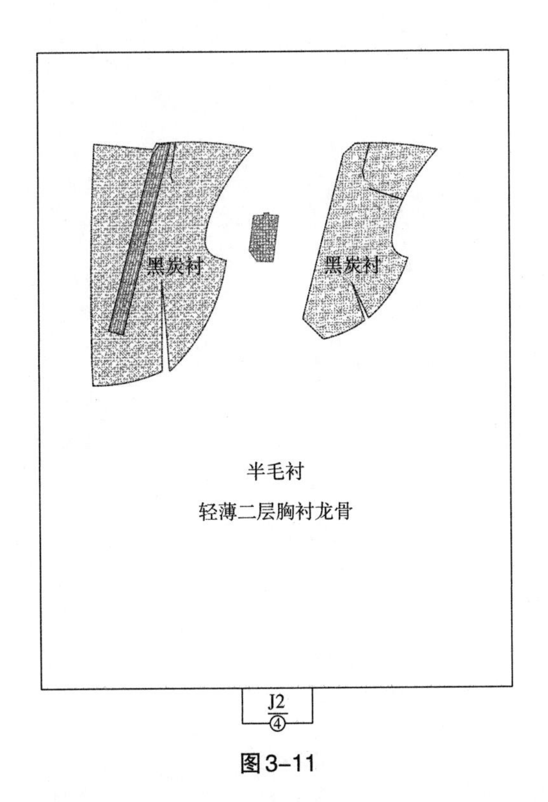


图3-11

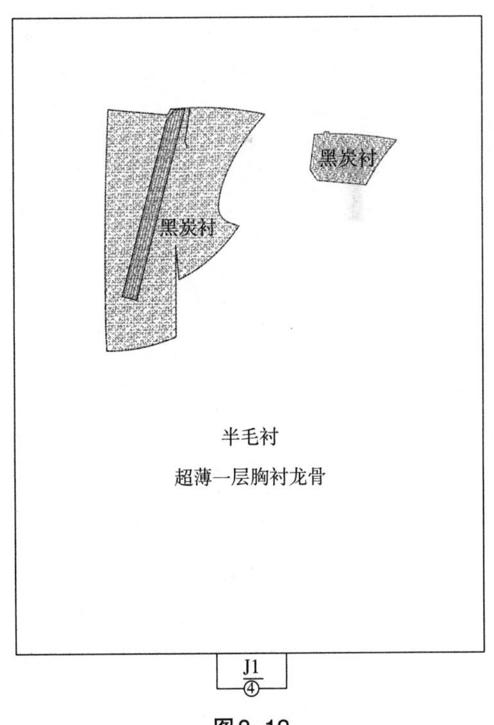


图3-12

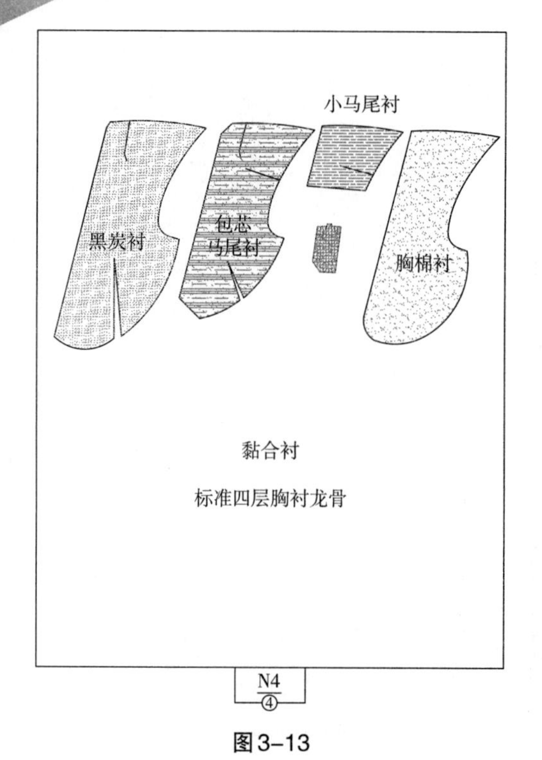


图3–13

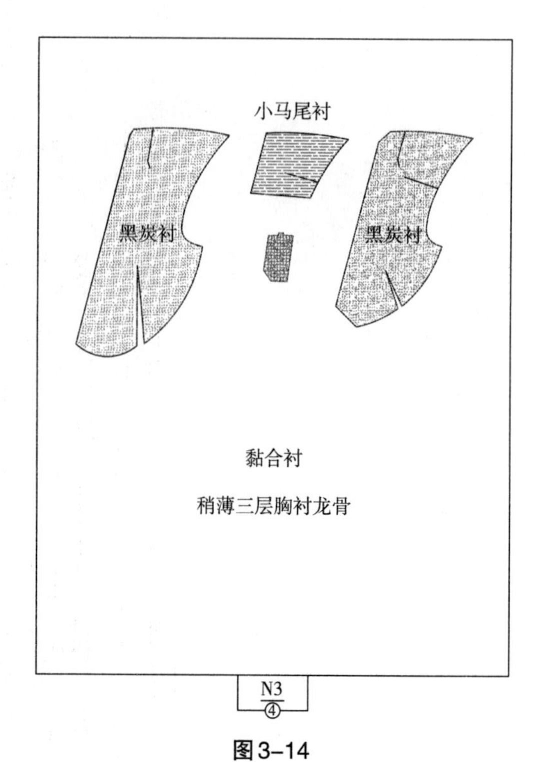


图3–14

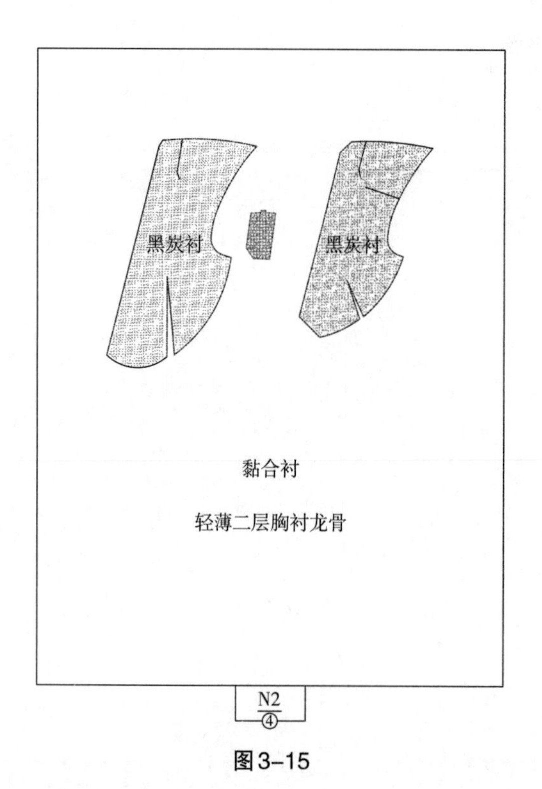


图3–15

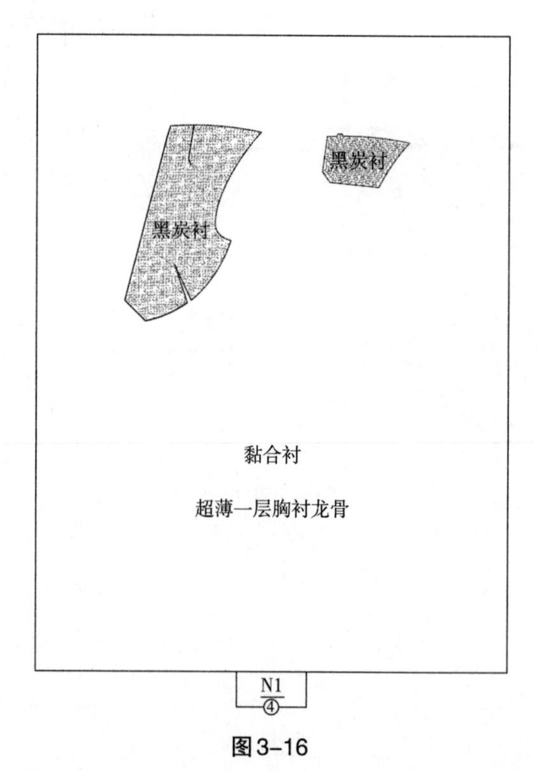


图3–16

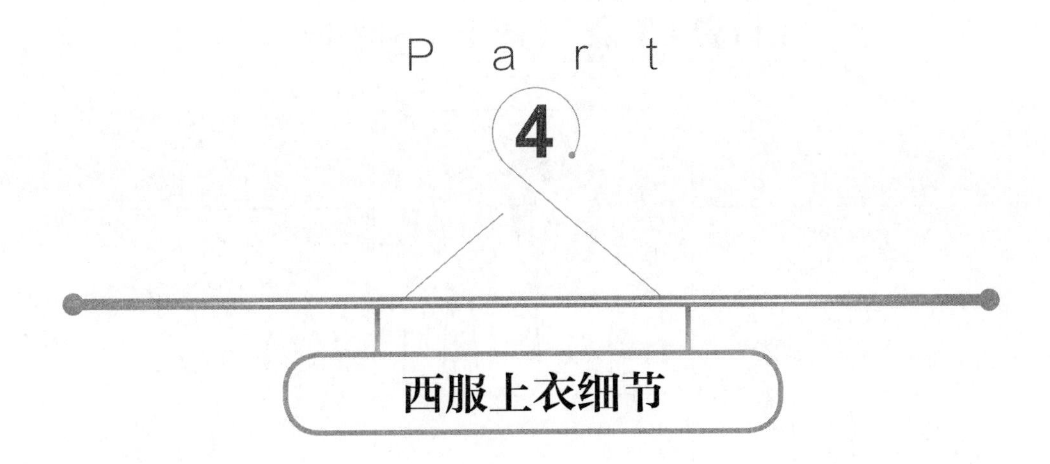

# Part 4 西服上衣细节

品牌制造时尚，个性创造品位，而品位永远比时尚高那么一点，因为点滴的细节让我们品位优雅，与众不同。

在格调中细节也包括一些随意性和想象力，在当今的社会中，诸多差别几乎消失殆尽，如今只有在某些细节上有所不同。对于细节的精心呵护，对于某些细节近乎“怪癖”的关注，在整个20世纪是人们普遍的态度，撑起以简洁和直线条为基础的男士优雅。因此，良好的修养、高雅的举止和那些说不清楚的点滴细节的成果形成了一道屏障，把那些游手好闲的懒惰分子和勤于事业的人分开。一个人的外表，从举止到服装，能够了解和揭示他的内心世界。真正爱修饰的人，不像许多人认为的那样是一些古怪的人，他们可以和历代屈指可数的伟大艺术家相提并论，他们是一些杰出的人物。因为从这些人物顶级的优雅中，许多人已经领悟到以令人愉快的方式讲究穿戴的显著效果。总之，为了熟悉那些最重要的美学技巧的准则，除了良好的鉴赏能力，也需要热情、自信力和努力。

在这种情况下，应该在人们生活的基本“配方（服装）”中添加各种不同的成分（细节），其中包括创造力、怪癖、辩证法、想象意识、消极态度、虚荣心、嘲弄、神秘、机智的欺骗、不动声色、优越感、寂寞和孤独、庸俗、色彩的敏感性、历史知识，以及对自己身份和地位的深刻意识。我们要始终坚持优雅本色，常识上讲宽的驳头造型常常会配以宽的手巾袋和大袋盖，以便衣装的整体平衡，当然也可制造夸张，如个性窄的驳头配以很宽的手巾袋。如前所述，我们还是打着优雅旗帜，设计一些经典的细节以供选择。

所有细节设计均以48R为基础板型，具体标识尺寸只是参考，我们将会不断优化改进。

# 上口袋（胸袋）（图4-1～图4-7）

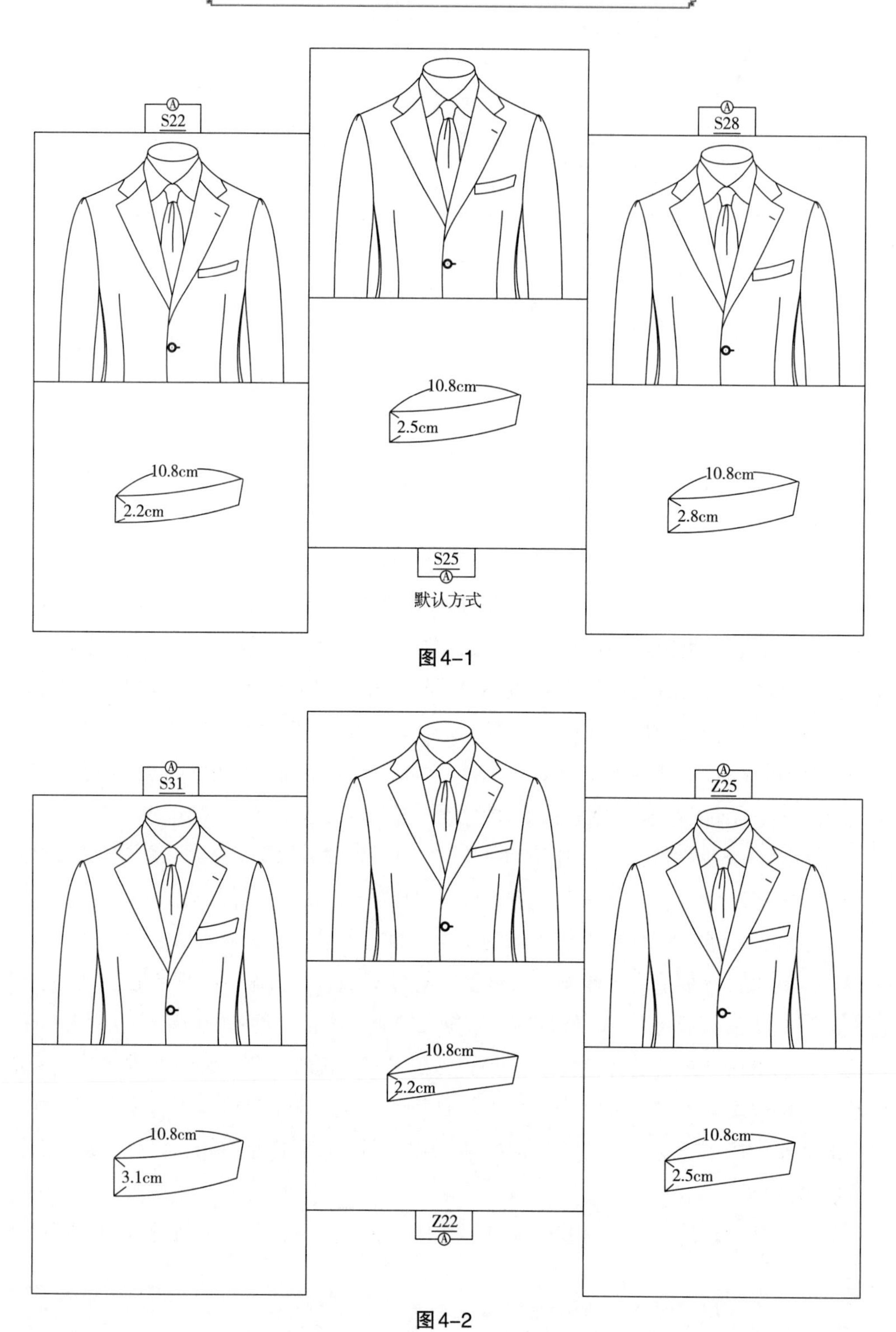


图4-1

图4-2

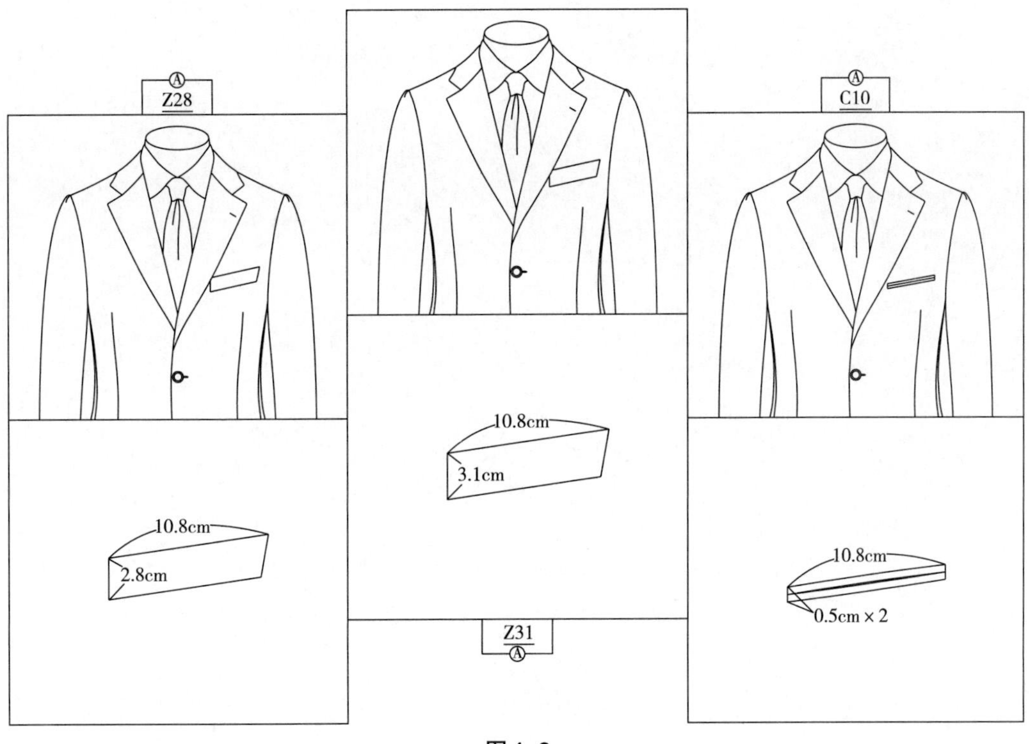
Z28
10.8cm
2.8cm
10.8cm
3.1cm
Z31
C10
10.8cm
0.5cm × 2

图 4–3

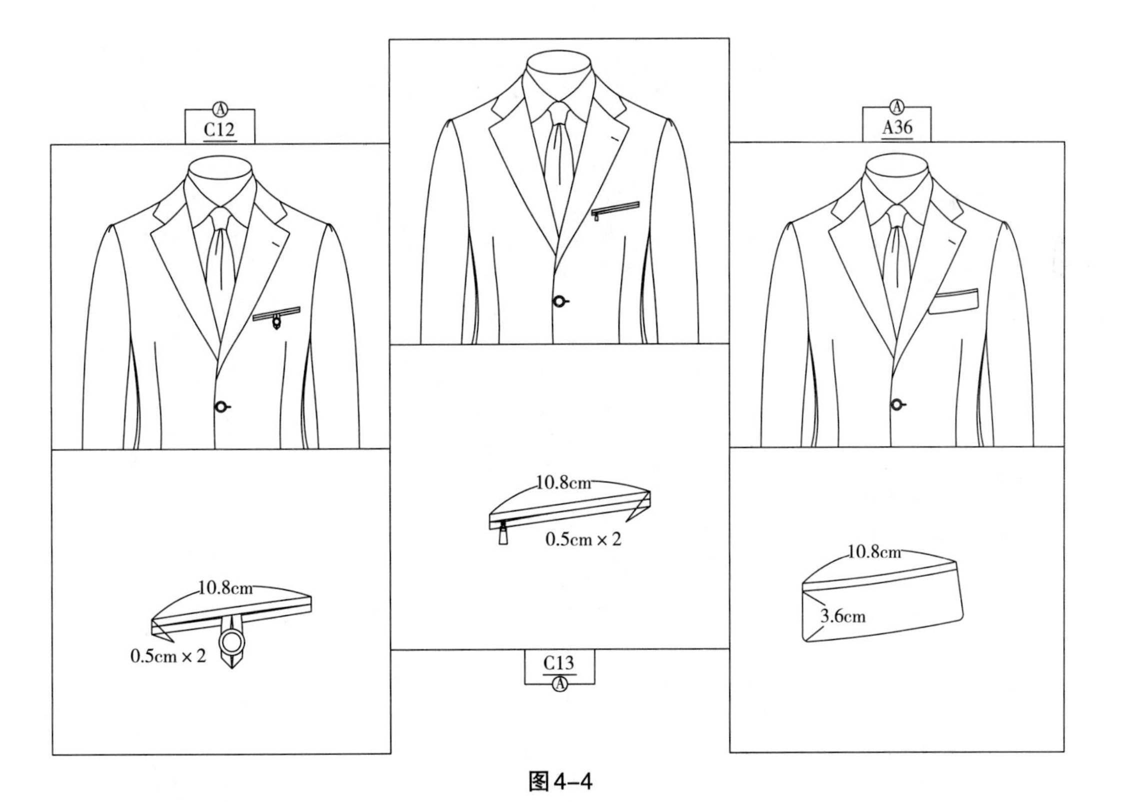
C12
10.8cm
0.5cm × 2
10.8cm
0.5cm × 2
C13
A36
10.8cm
3.6cm

图 4–4

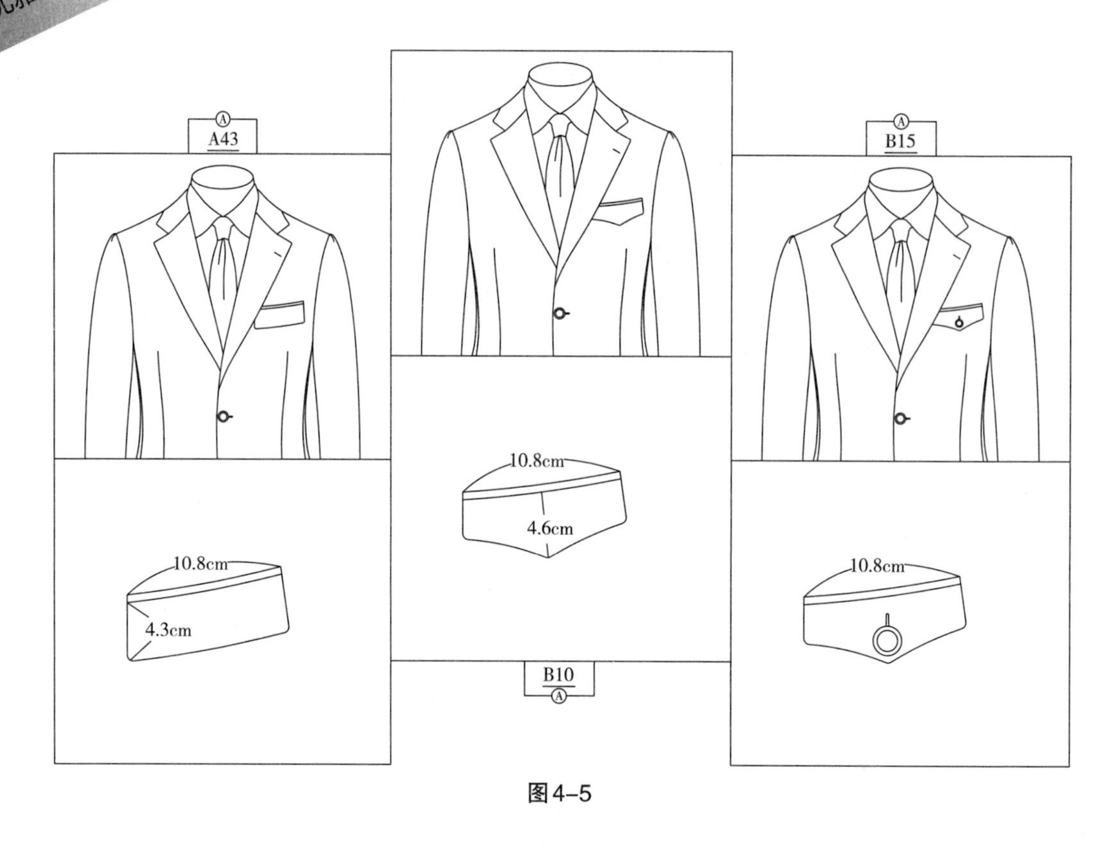
A43
B15
10.8cm
4.6cm
10.8cm
4.3cm
10.8cm
B10

图4-5

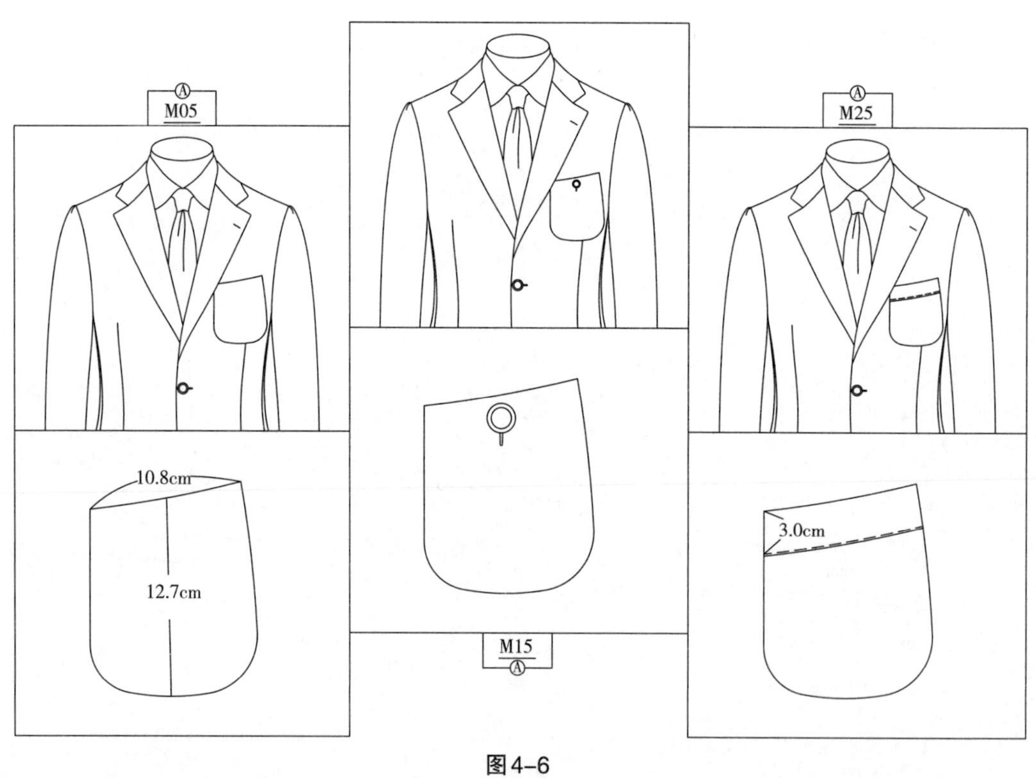
M05
M25
10.8cm
12.7cm
3.0cm
M15

图4-6

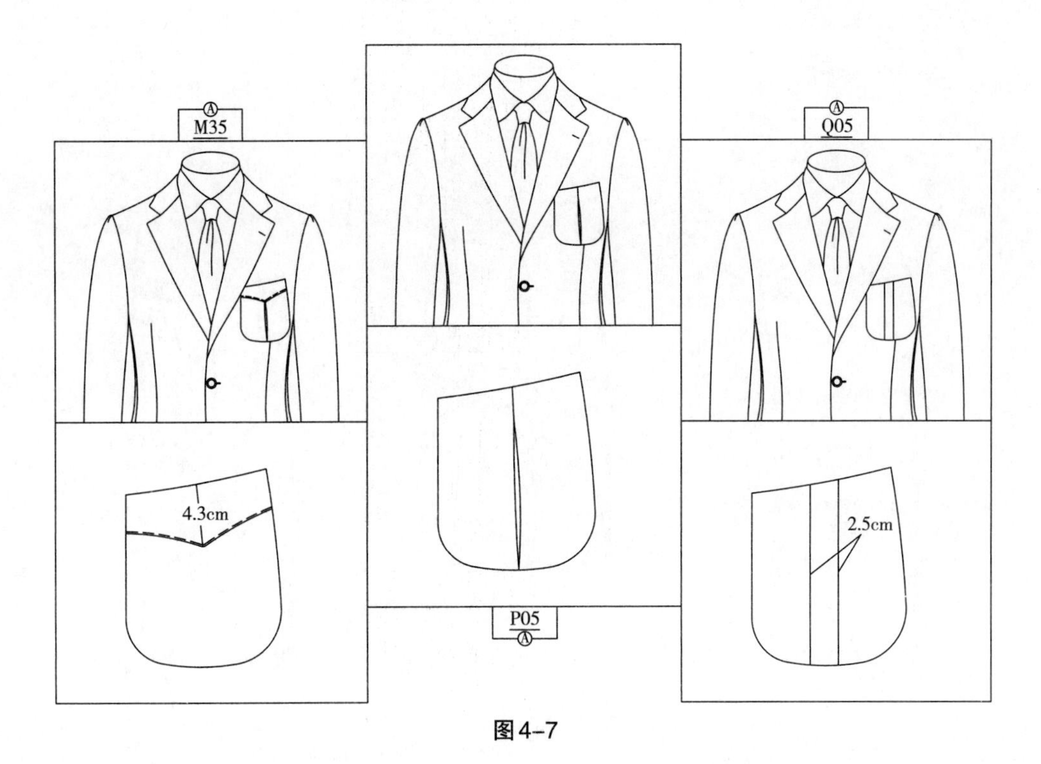


图4-7

## 上口袋（胸袋）sports系列（图4-8、图4-9）

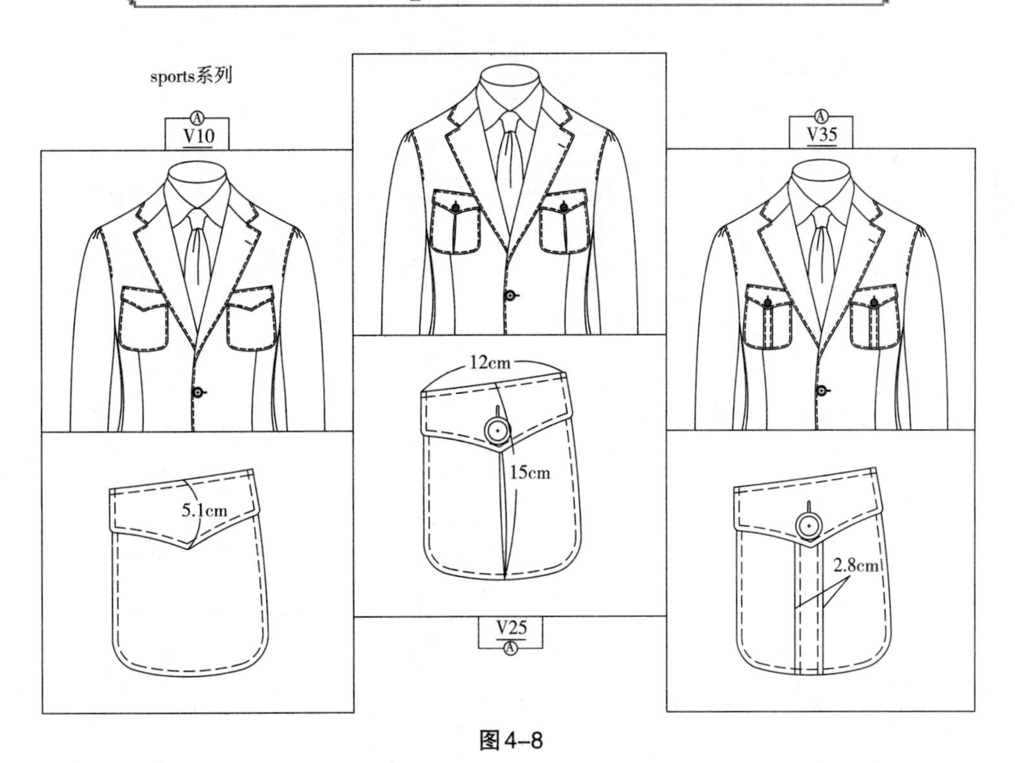


图4-8

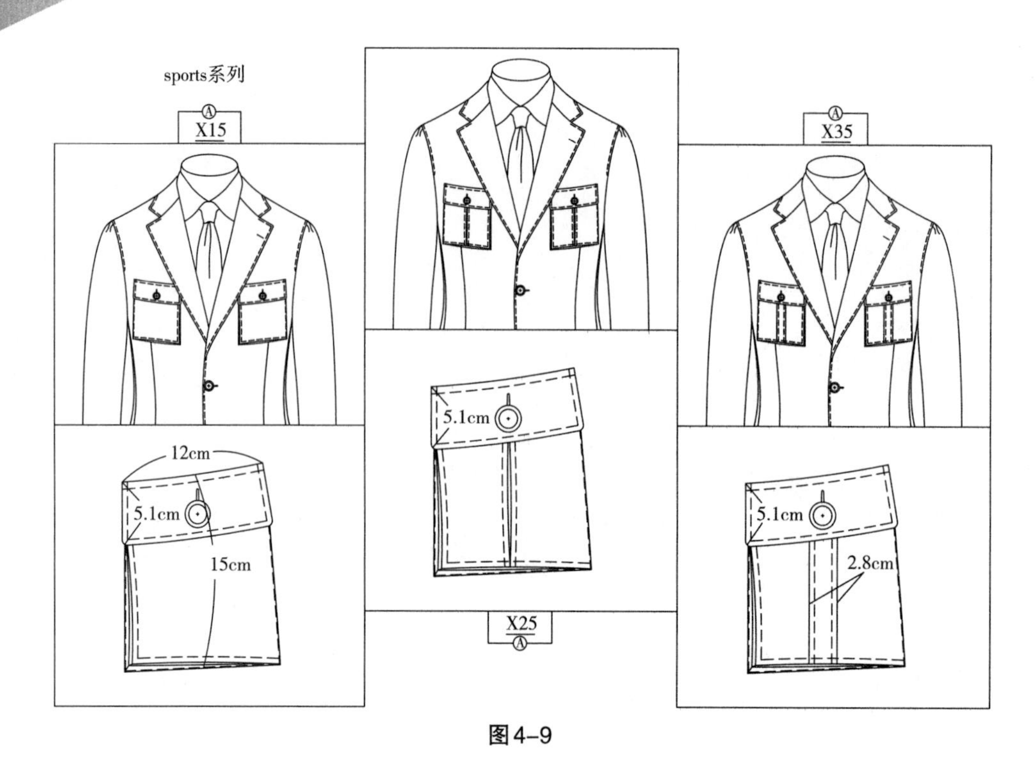


图4-9

## 下口袋（腰袋）（图4-10～图4-45）

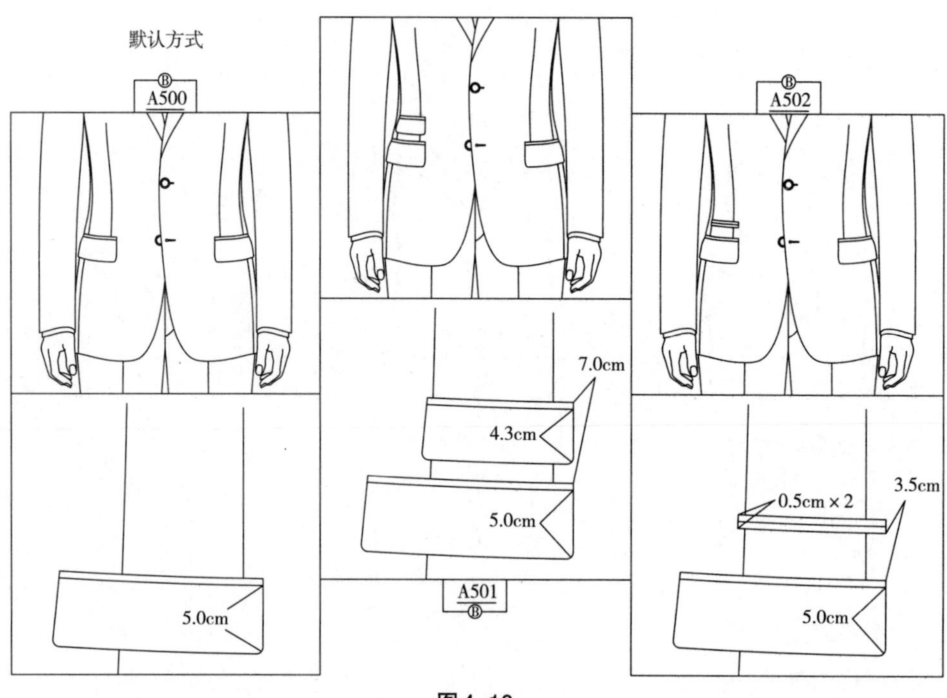


图4-10

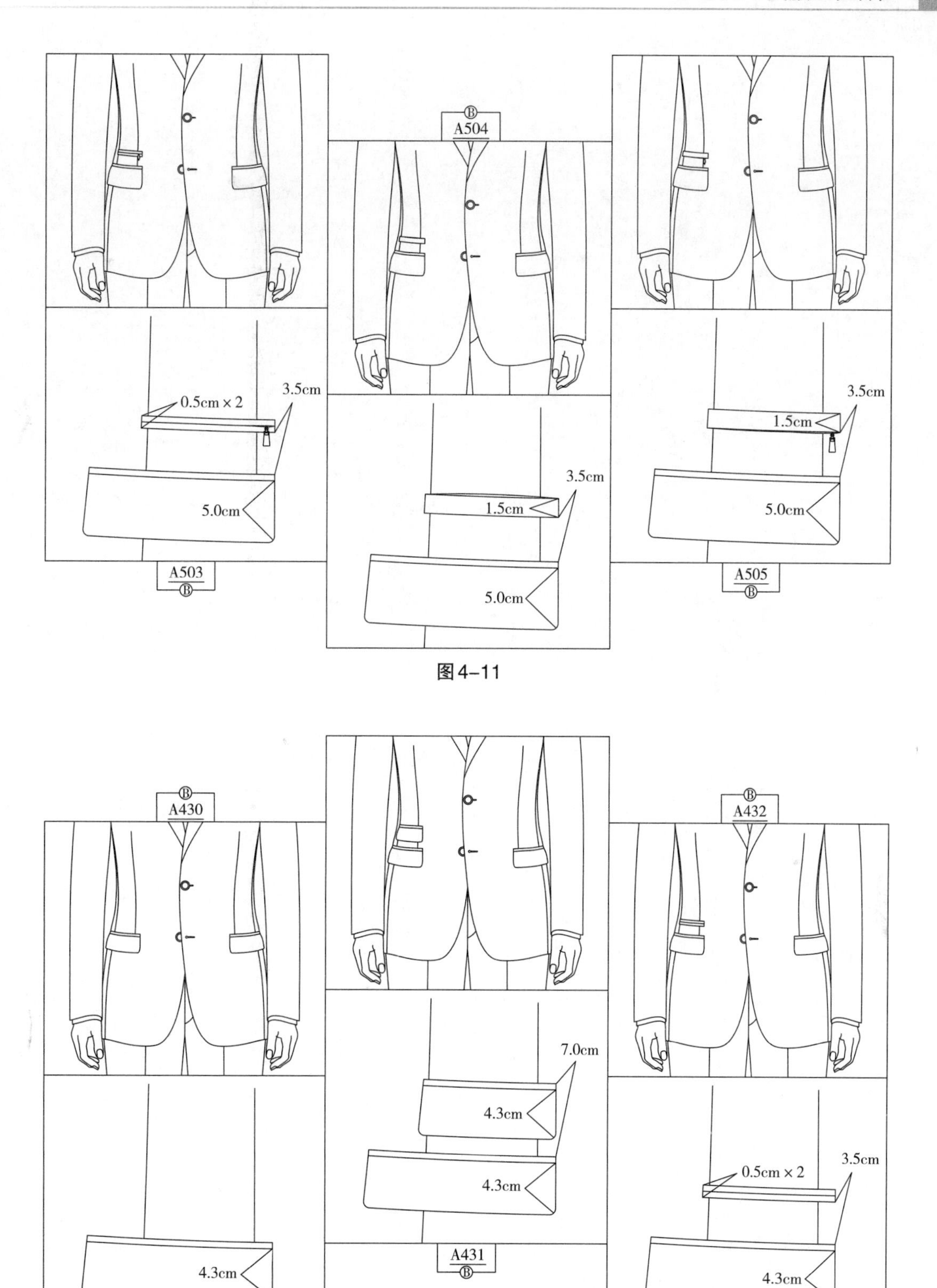
A504
0.5cm × 2
3.5cm
5.0cm
A503
3.5cm
1.5cm
5.0cm
3.5cm
1.5cm
5.0cm
A505
A430
A432
7.0cm
4.3cm
4.3cm
4.3cm
A431
0.5cm × 2
3.5cm
4.3cm

图4–11

图4–12

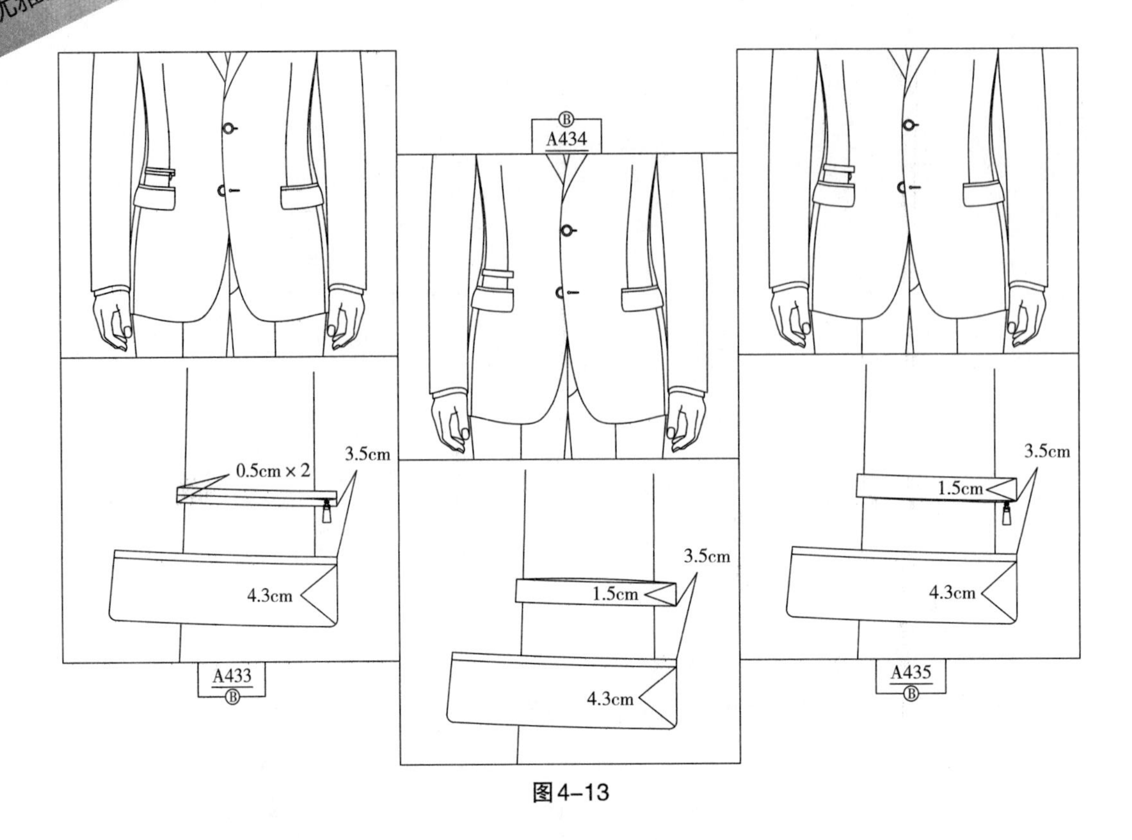
A434
0.5cm × 2
3.5cm
4.3cm
A433
3.5cm
1.5cm
4.3cm
3.5cm
1.5cm
4.3cm
A435

图4-13

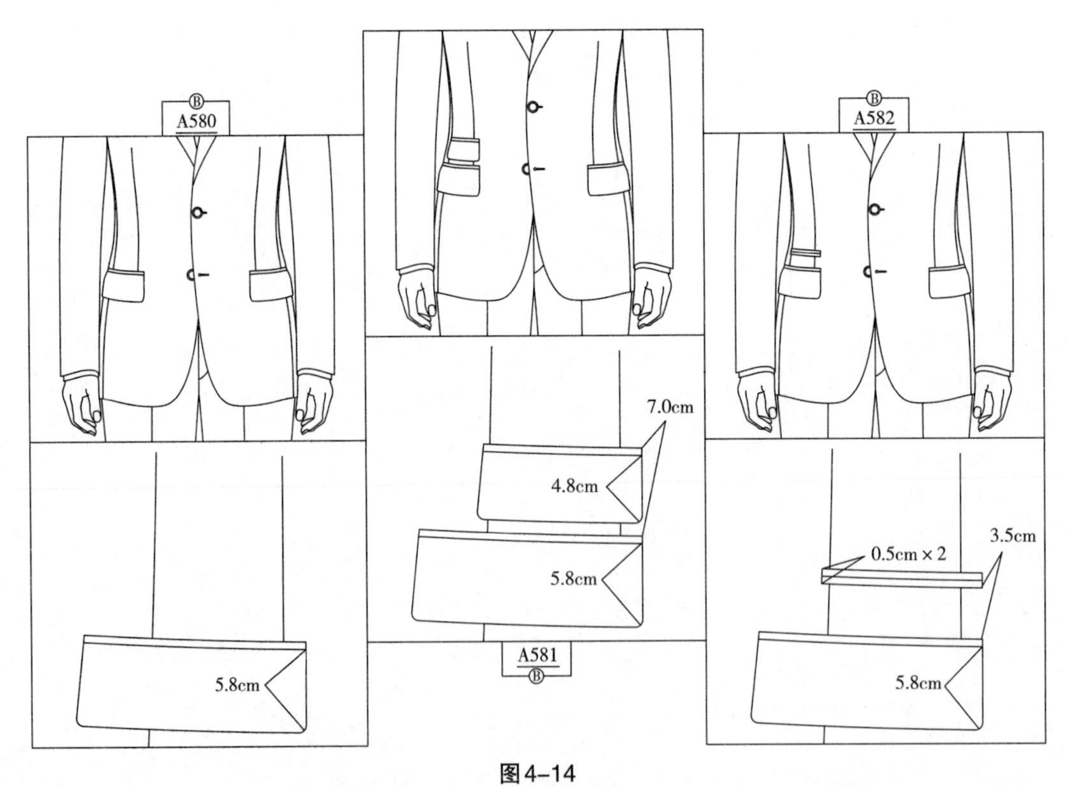
A580
A582
7.0cm
4.8cm
5.8cm
5.8cm
A581
3.5cm
0.5cm × 2
5.8cm

图4-14

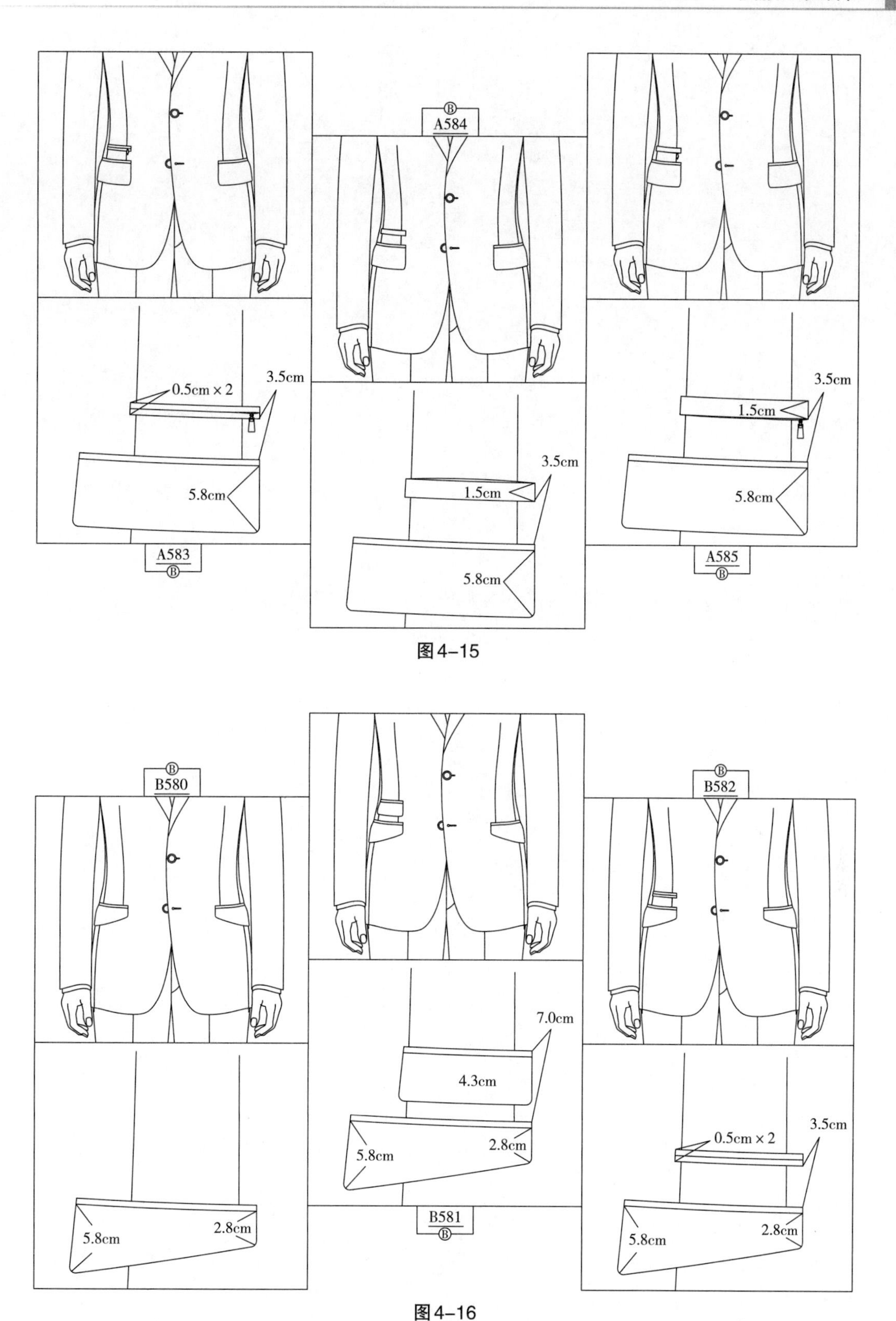
A584
0.5cm × 2
3.5cm
5.8cm
A583
3.5cm
1.5cm
5.8cm
3.5cm
1.5cm
5.8cm
A585
B580
B582
7.0cm
4.3cm
2.8cm
5.8cm
B581
5.8cm
2.8cm
3.5cm
0.5cm × 2
5.8cm
2.8cm

图4–15

图4–16

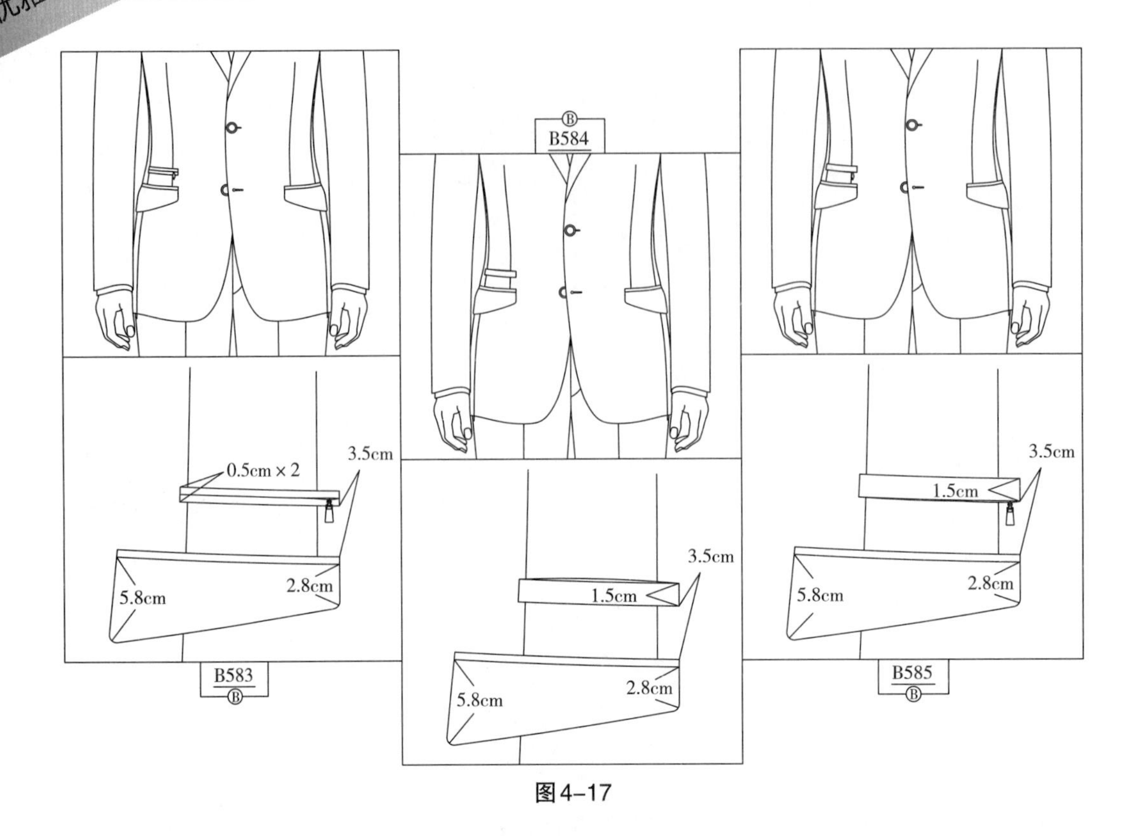

B584
0.5cm × 2
3.5cm
5.8cm
2.8cm
B583
1.5cm
3.5cm
5.8cm
2.8cm
3.5cm
1.5cm
5.8cm
2.8cm
B585


图4–17

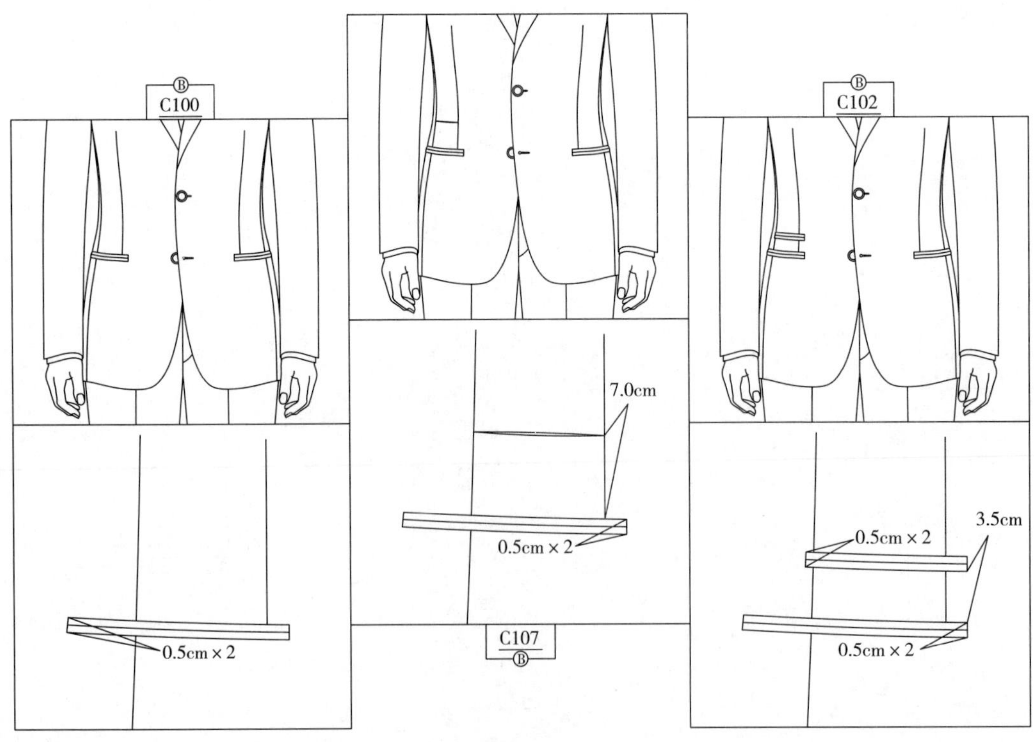

C100
C102
7.0cm
0.5cm × 2
0.5cm × 2
3.5cm
0.5cm × 2
0.5cm × 2
C107


图4–18

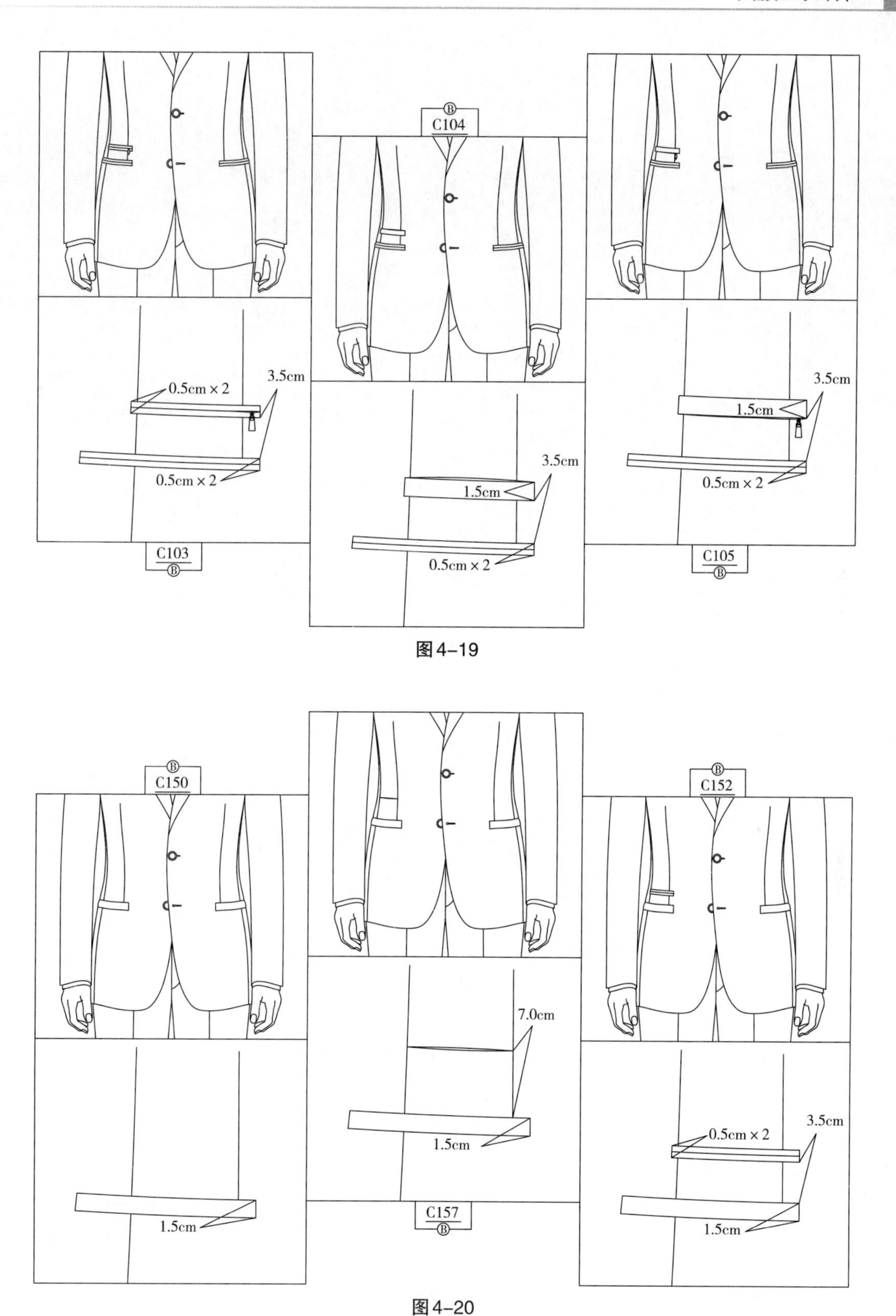
C103
0.5cm × 2
3.5cm
0.5cm × 2
C104
3.5cm
1.5cm
0.5cm × 2
C105
3.5cm
1.5cm
0.5cm × 2
C150
1.5cm
C157
7.0cm
1.5cm
C152
3.5cm
0.5cm × 2
1.5cm

图4–19

图4–20

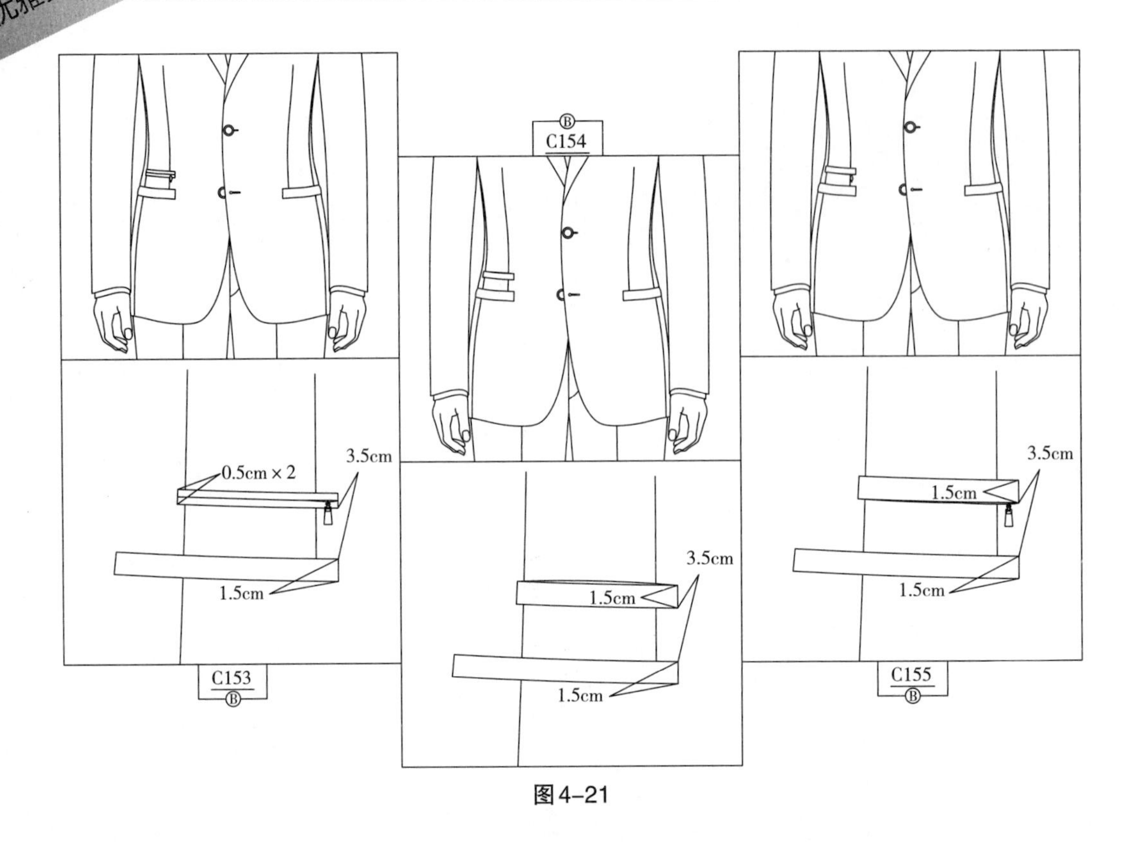
C154
0.5cm × 2
3.5cm
1.5cm
C153
3.5cm
1.5cm
1.5cm
3.5cm
1.5cm
1.5cm
C155

图4-21

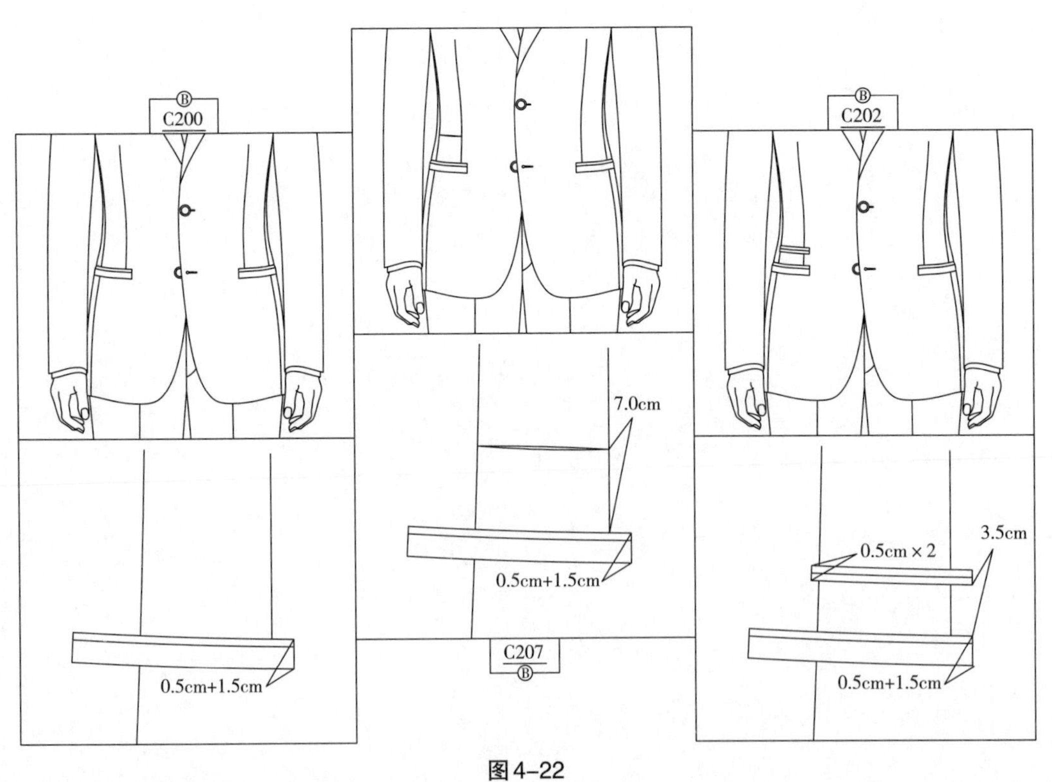
C200
C202
7.0cm
0.5cm+1.5cm
0.5cm × 2
3.5cm
0.5cm+1.5cm
0.5cm+1.5cm
C207

图4-22

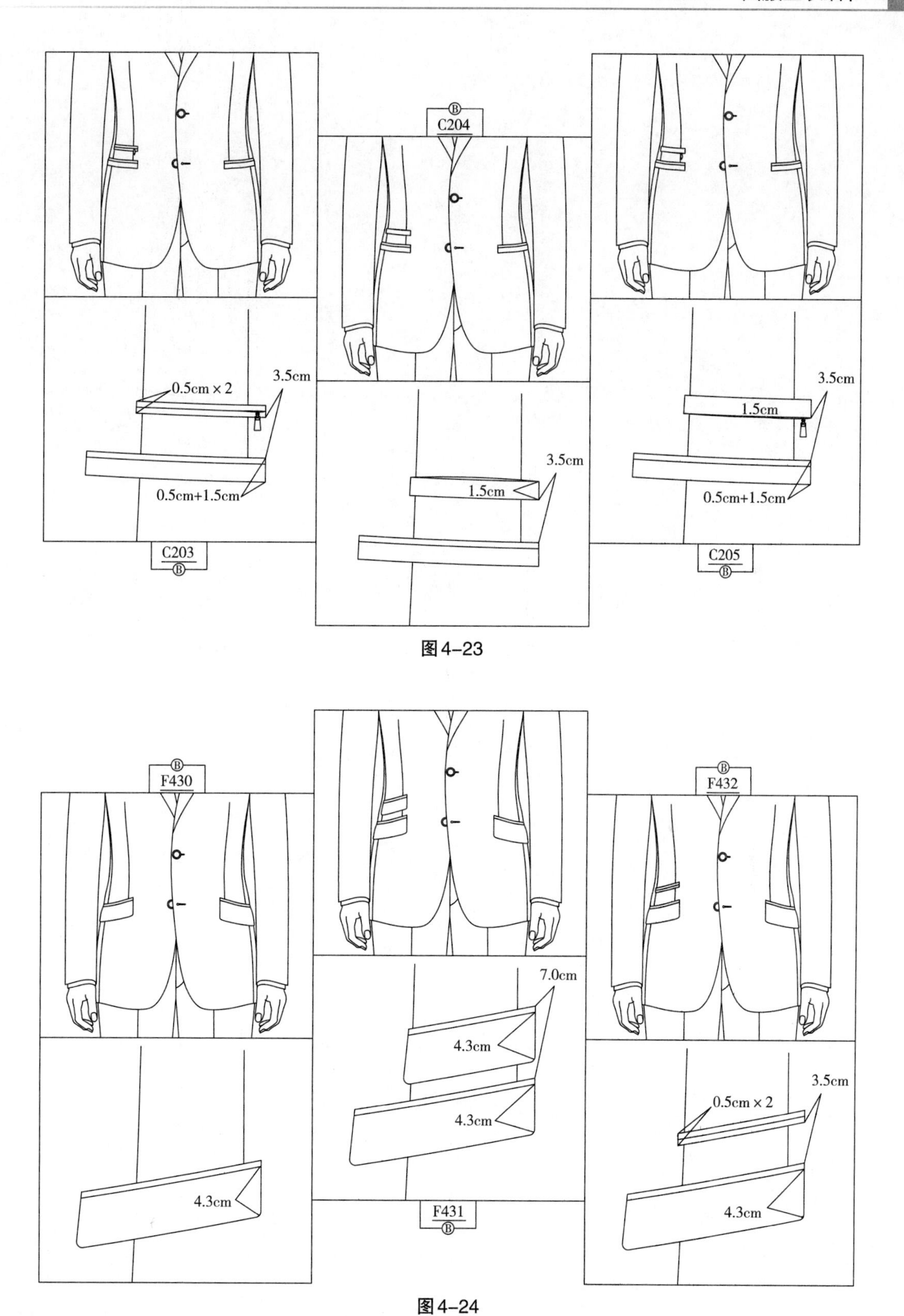
C204
3.5cm
0.5cm × 2
0.5cm+1.5cm
C203
3.5cm
1.5cm
3.5cm
1.5cm
0.5cm+1.5cm
C205
F430
F432
7.0cm
4.3cm
4.3cm
4.3cm
3.5cm
0.5cm × 2
4.3cm
F431

图4-23

图4-24

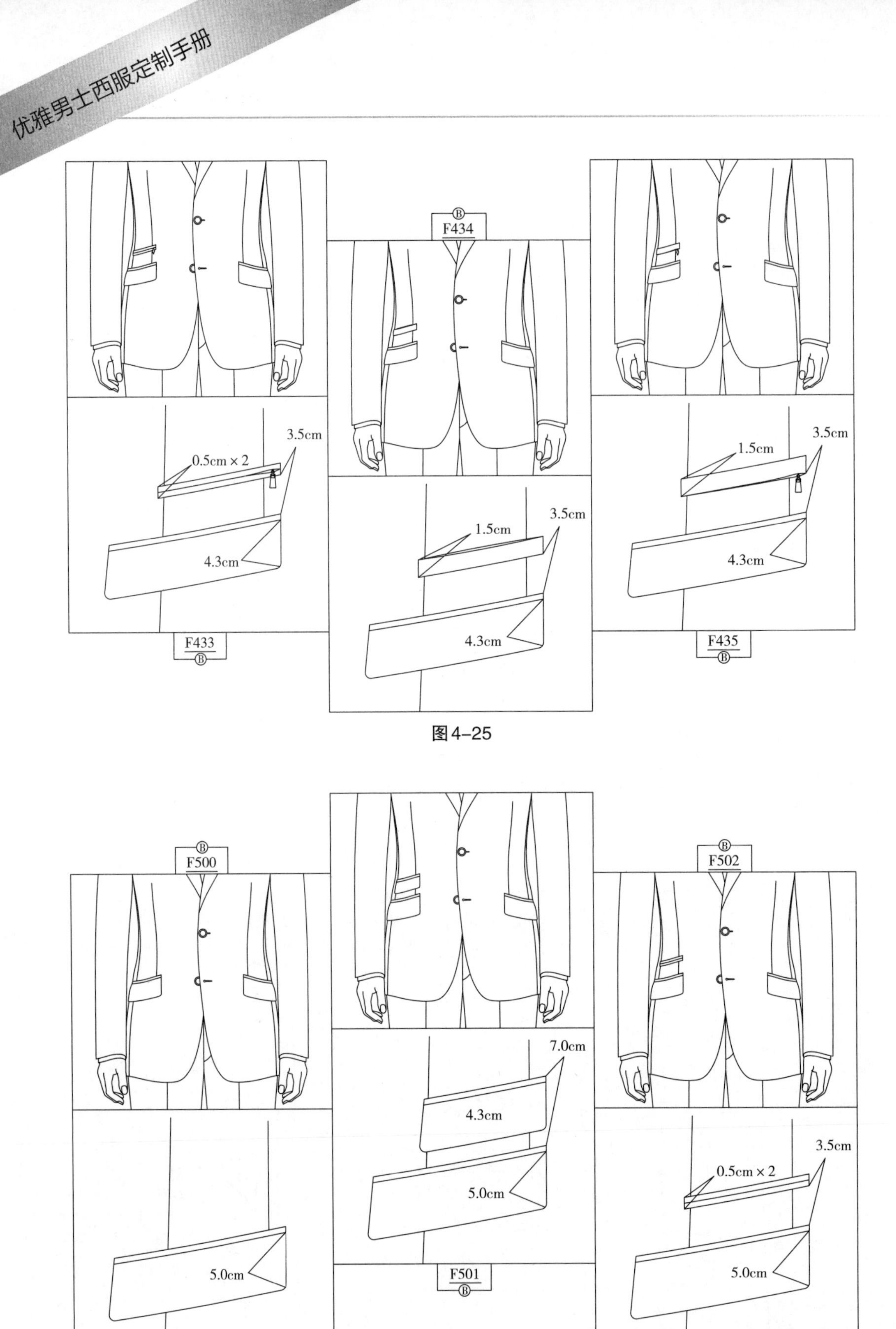

Ⓑ
F434
3.5cm
0.5cm × 2
4.3cm
1.5cm
3.5cm
4.3cm
3.5cm
1.5cm
4.3cm
F433
Ⓑ
F435
Ⓑ


图4–25


Ⓑ
F500
Ⓑ
F502
7.0cm
4.3cm
5.0cm
5.0cm
3.5cm
0.5cm × 2
5.0cm
F501
Ⓑ


图4–26

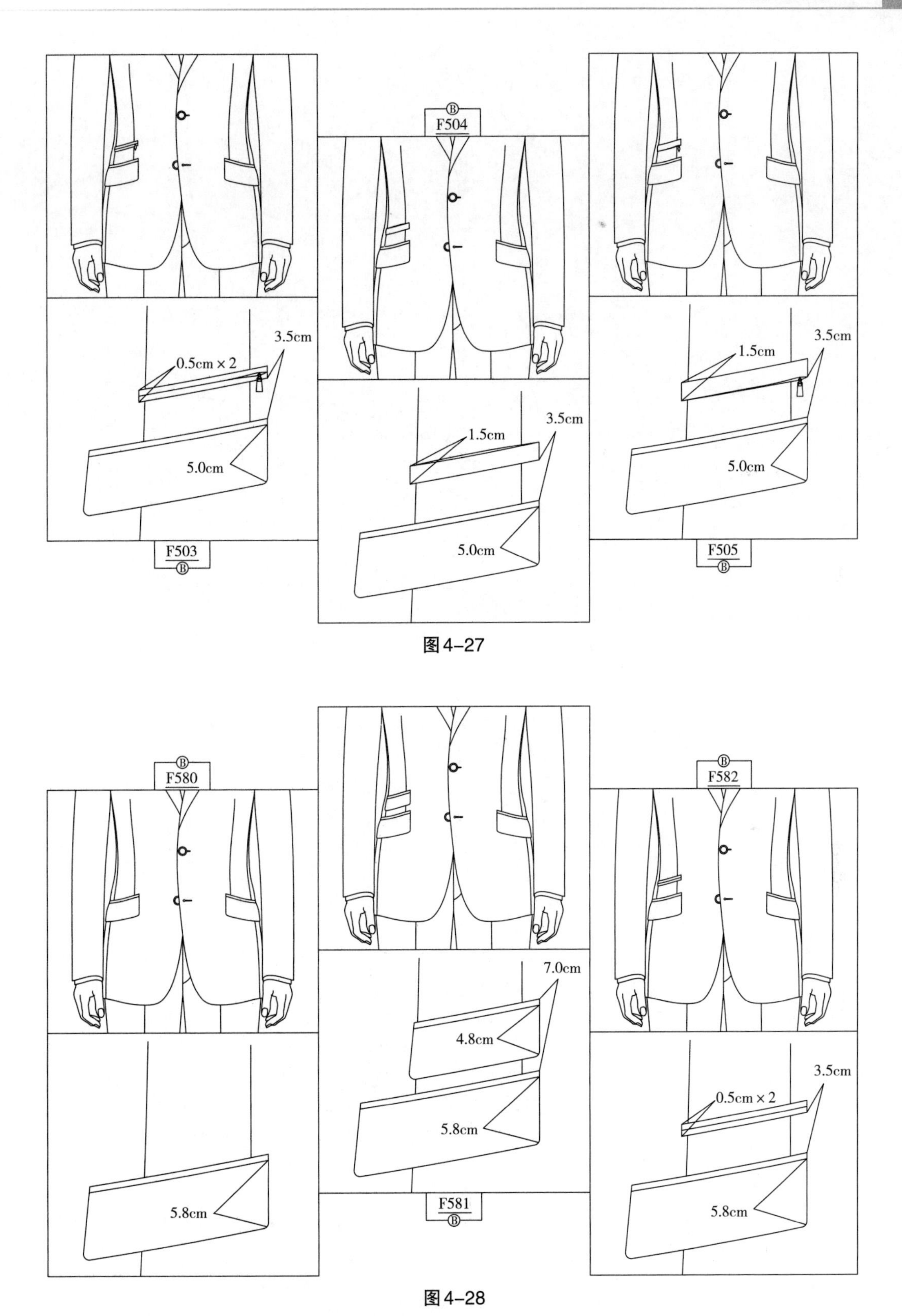
F504
3.5cm
0.5cm × 2
5.0cm
1.5cm
3.5cm
5.0cm
1.5cm
3.5cm
5.0cm
F503
F505

图4–27

F580
F582
7.0cm
4.8cm
5.8cm
3.5cm
0.5cm × 2
5.8cm
5.8cm
F581

图4–28

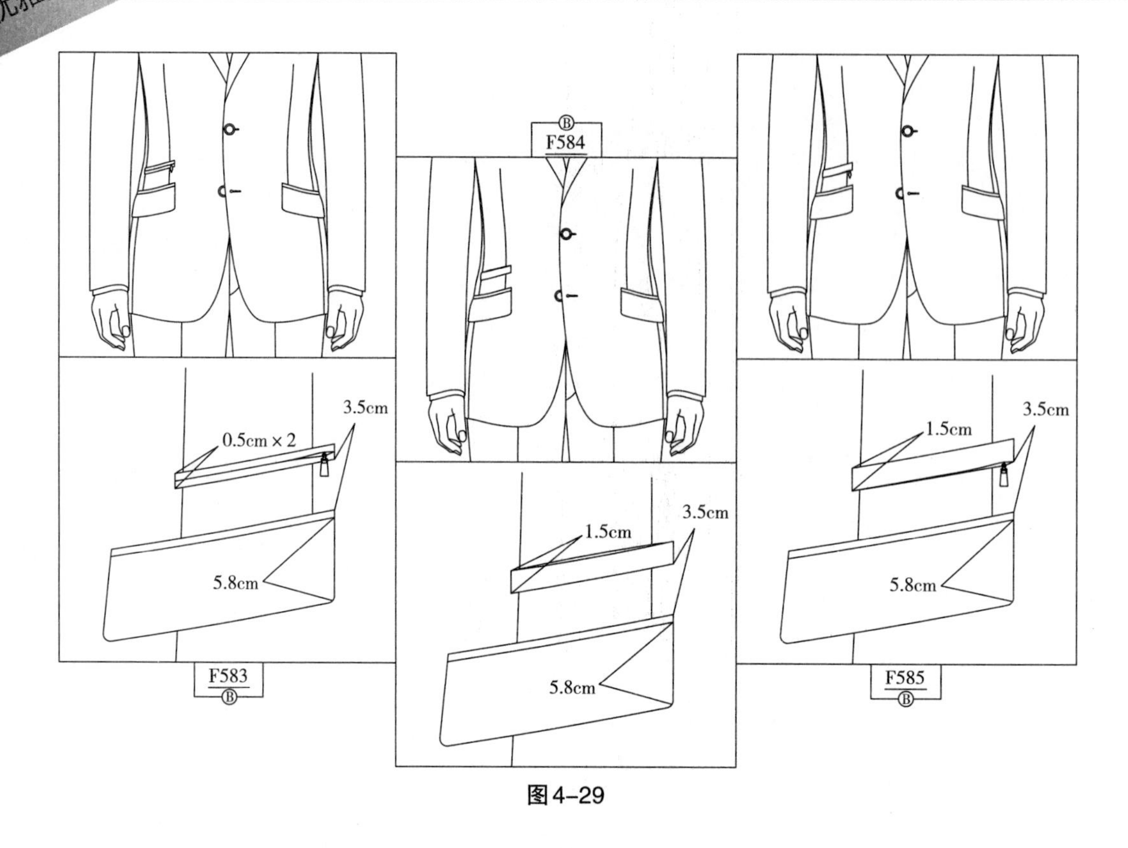
F583
Ⓑ
F584
Ⓑ
F585
Ⓑ
0.5cm × 2
3.5cm
5.8cm
1.5cm
3.5cm
5.8cm
1.5cm
3.5cm
5.8cm

图 4–29

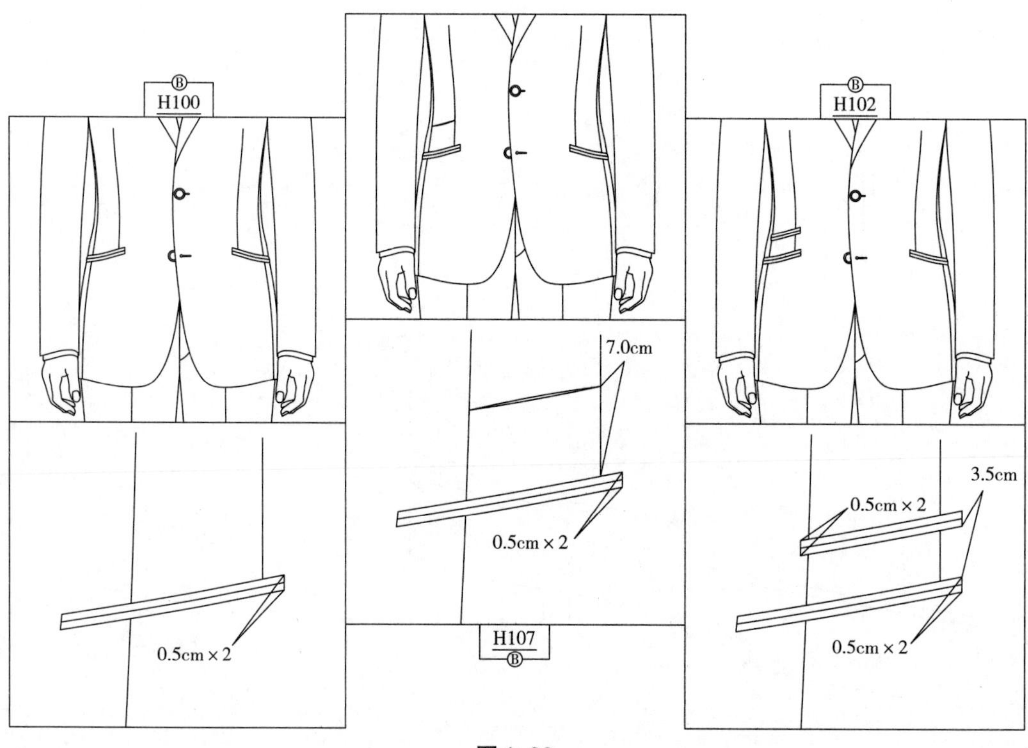
Ⓑ
H100
0.5cm × 2
7.0cm
0.5cm × 2
H107
Ⓑ
Ⓑ
H102
3.5cm
0.5cm × 2
0.5cm × 2

图 4–30

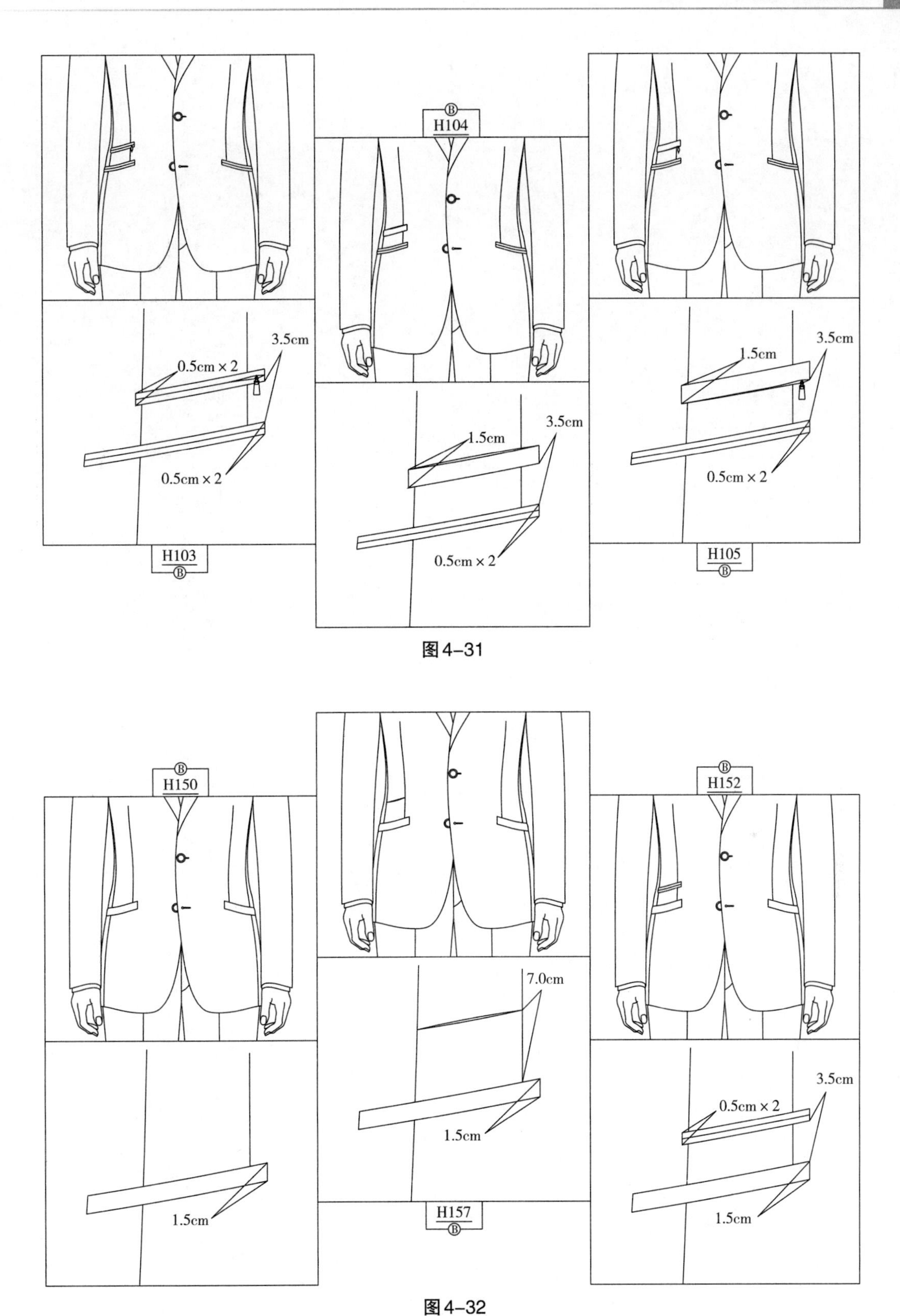
H104
3.5cm
0.5cm × 2
0.5cm × 2
1.5cm
3.5cm
0.5cm × 2
1.5cm
3.5cm
0.5cm × 2
H103
H105
H150
H152
7.0cm
1.5cm
1.5cm
3.5cm
0.5cm × 2
1.5cm
H157

图4–31

图4–32

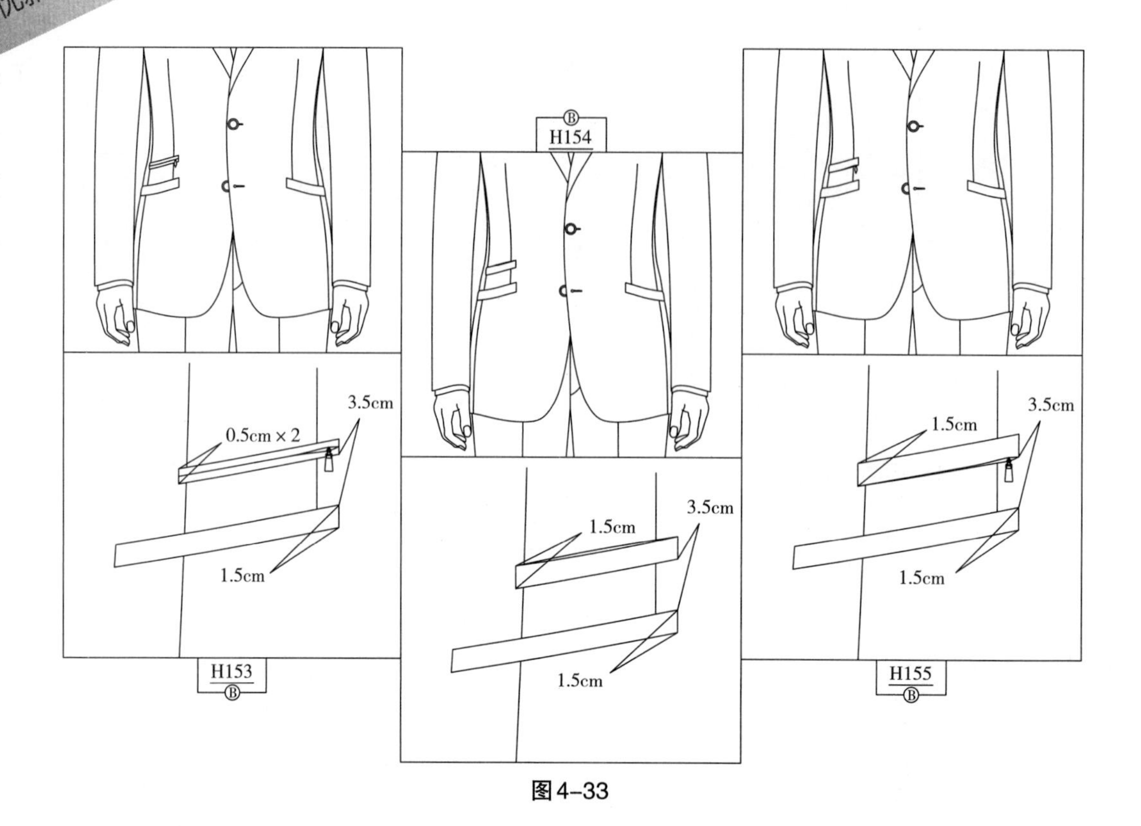

H154
3.5cm
0.5cm × 2
1.5cm
1.5cm
3.5cm
1.5cm
1.5cm
1.5cm
3.5cm
1.5cm
H153
H155


图4-33

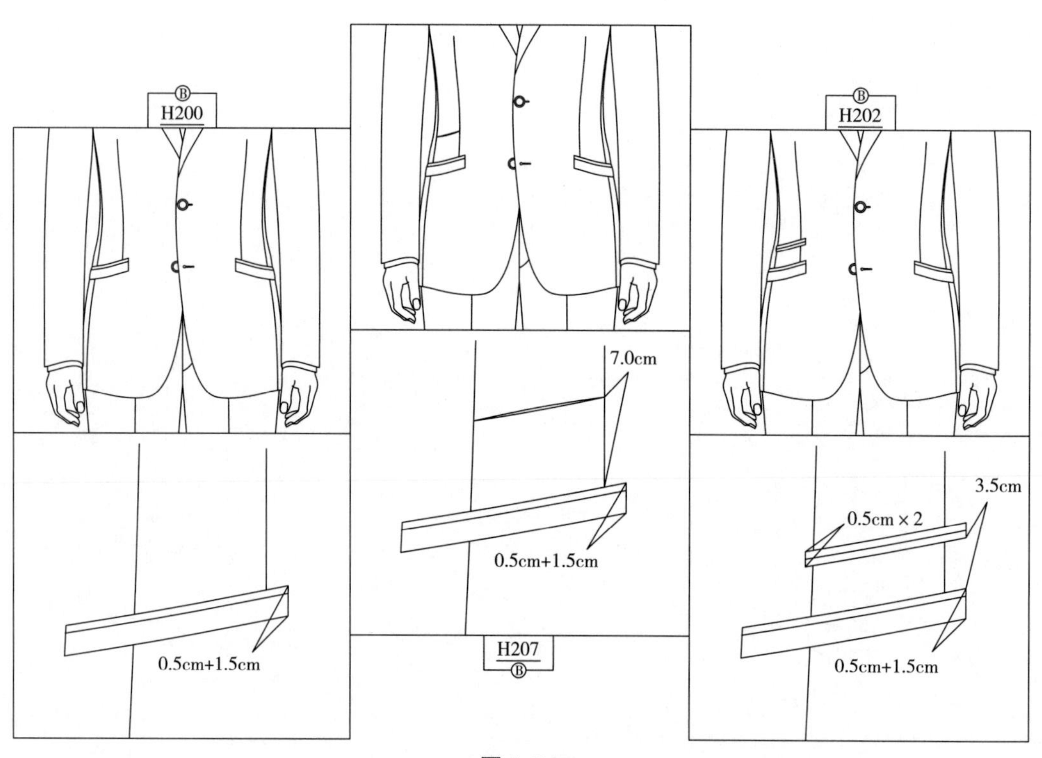

H200
H202
7.0cm
0.5cm+1.5cm
3.5cm
0.5cm × 2
0.5cm+1.5cm
0.5cm+1.5cm
H207


图4-34

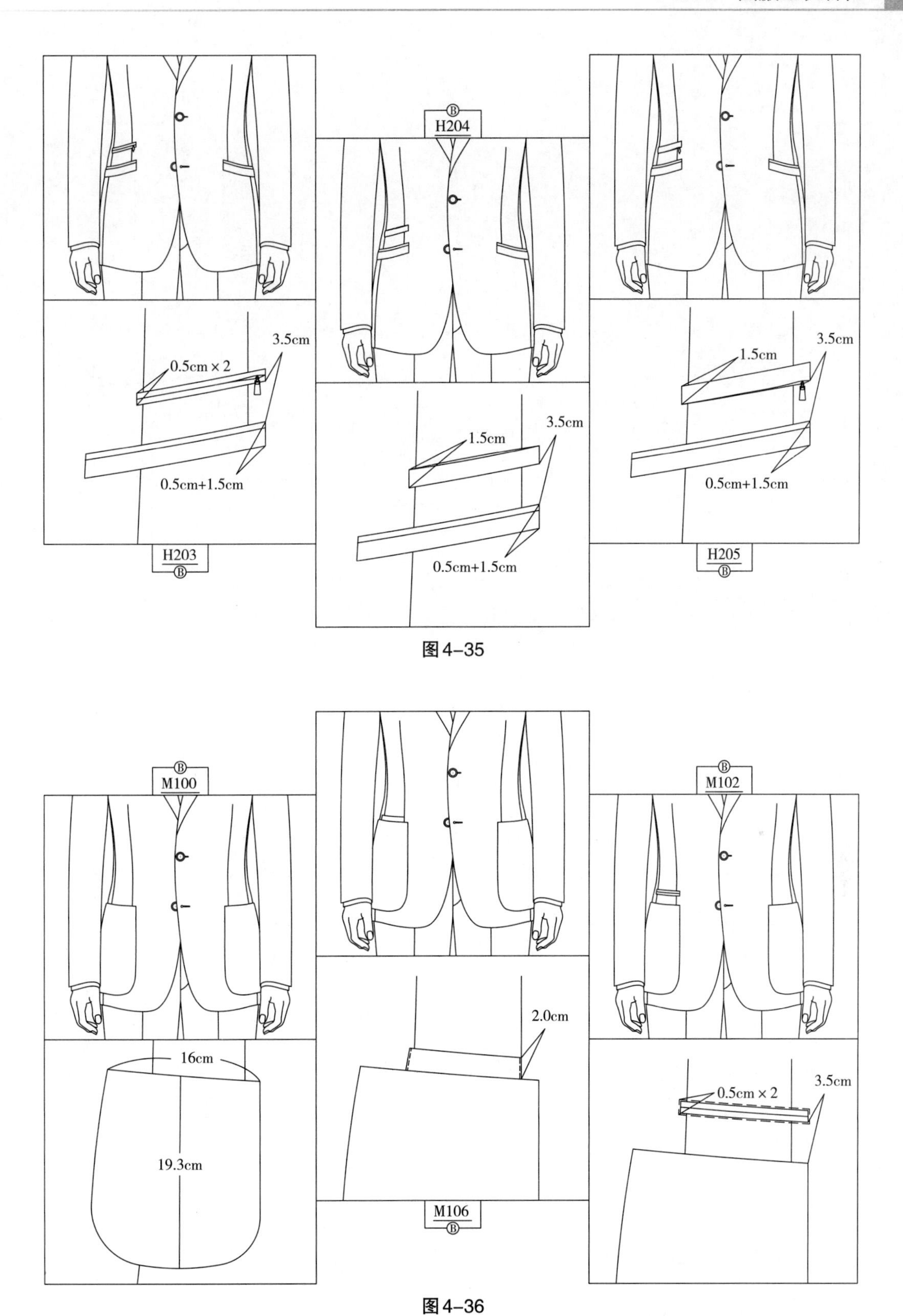
H204
3.5cm
0.5cm × 2
0.5cm+1.5cm
H203
1.5cm
3.5cm
0.5cm+1.5cm
3.5cm
1.5cm
0.5cm+1.5cm
H205
M100
M102
16cm
19.3cm
2.0cm
M106
3.5cm
0.5cm × 2

图4-35

图4-36

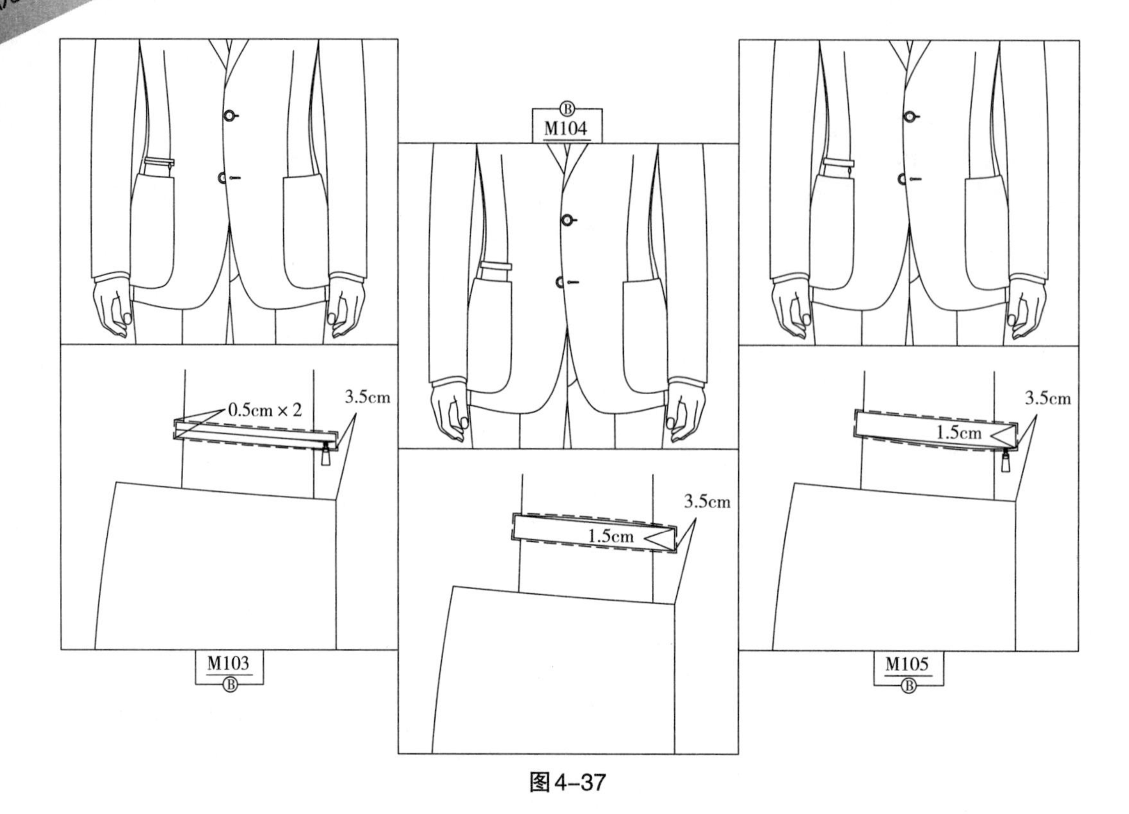
M104
0.5cm × 2
3.5cm
3.5cm
1.5cm
3.5cm
1.5cm
M103
M105

图 4–37

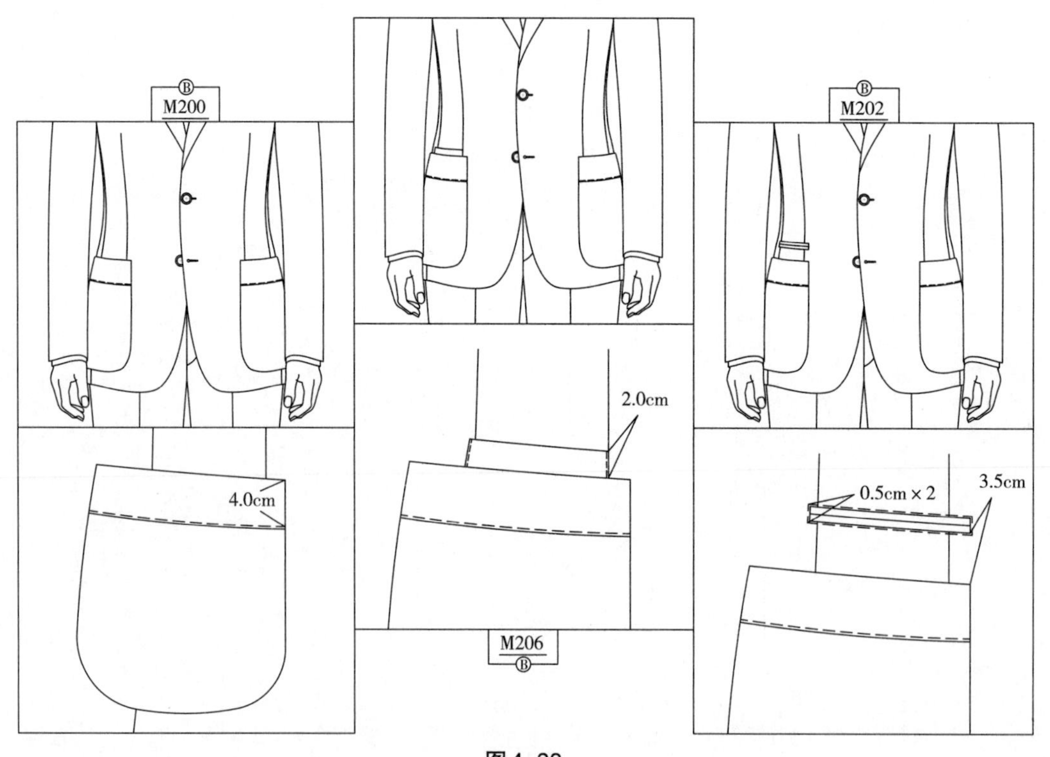
M200
M202
2.0cm
4.0cm
0.5cm × 2
3.5cm
M206

图 4–38

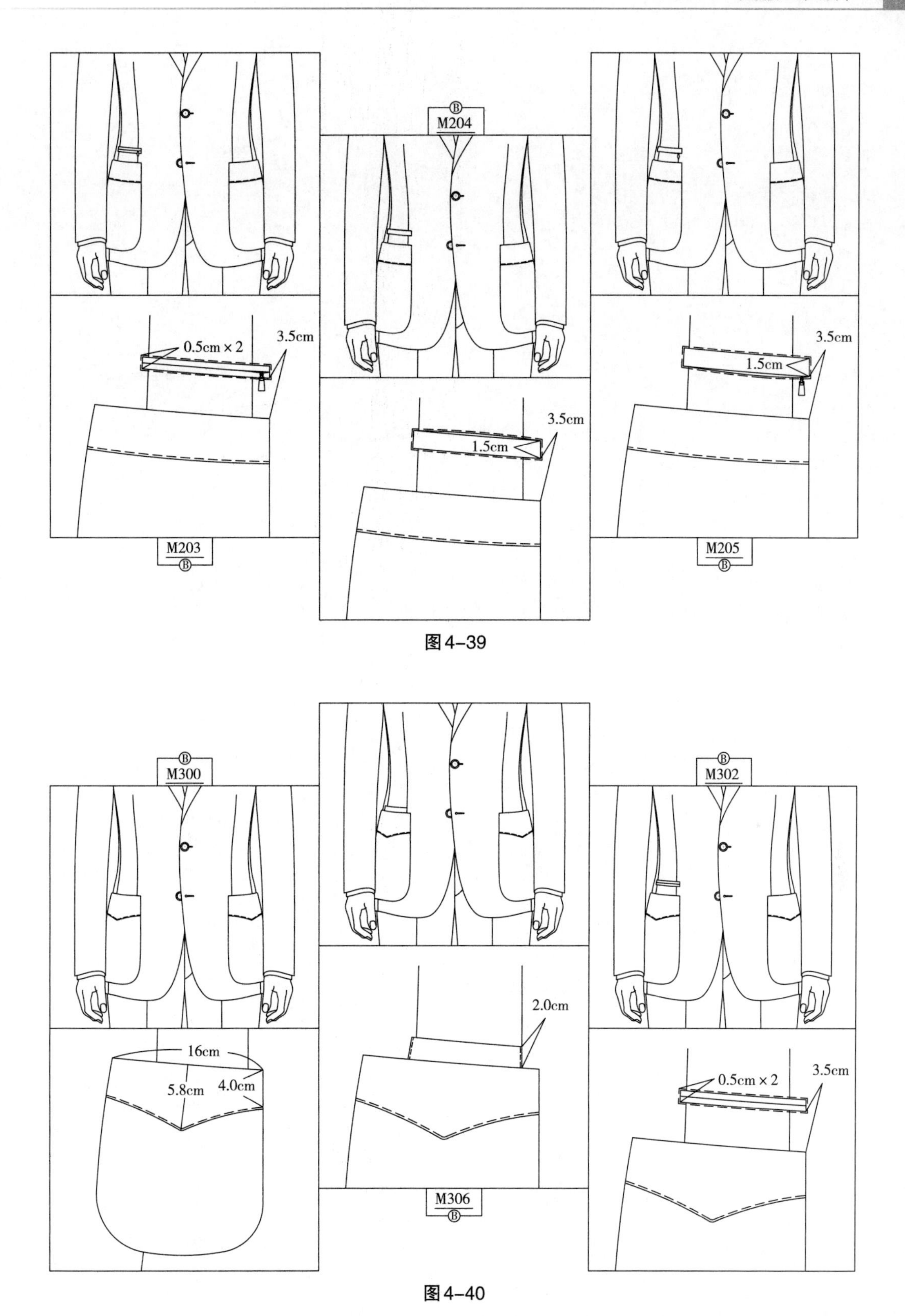

M204
0.5cm × 2
3.5cm
3.5cm
1.5cm
3.5cm
1.5cm
M203
M205


图4-39


M300
M302
2.0cm
16cm
5.8cm
4.0cm
0.5cm × 2
3.5cm
M306


图4-40

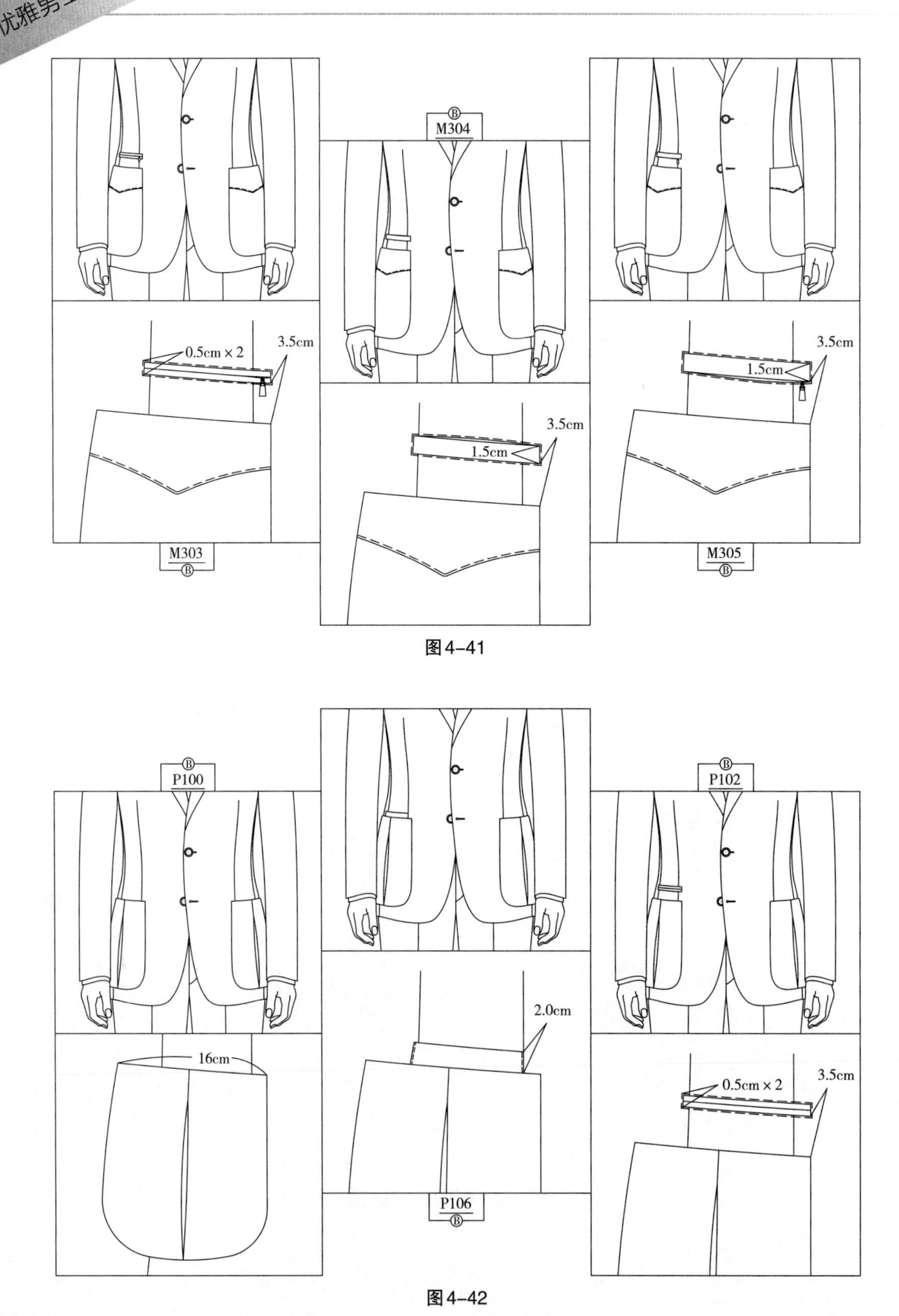
M304
0.5cm × 2
3.5cm
3.5cm
1.5cm
3.5cm
1.5cm
M303
M305
P100
P102
16cm
2.0cm
0.5cm × 2
3.5cm
P106

图 4-41

图 4-42

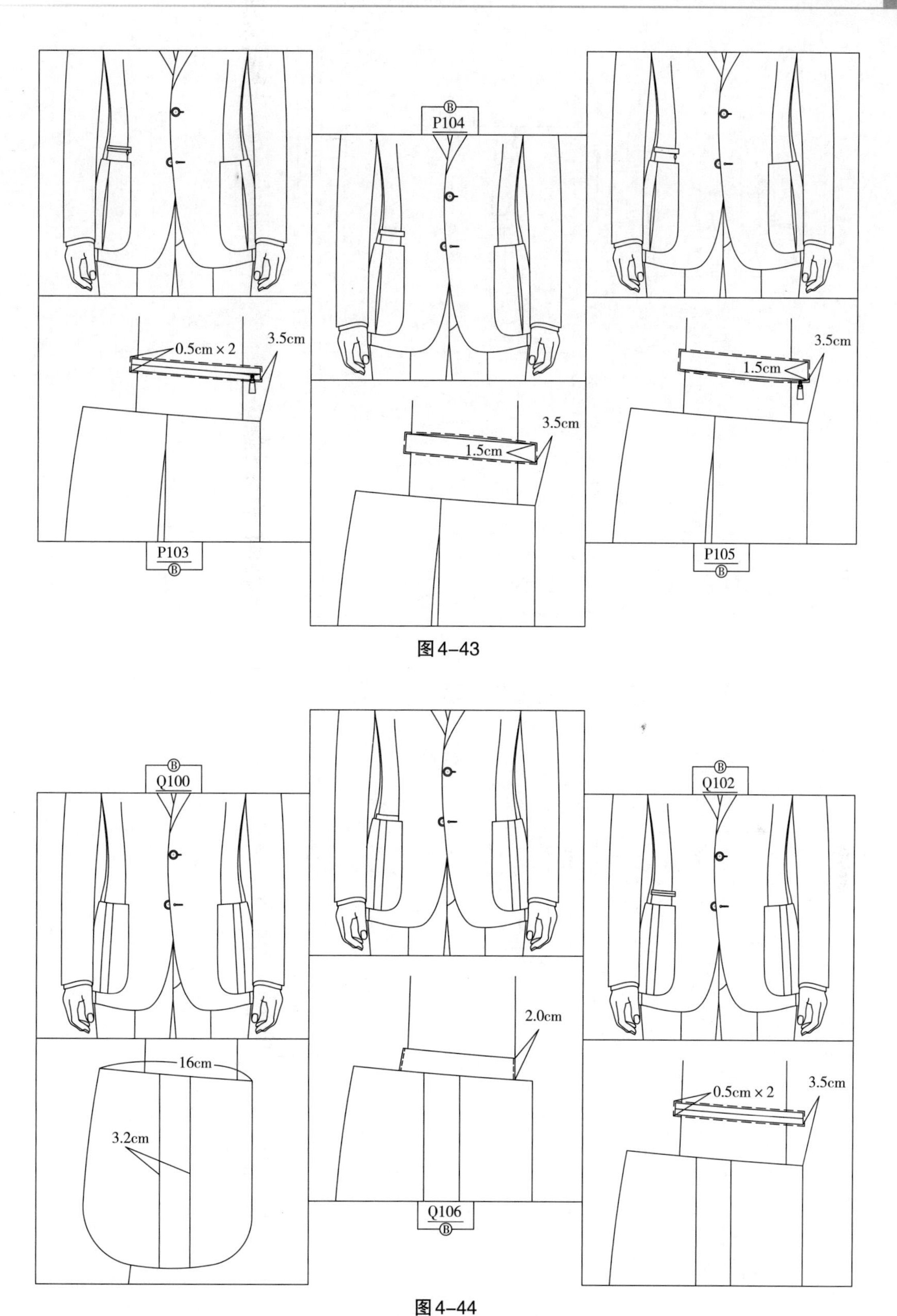
P104
0.5cm × 2
3.5cm
3.5cm
1.5cm
3.5cm
1.5cm
P103
P105
Q100
Q102
16cm
3.2cm
2.0cm
0.5cm × 2
3.5cm
Q106

图4-43

图4-44

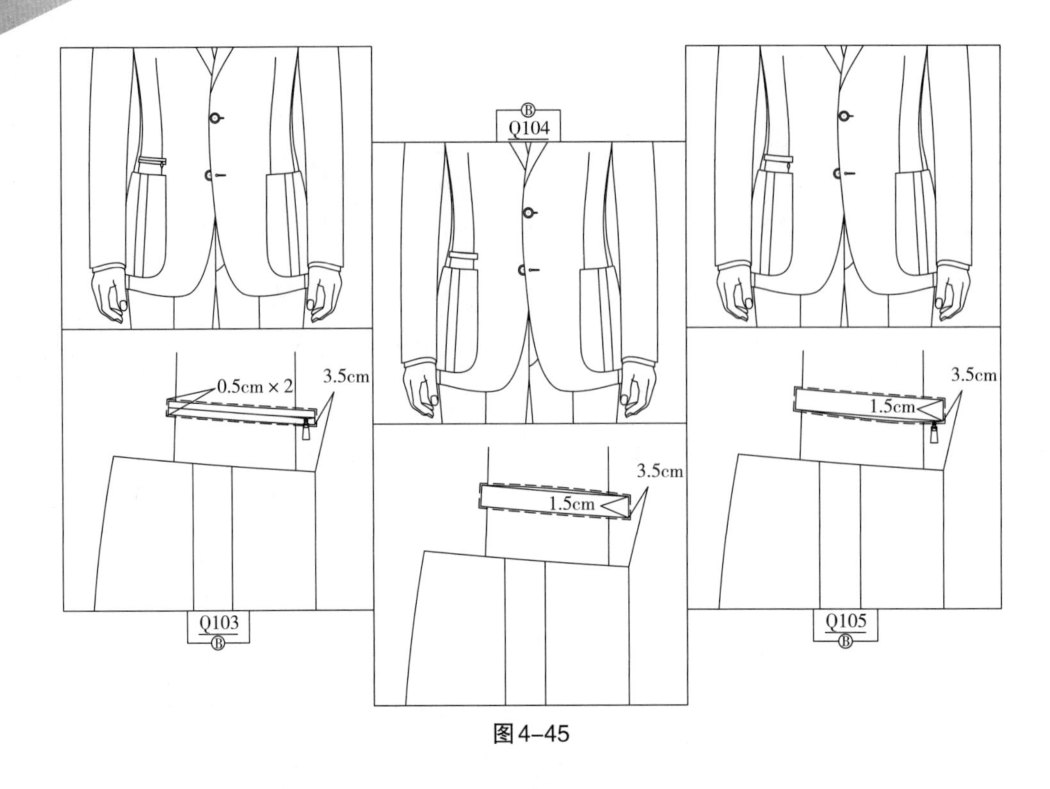


图4-45

## 下口袋（腰袋）sports系列（图4-46~图4-57）

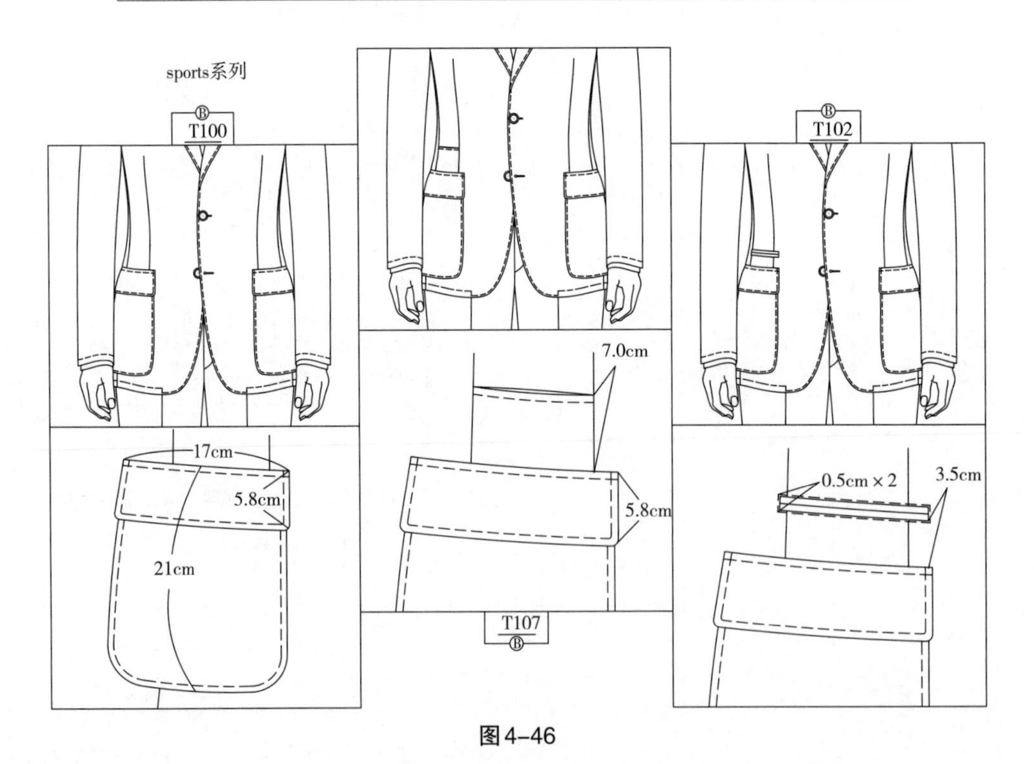


图4-46

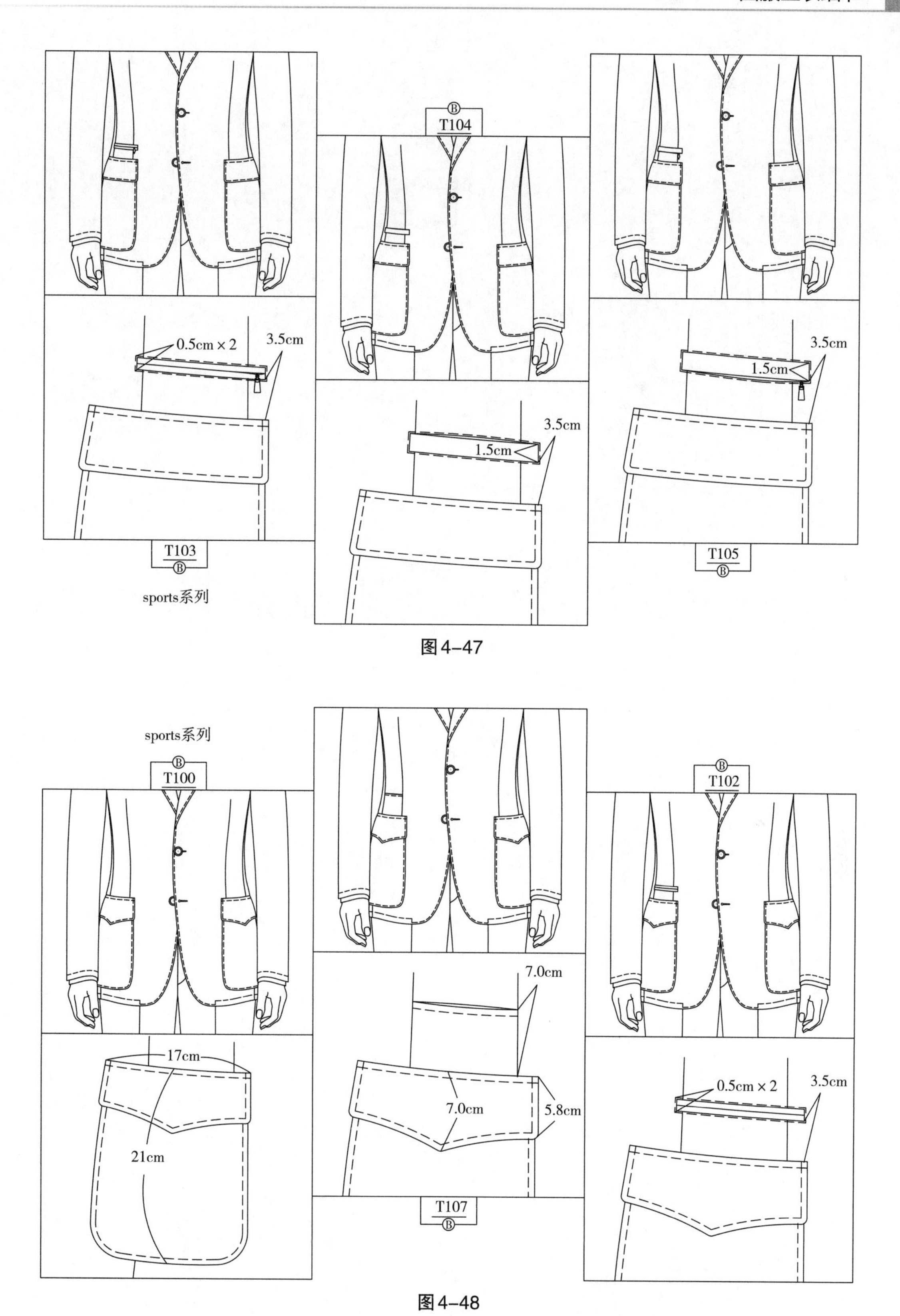
T104
0.5cm × 2
3.5cm
3.5cm
1.5cm
3.5cm
1.5cm
T103
T105
sports系列
sports系列
T100
T102
7.0cm
17cm
7.0cm
5.8cm
0.5cm × 2
3.5cm
21cm
T107

图 4–47

图 4–48

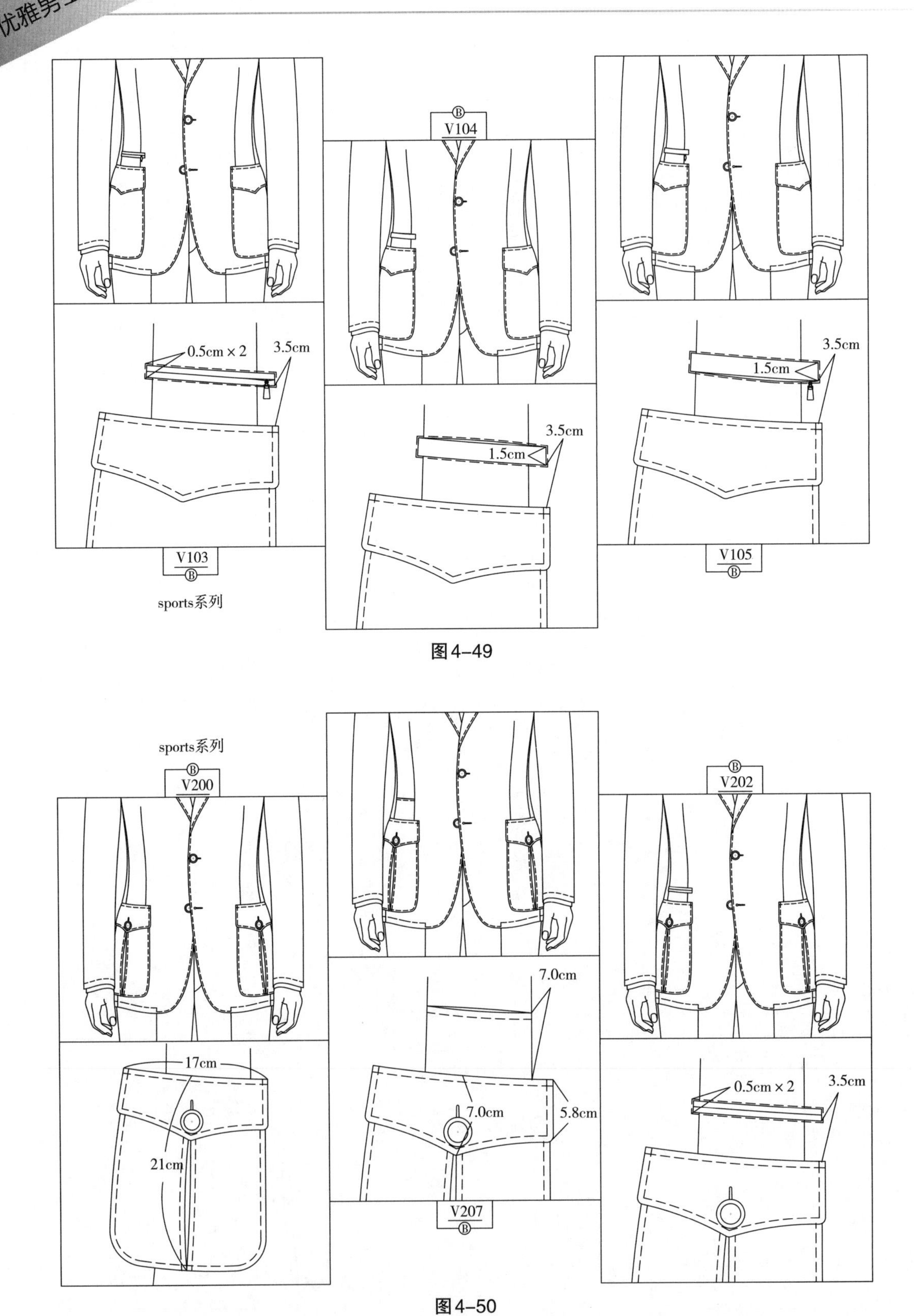

V104
0.5cm × 2
3.5cm
3.5cm
1.5cm
3.5cm
1.5cm
V103
V105
sports系列
sports系列
V200
V202
7.0cm
17cm
7.0cm
5.8cm
0.5cm × 2
3.5cm
21cm
V207


图 4–49

图 4–50

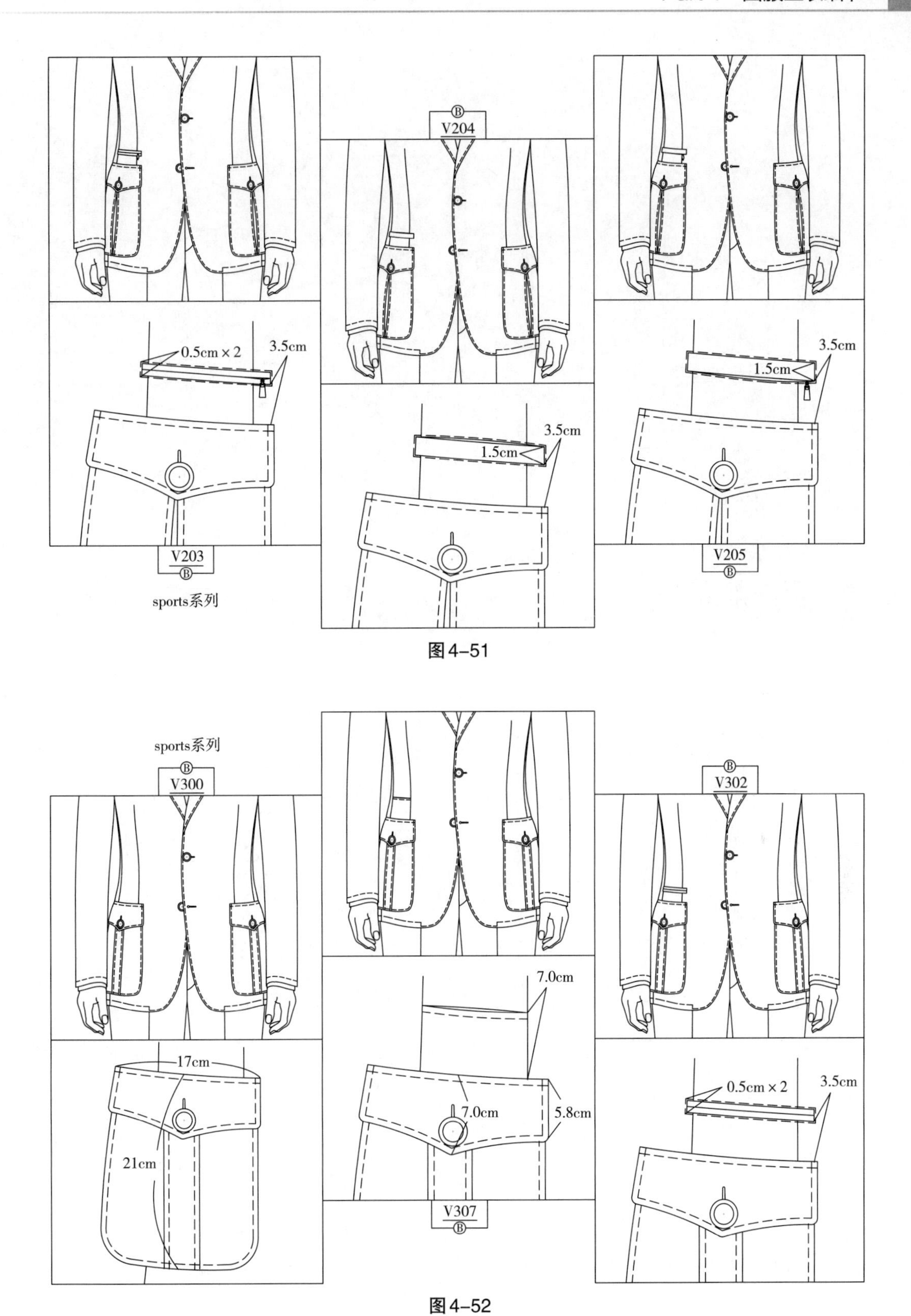
V204
0.5cm × 2
3.5cm
3.5cm
1.5cm
3.5cm
1.5cm
V203
V205
sports系列
sports系列
V300
V302
7.0cm
17cm
7.0cm
5.8cm
21cm
0.5cm × 2
3.5cm
V307

图 4–51

图 4–52

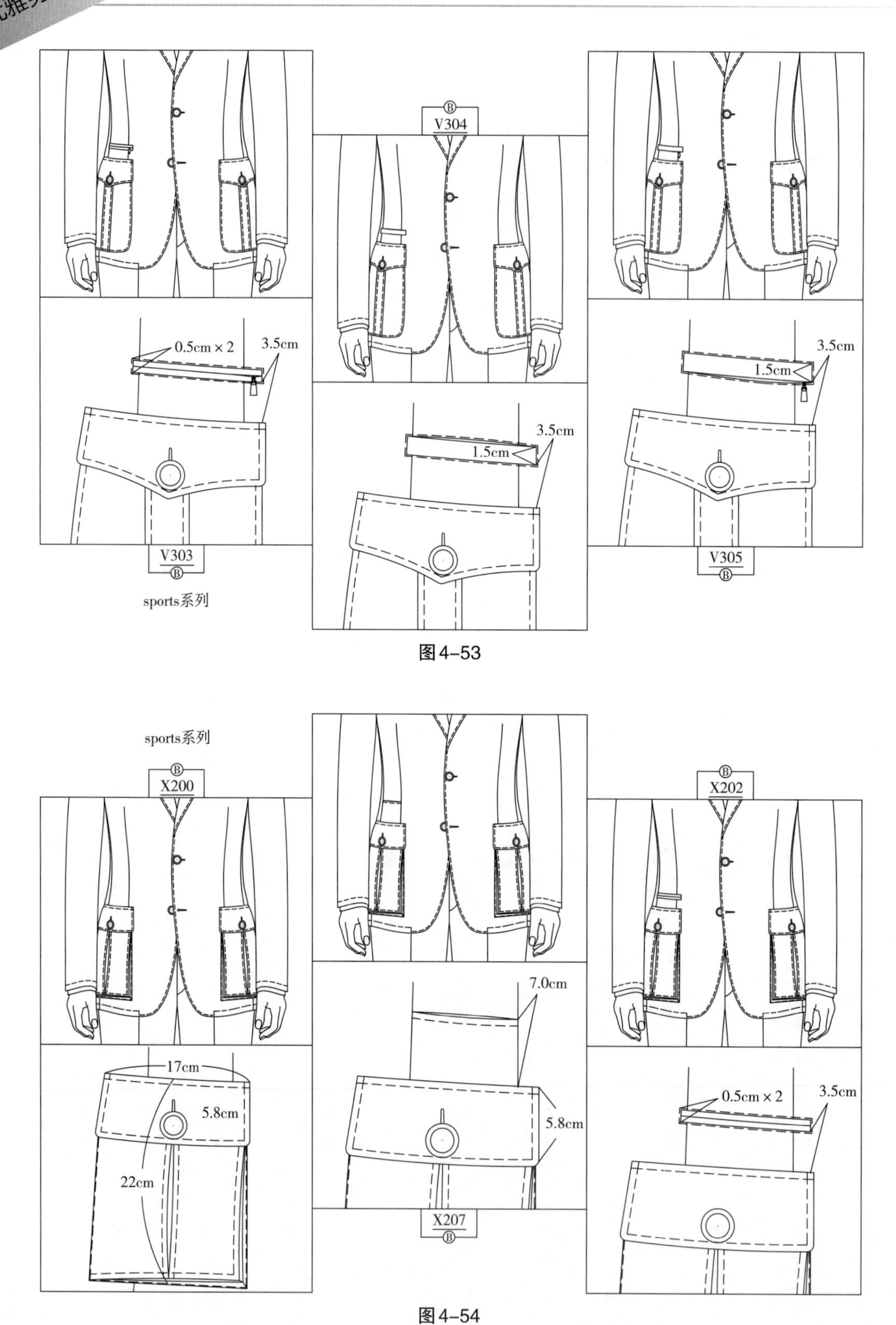
V304
Ⓑ
0.5cm × 2
3.5cm
3.5cm
1.5cm
3.5cm
1.5cm
V303
Ⓑ
V305
Ⓑ
sports系列

图4-53

sports系列
Ⓑ
X200
Ⓑ
X202
17cm
5.8cm
22cm
7.0cm
5.8cm
0.5cm × 2
3.5cm
X207
Ⓑ

图4-54

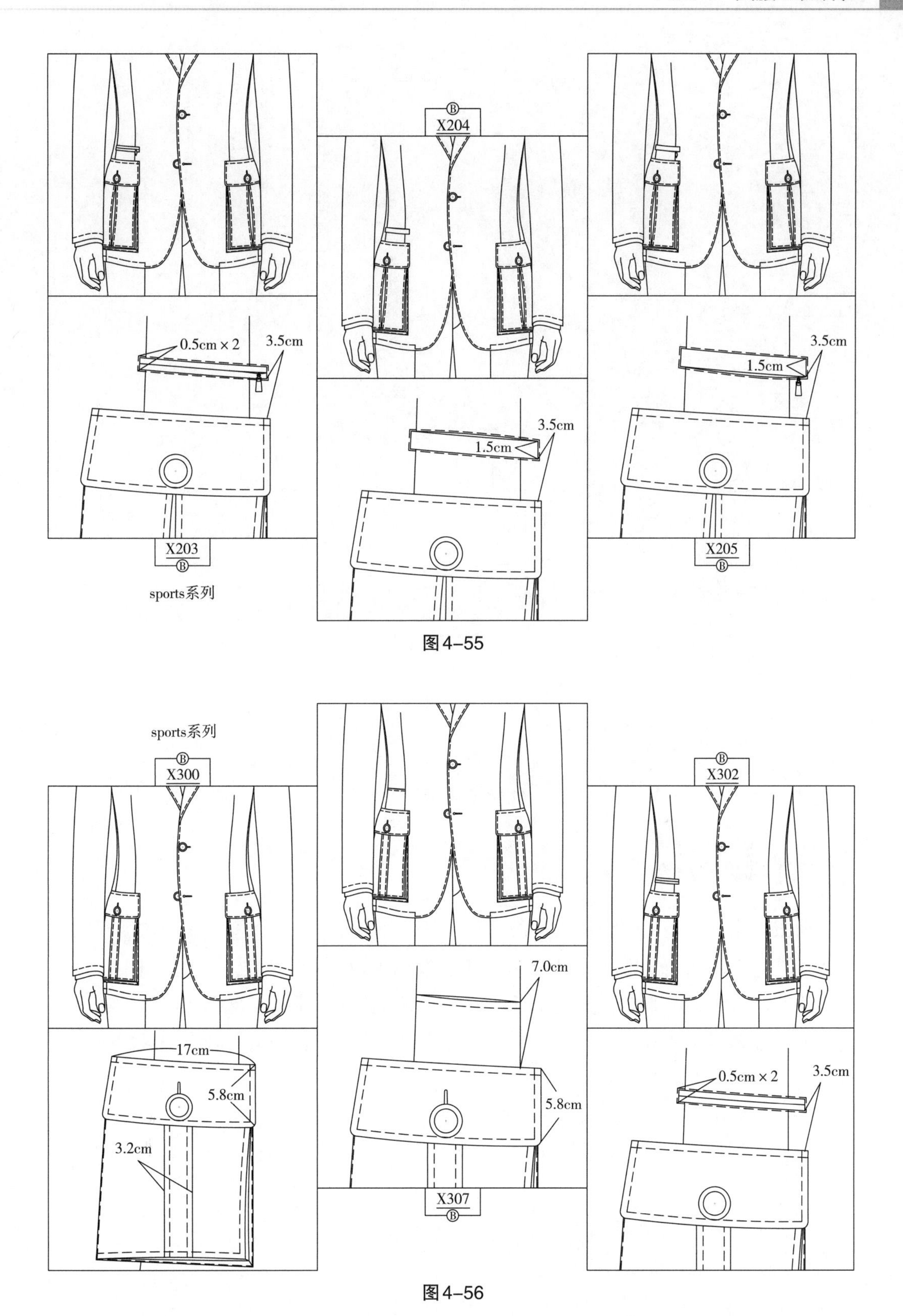
X204
0.5cm × 2
3.5cm
1.5cm
3.5cm
3.5cm
1.5cm
X203
X205
sports系列
sports系列
X300
X302
7.0cm
17cm
5.8cm
5.8cm
3.2cm
0.5cm × 2
3.5cm
X307

图4–55

图4–56

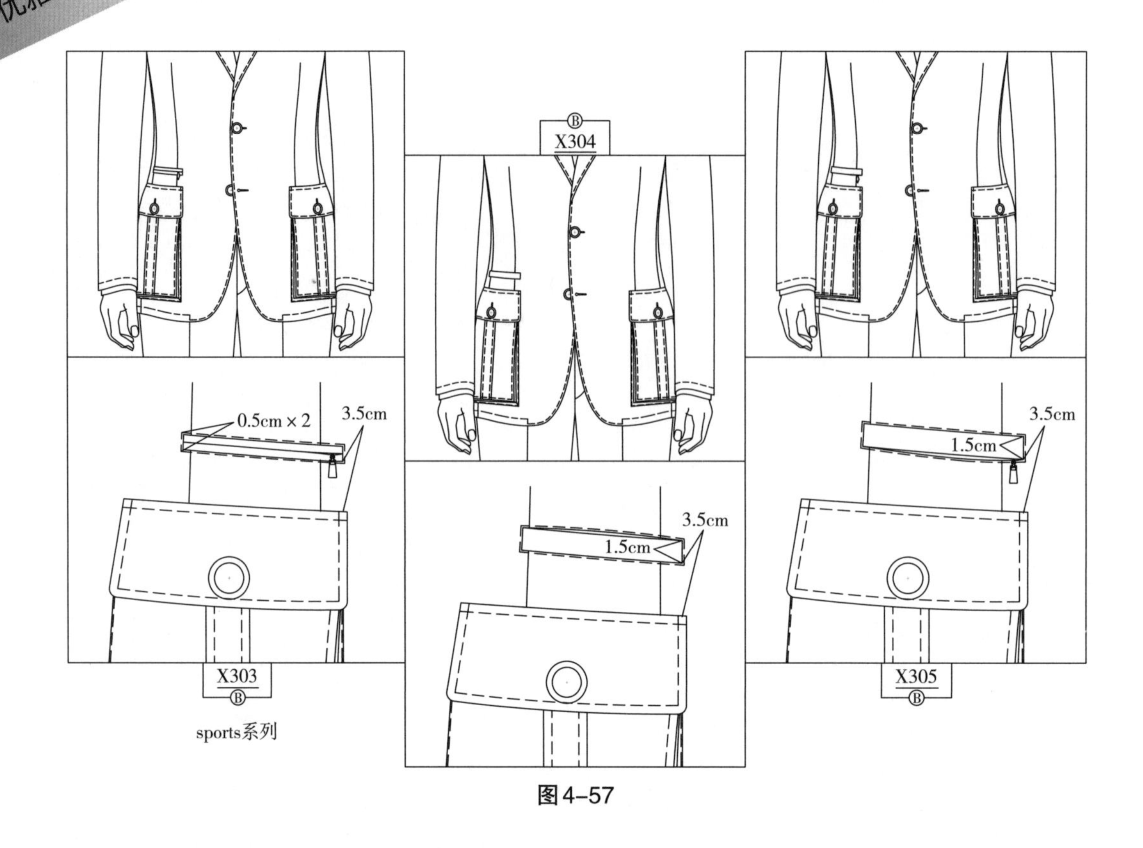


图4-57

# 细节的组合

## 上下口袋的组合

西服上衣的上袋与下袋是相对独立的，在组合的过程中要注意协调、均衡，同时考虑工艺细节的关联，相似的上下袋型组合能给人以优雅、和谐的美感（图4-58）。一般说来口袋上轻下重会让人们感觉稳重、平衡，比如上手巾袋配以下贴袋，相反如是上贴袋配普通的盖袋就会容易让人感到头重脚轻，当然最佳的组合是都采用贴袋式样的袋型。

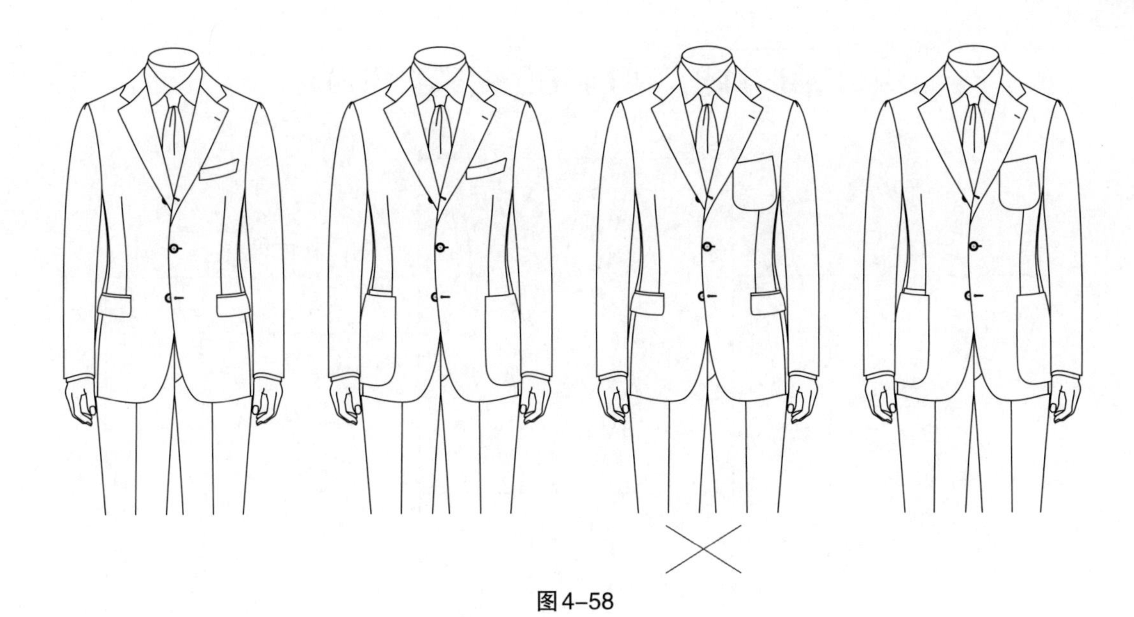

图4-58

## 款式、风格与各种细节搭配的组合

款式（式样）、风格与各种细节设计的搭配组合更需格外地小心，避免相互干涉、打架造成调性的不和谐，失去优雅之感，个性、嗜好、与众不同是要建立在西服赏心悦目的前提下（图4-59）。

当然创新、探索、冒险、激情、格调始终是男人们前行的动力，服装也是一样，我们不可固封自己，应该大胆尝试。

图4-59

## 袖口袖扣（图4-60～图4-65）

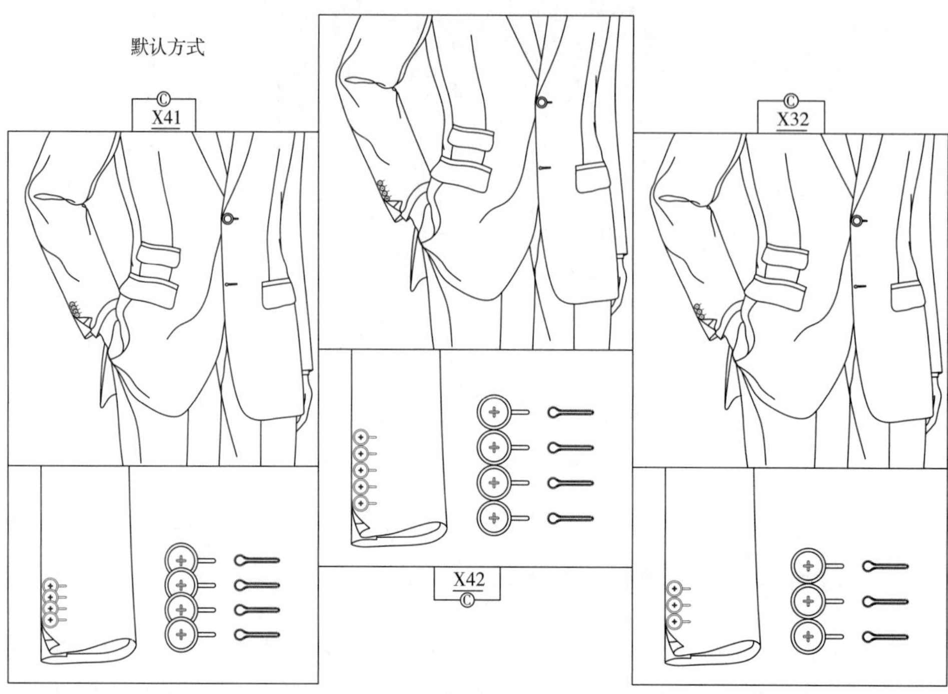


图4-60

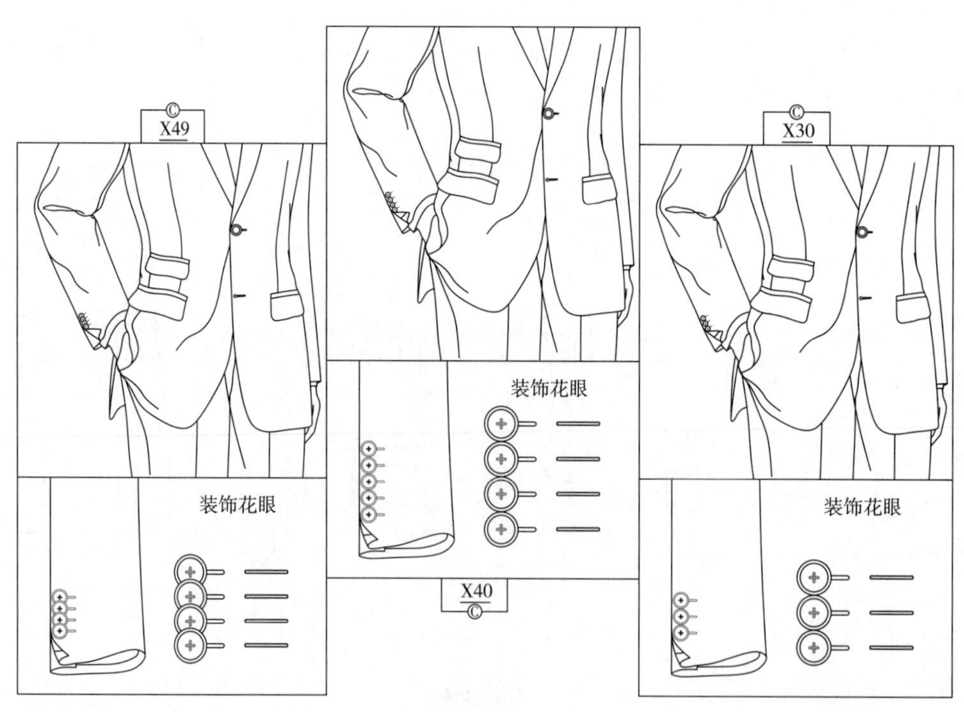


图4-61

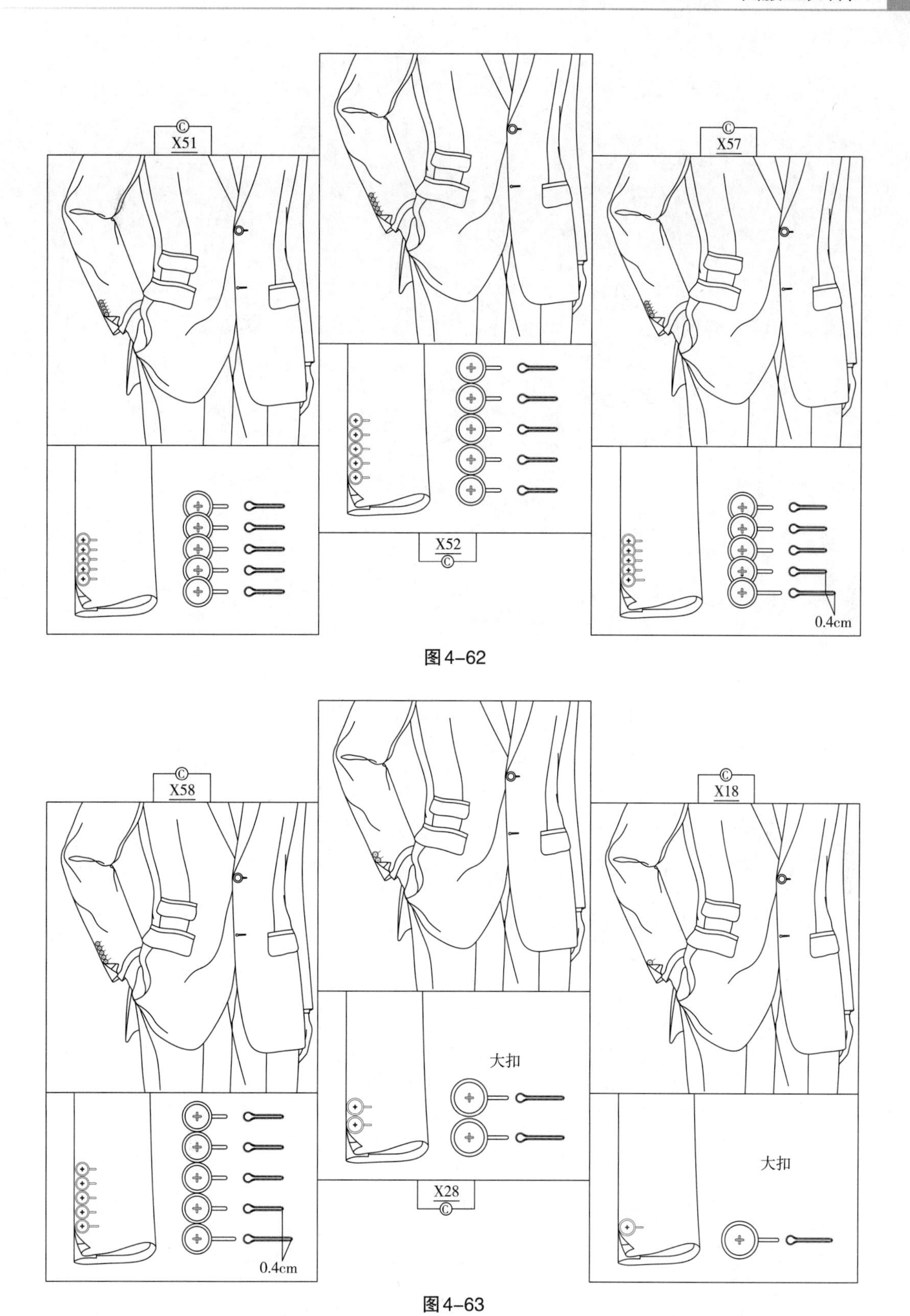


图 4–62

图 4–63

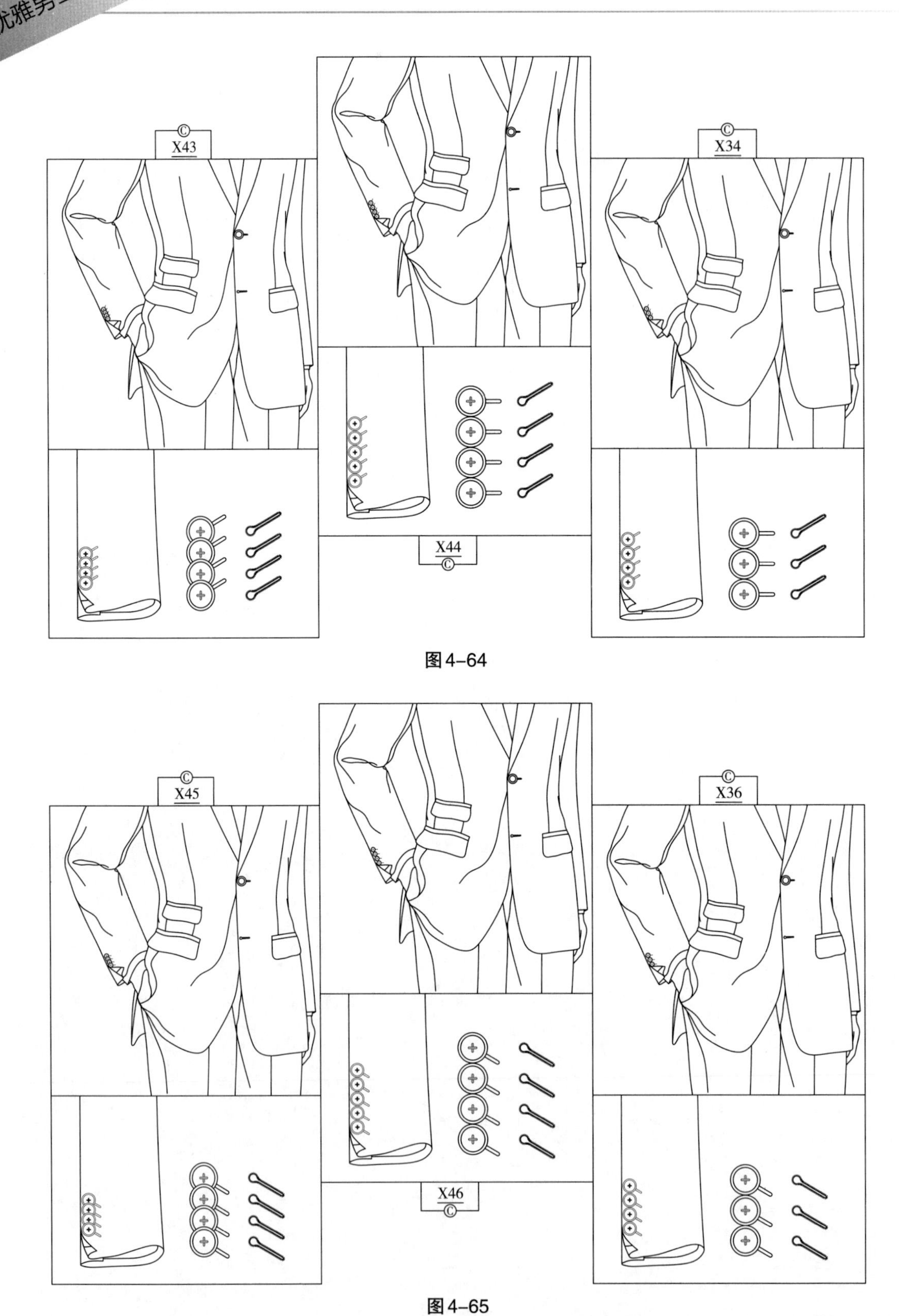


图4-64

图4-65

## 袖口翻边（图4-66～图4-71）

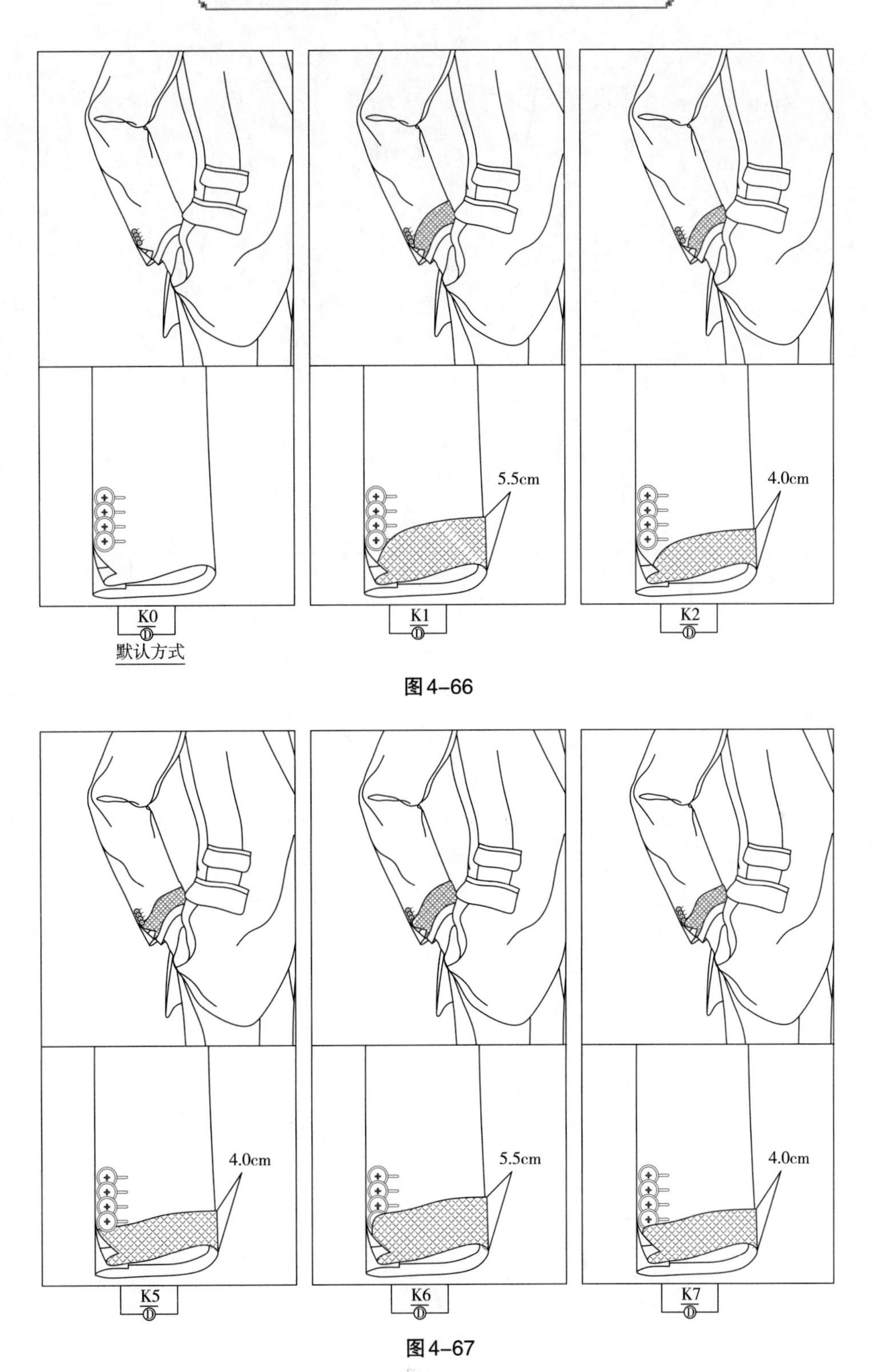


图4-66

图4-67

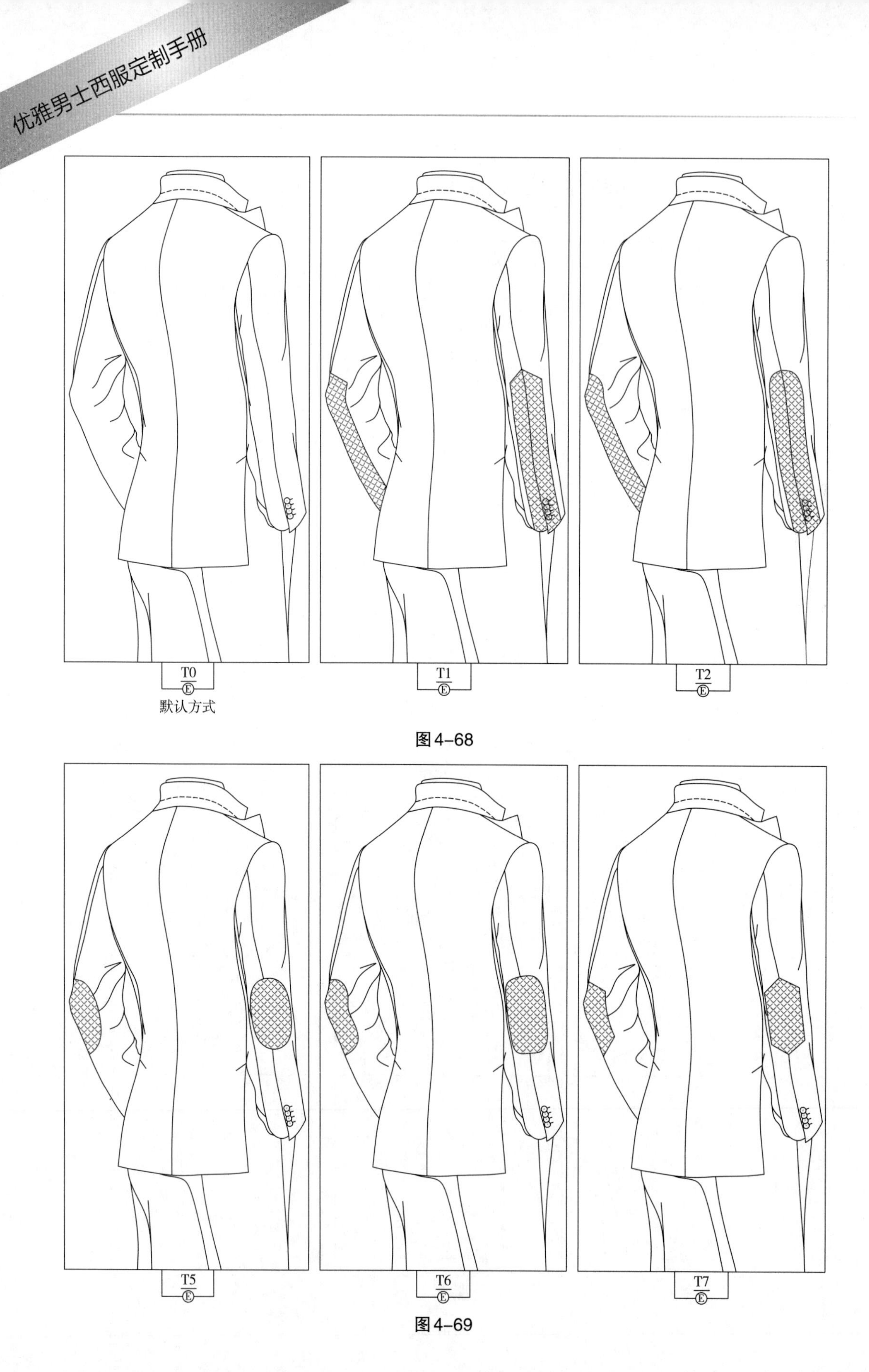


图4-68



图4-69

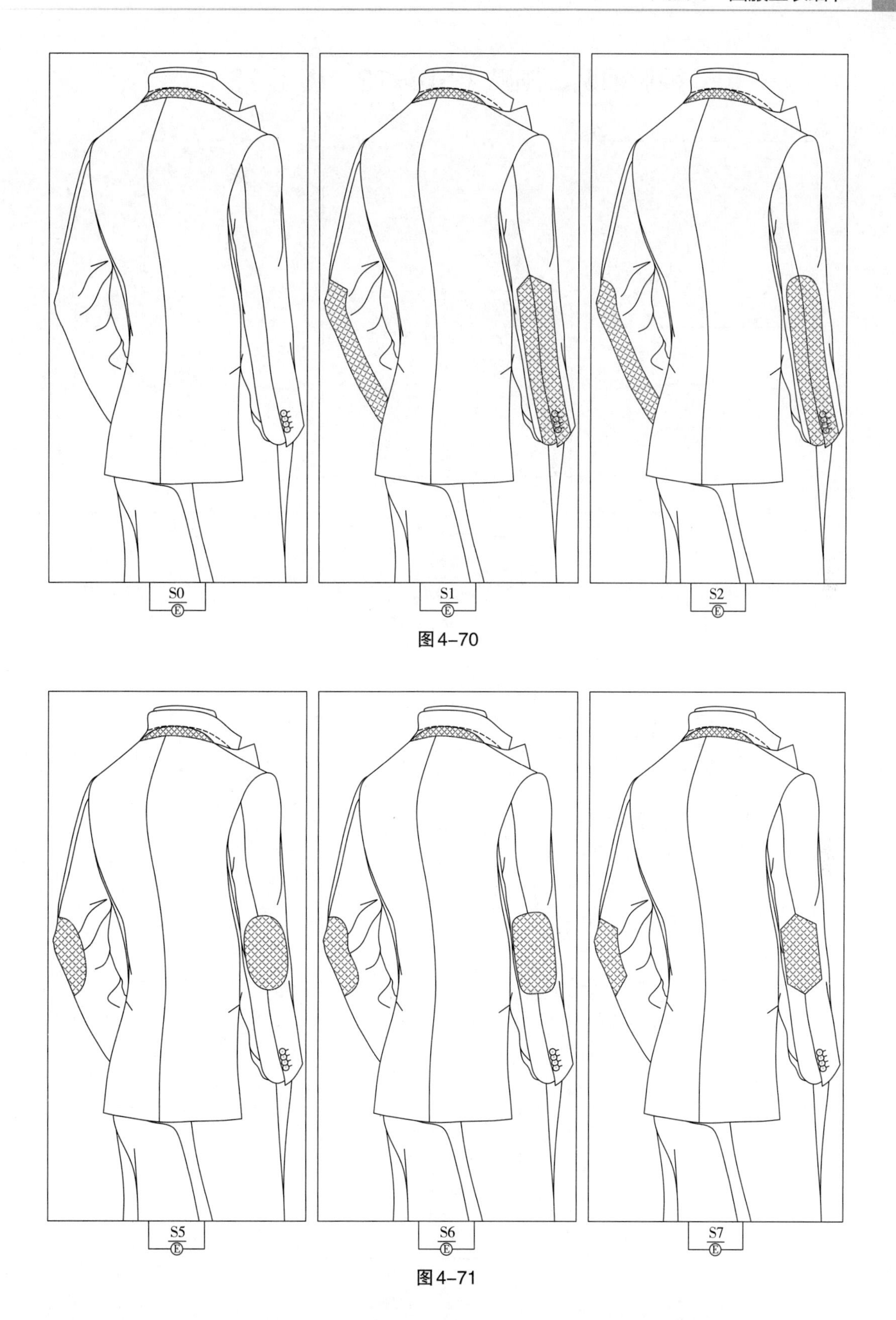


图4-70

图4-71

## 袖肘袖贴、领贴（图4-72、图4-73）

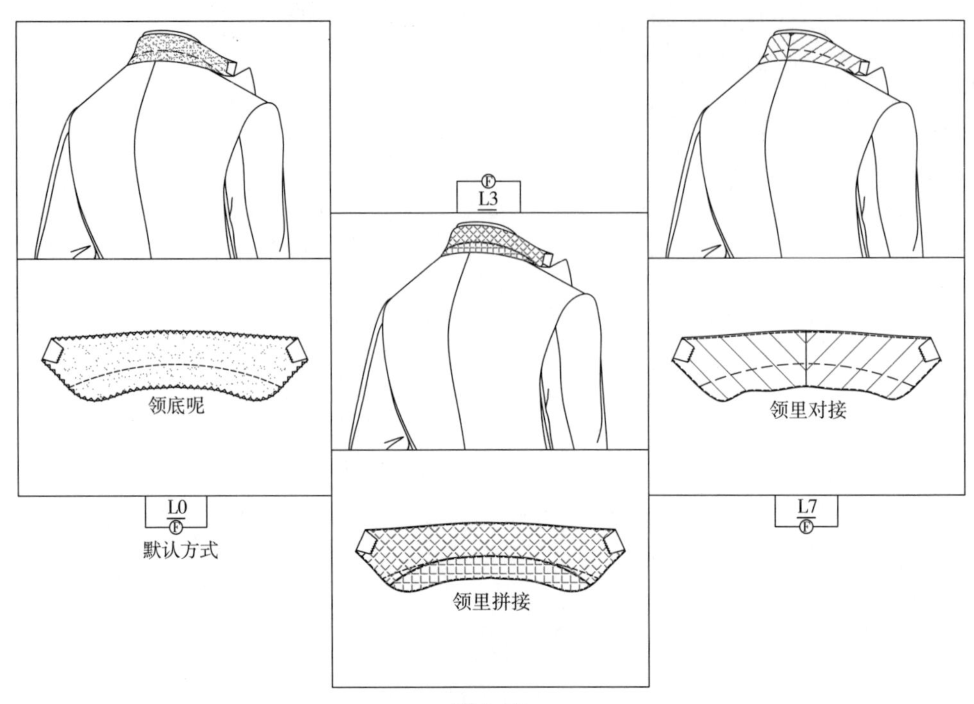


图4-72

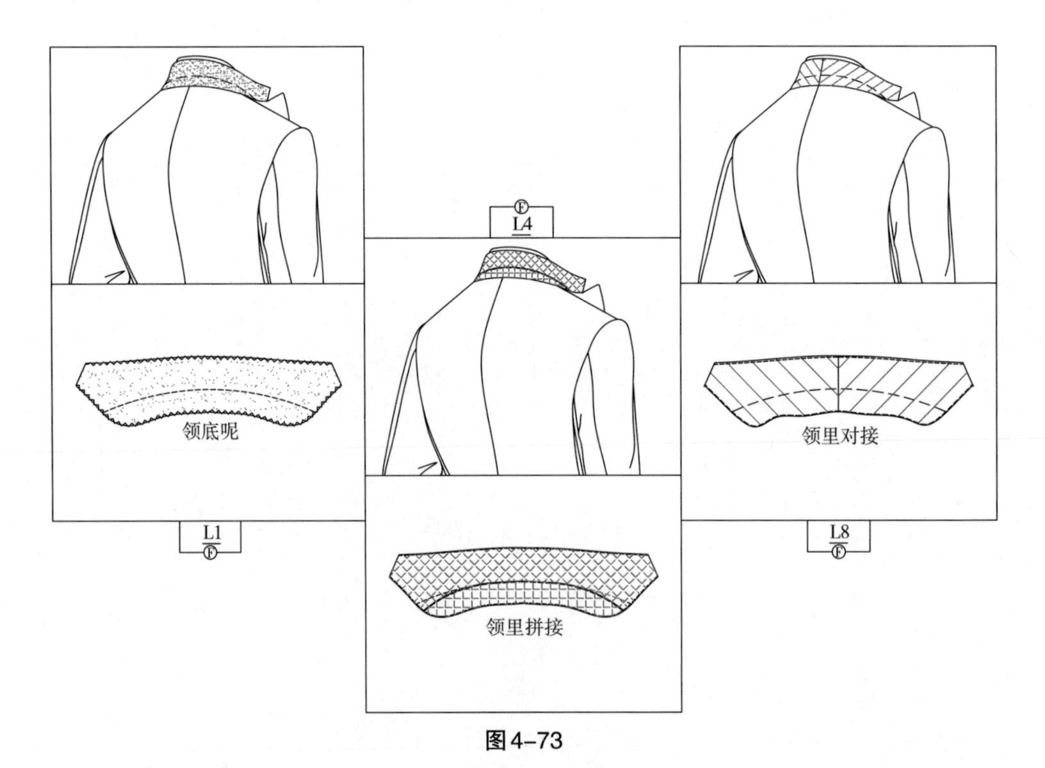


图4-73

# 香水垫（图4-74、图4-75）

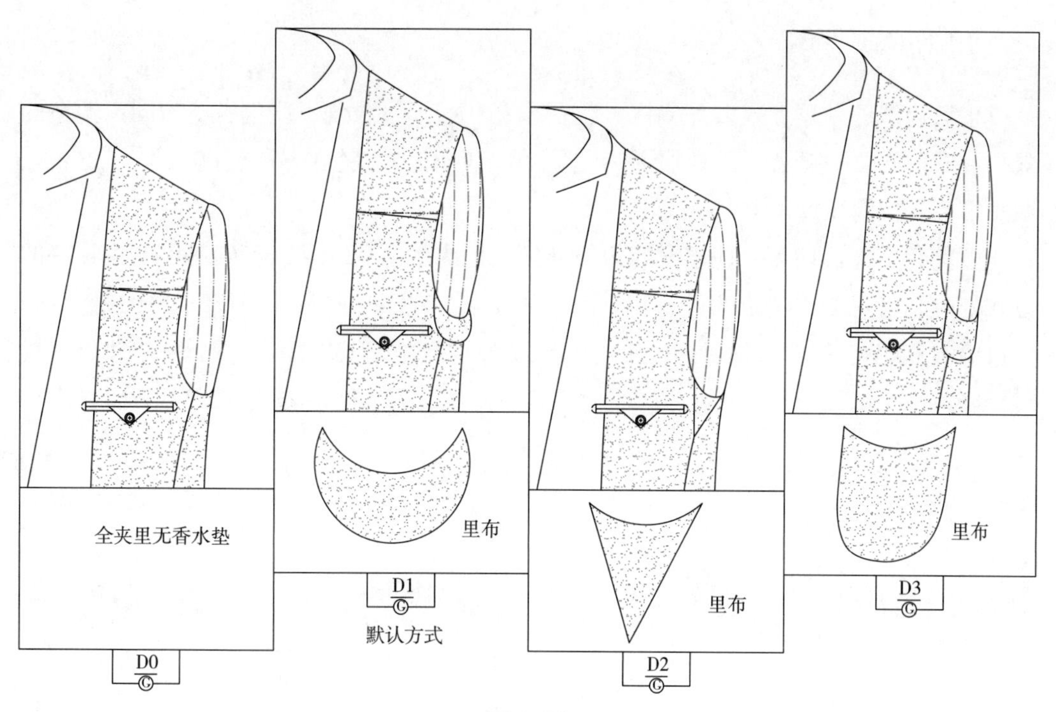


图4-74

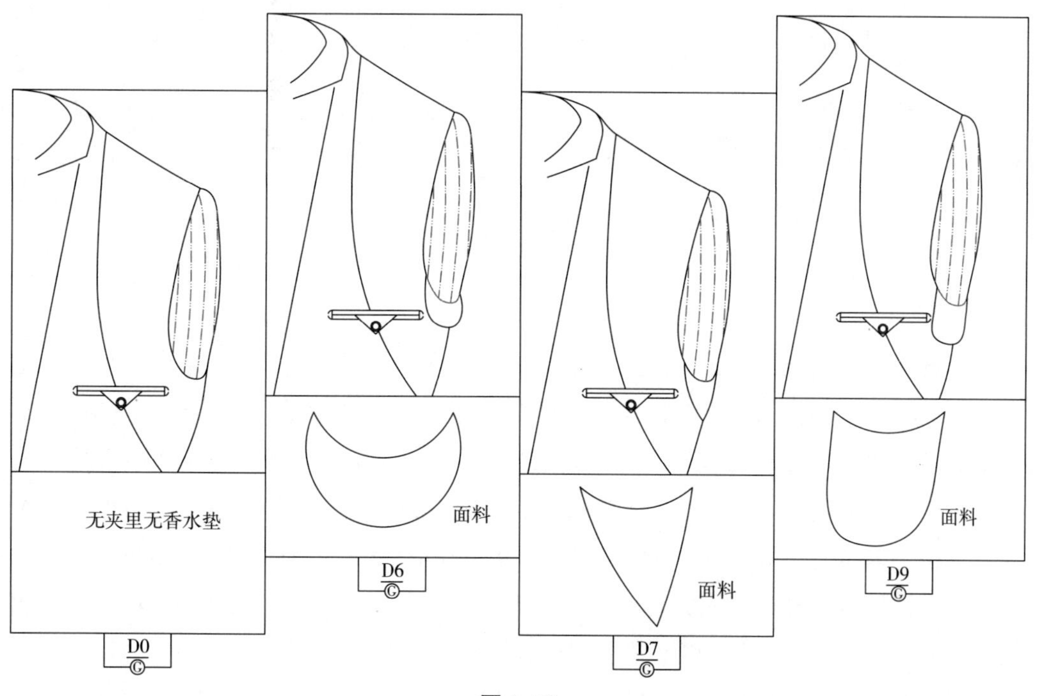


图4-75

# 更多细节处理

## 止口边线

止口边线的处理方式多种多样，包括线宽、线形、线位、线色各不相同，塑造的效果各有韵味，一套普通的西服因为这些的改变而让人焕然一新或与众不同，这也是西服细节变换的亮点（图4–76）。

虽然每个部位均可呈现不同的边线处理，但为了协调和谐，我们尽可能用统一的方式处理，考虑工艺实施的可行和牢固度的要求，对于一些特殊的口袋（如拉链、暗封口等）、袖贴、领襻、领底等操作均以常规通用的线型方式为主（平针、三角针、挑线缲缝）。

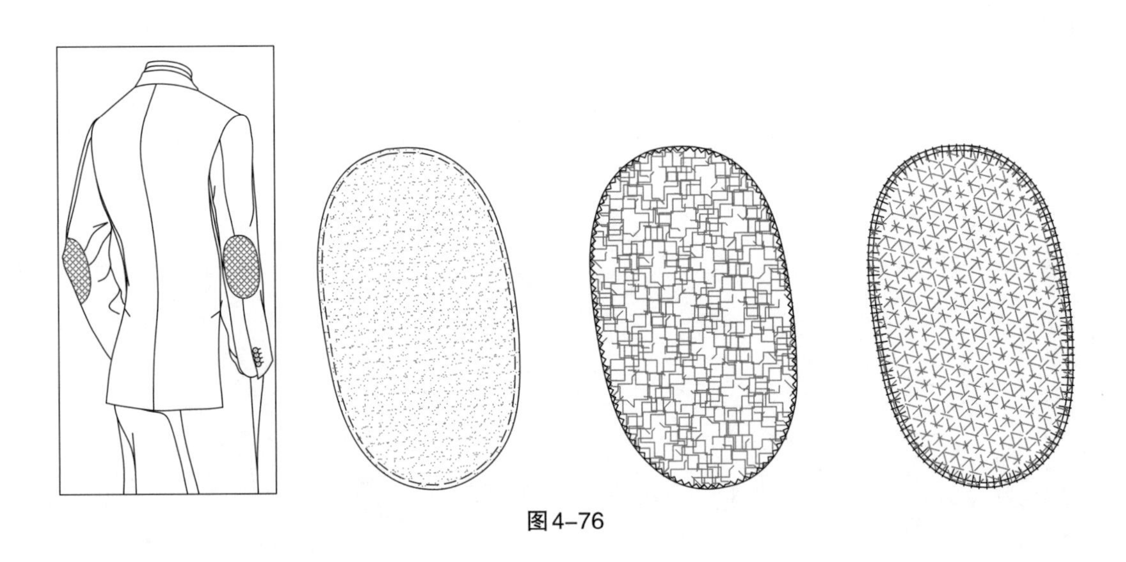

图4–76

## 垫肩

让身体倍感轻松与舒适，让西服合体是优雅着装的开始。风格、格调仅是一个定义而已，很多时候我们要了解自身的体型特征做出相应的调整：比如溜肩的人在选择那不勒斯风格时应注意肩斜的问题，因为那不勒斯格调的西服上常用0.2cm极薄的垫肩，可以将其调整为0.9cm的厚型垫肩以弥补溜肩的缺陷。同样平肩（耸肩）者在选择意式经典风格时也应注意将0.9cm的厚型垫肩换成0.5cm或更薄的0.2cm垫肩以优化形体。风格仅是一种定义式的套餐，一切皆可改变，也许就是一点点的调整优化让我们与众不同、让我们风度翩翩、让我们睿智性感。

垫肩在西服中（特别是正式风格的套装）是必不可少的，不仅是为了肩部的塑型，更主要是缓解西服肩部的受力，让穿着倍感轻松，与背包肩带下的垫子是一样的力学原理。只是在很多时候服装生产商、品牌商为了降低成本在一些相对简化的休闲便装、运动西服工艺上给省去了，并名曰时尚、潮流，其实是简单版的西服工艺做法。当然垫肩的品质也很讲究，包括厚薄、衬料棉花，同样的情况也会在胸衬龙骨、内里辅料上发生，成本很重要，但品质更重要，要学会鉴赏西服的优劣。

垫肩的厚薄虽然会影响风格造型（图4–77），更重要的是与肩型特征有关联，是耸肩、溜肩修正的最佳手段，扬长藏拙是西服的使命。常用垫肩的厚度有如下几种。

0.5cm中薄垫肩：是雅士优雅风格的首选，其厚薄适中非常易于塑造亲和、柔润、优雅、迷人的肩型，也是目前应用最为广泛的经典垫肩之一。

0.9cm厚垫肩：能加强肩部塑型，创造庄重、硬朗、权威、性感知性，是传统经典格调的首选，同时也是溜肩体的最佳补偿方式。

0.2cm超薄垫肩：是春夏半里、无里西服的首选，让西服轻薄有型，也是那不勒斯格调的指定用垫肩，当然对于耸肩的人来说也是最佳选择，调整肩部垫肩厚薄以适应自身的形体。

无垫肩：虽然我们反对不采用垫肩的方式，但对于一些简单的、个性的轻柔款式或半里、无里结构也是接受的，只是与之对应的胸衬龙骨也需薄柔一些，建议选择轻薄二层胸衬龙骨或超薄二层胸衬龙骨。

工艺形式不同垫肩的造型不一，这些由专业人士匹配，我们调整点在垫肩厚薄的选择上，主要目的是为了适应体型特征，当然后期的板型处理会根据体型特征和不同厚度的垫肩而变换板型。

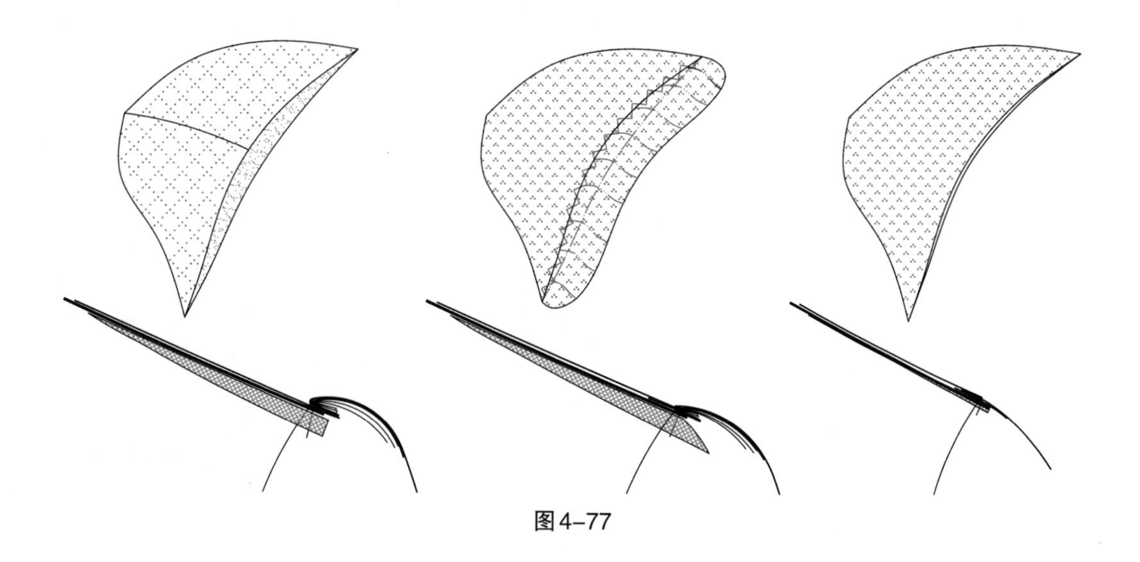

图4–77

## 止口方式、拱针与压线的部位（图4-78～图4-89）

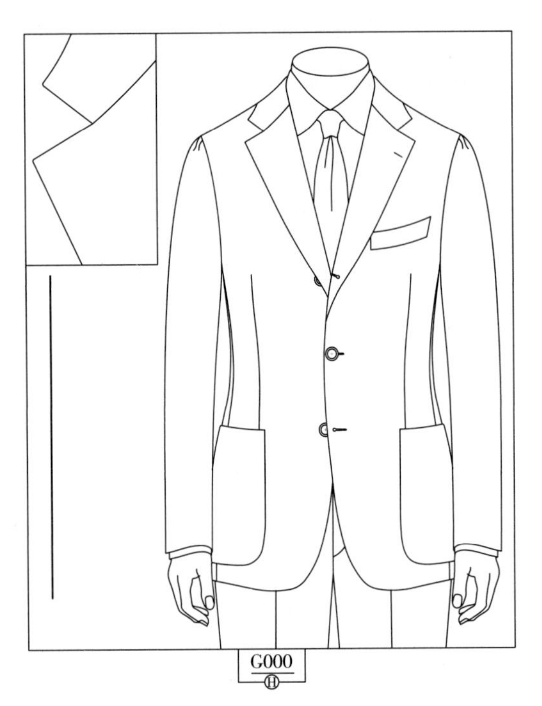


图4-78

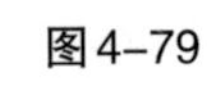


默认方式

图4-79

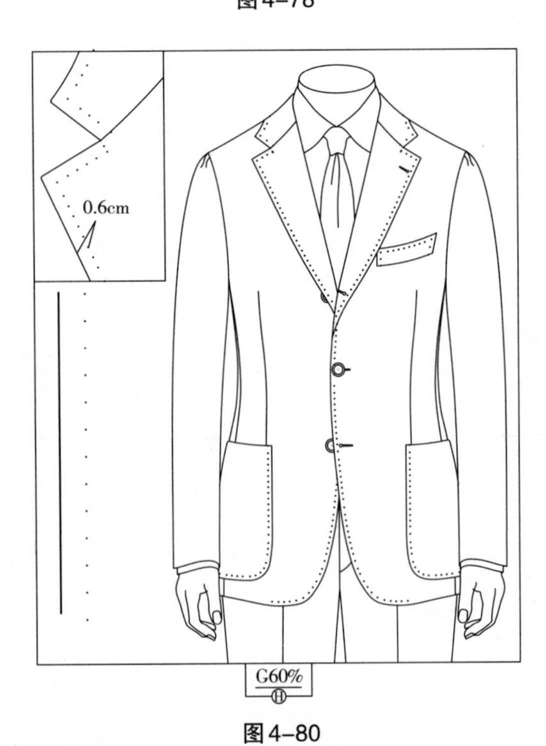


图4-80

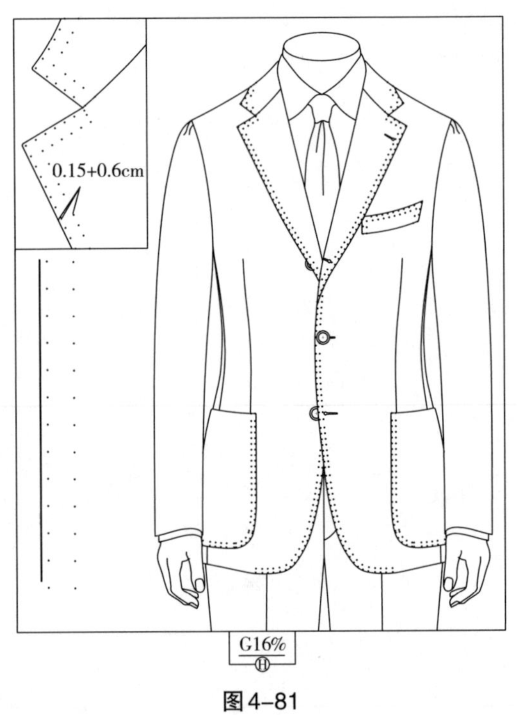


图4-81

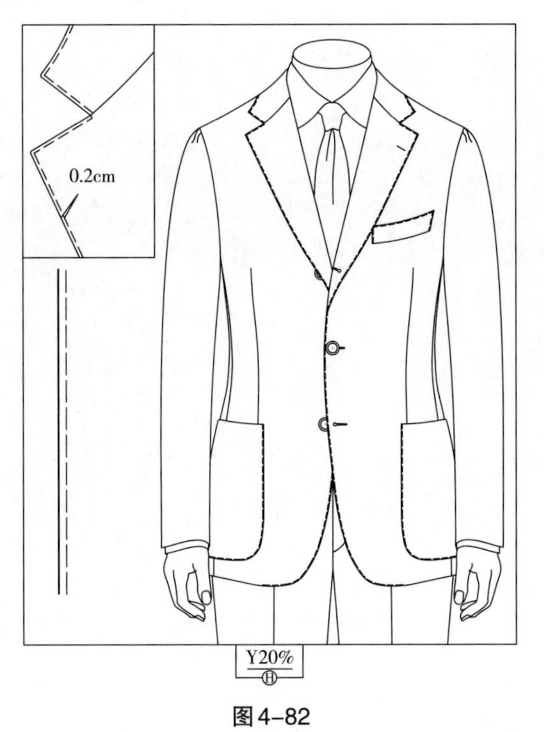


图4-82

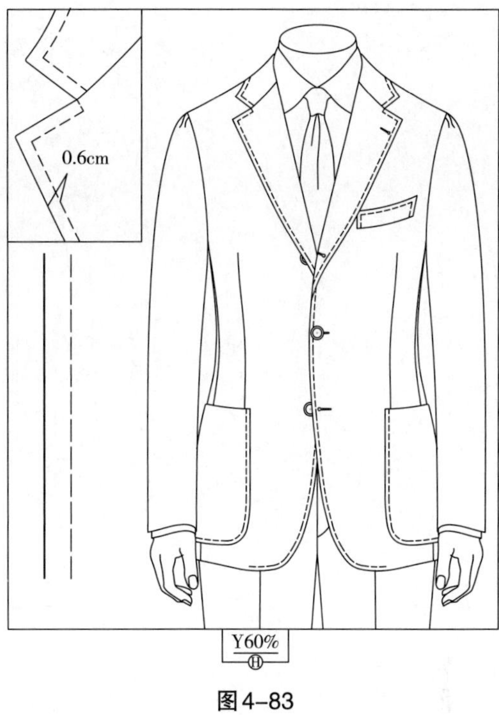


图4-83

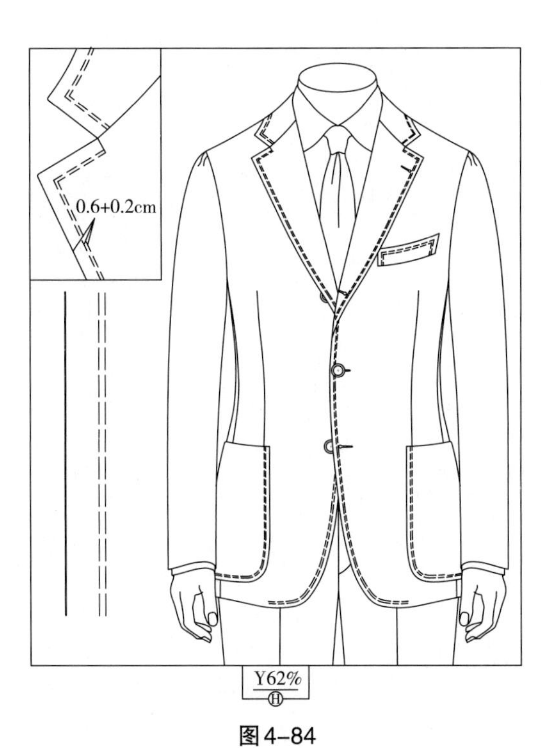


图4-84

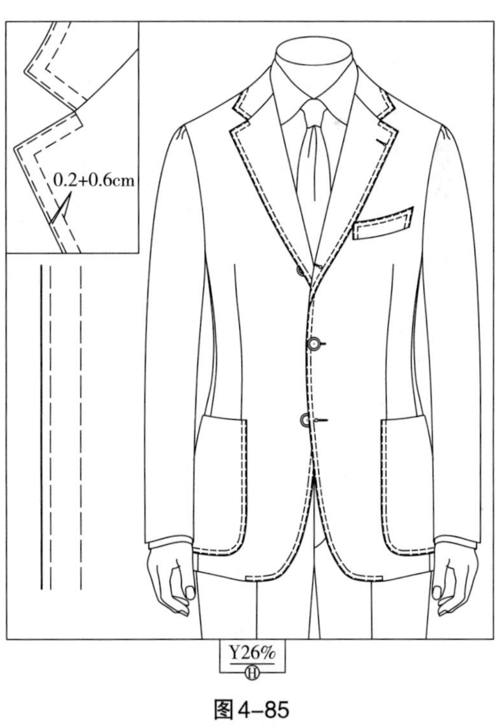


图4-85

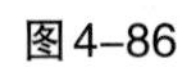
图 4–86

图 4–87

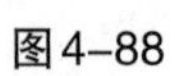
图 4–88

图 4–89

# 默认方式和可选项目

止口缝制方式的多样化不仅局限在拱针、压线的方式上，还可以通过选取不同的线色来表达个性，线色选取细目广泛：止口线色、门襟眼线色、驳头眼线色、袖眼线色、最下袖眼线色、订大扣线色、订小扣线色、内里珠边线色、点结线色、肩缝、开衩、袋口明缝线色、订扣方式（“+”“=”）。

一般状态下采用顺色方案是非常稳妥、可靠的办法，在定制中也会常将这些细目设为默认值，最能创造奇迹效果的常常是驳头眼线色和最下袖眼线色，有时确有画龙点睛之效果。

这是一个无限个性、自恋、乖僻、自由、任性的时代，协调、均衡自然可靠，夸张、怪异也许会有出奇效果，品牌商可以预定义好自己的基调，比如挂面内里的式样、商标、副标、水洗标等的位置方式，以及将姓名标的字体、颜色、绣花、位置等给出更多的式样供客人选取，商标、名标、面料标、副标位置如图4–90所示。关于位置用图示的方式标出A、B、C、D、1、2、3、4，具体可表示更为精准的信息，包括各种线针的订法、要求。

真正完善一套西服的项目很多，客人无须一一参与，交给专业厂商更为可靠。可关注重点项目有面料、身里、袖里、纽扣等。

后面章节用编码 NA##–1；2；3...标识一些个性要求作为参考，一般情况以默认值为主。

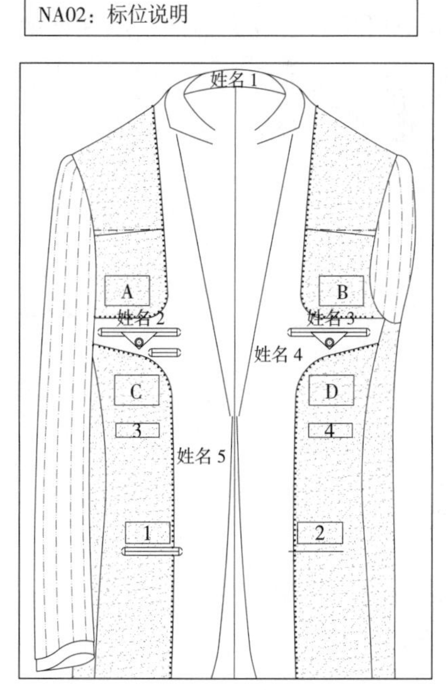


图4–90

## 驳头眼

单排扣普通领型的常用方式为左侧驳头眼。有些女性格调的常用右侧驳头眼，或男装女穿的方式用右侧驳头眼。双排扣常常是左右对称的，因此大多是左右驳头眼。礼服款由于缎料原因常常不开驳头眼（图4-91）

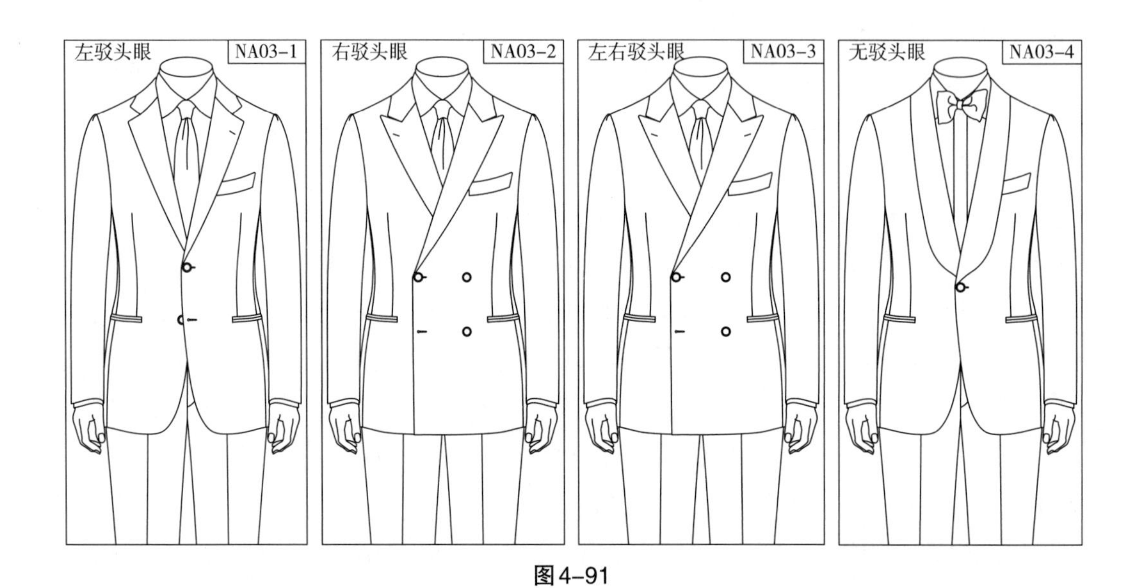


图4-91

正装、套西类的驳头眼常是一字型的，运动格调也就是休闲类的单层西服多用圆头驳头眼，默认是单排扣一字型左驳头眼，双排扣一字型左右驳头眼，礼服缎料驳头不锁驳头眼（图4-92）。

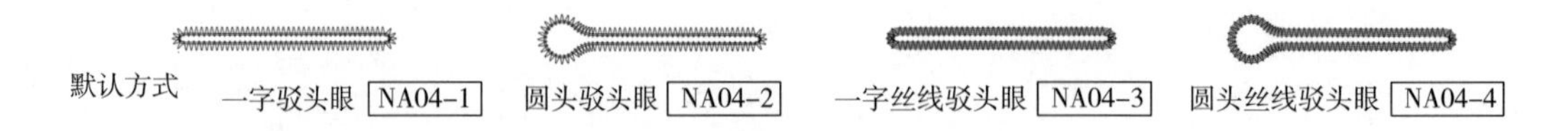


图4-92

## 其他

其他默认方式和可选项目如图4-93～图4-100所示。

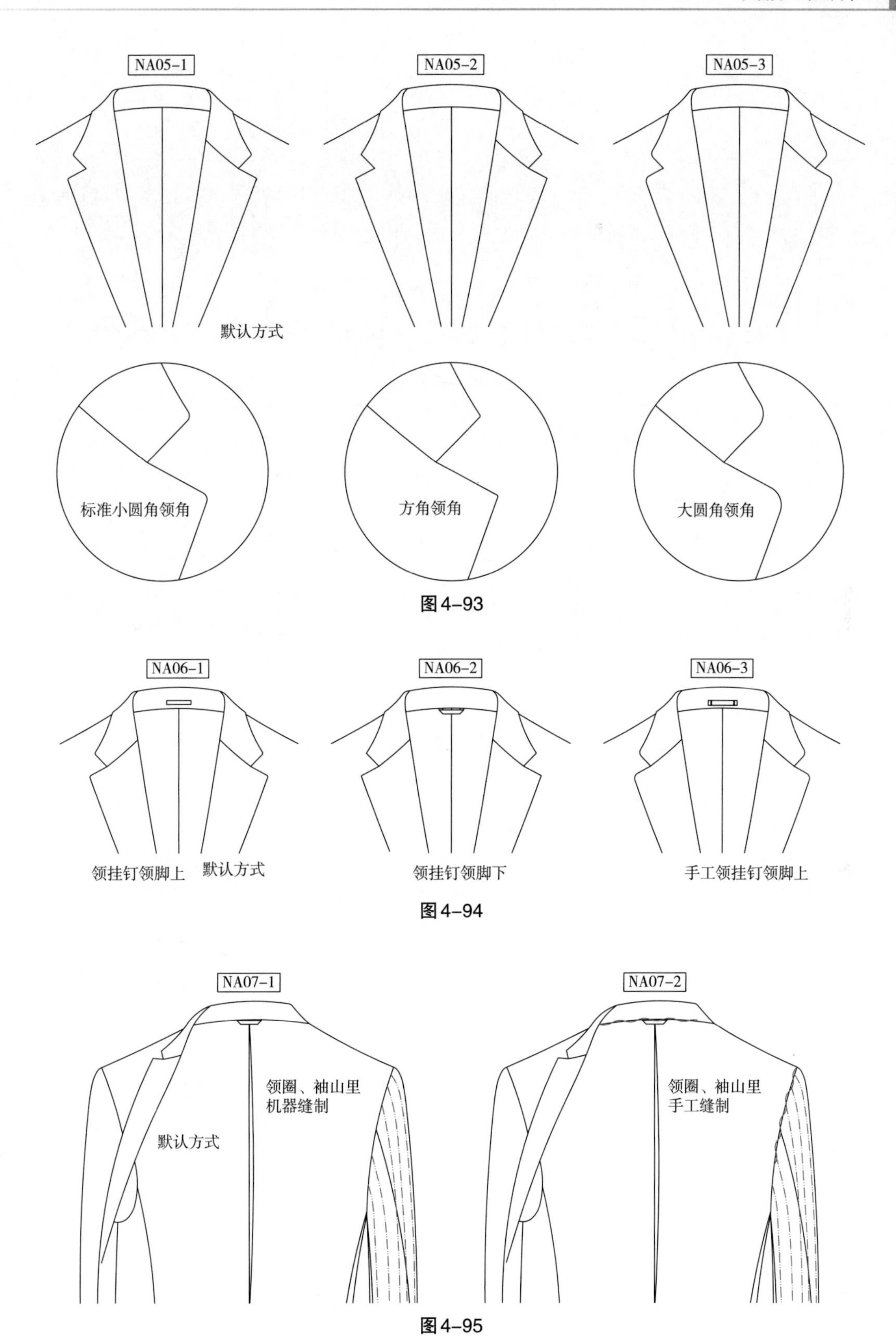


图4-93

图4-94

图4-95

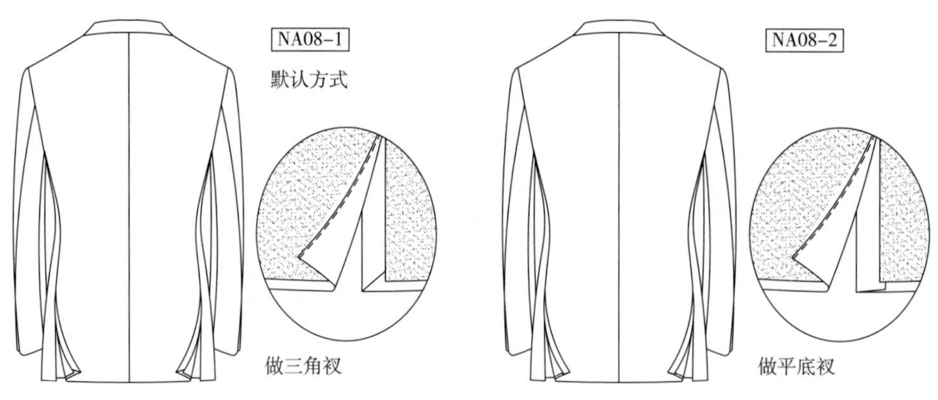


图4-96

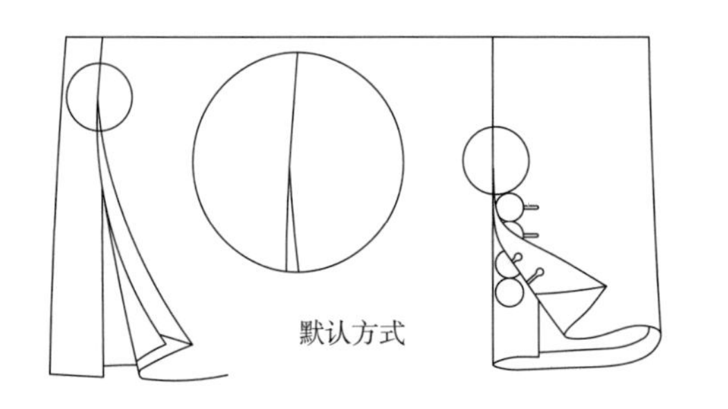


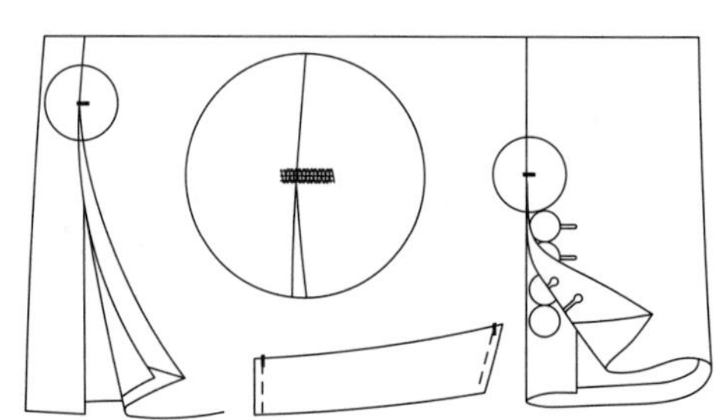

NA09-1 开衩口等无线钉襻　　NA09-2 开衩口、袋口等处手工线钉襻固定

图4-97

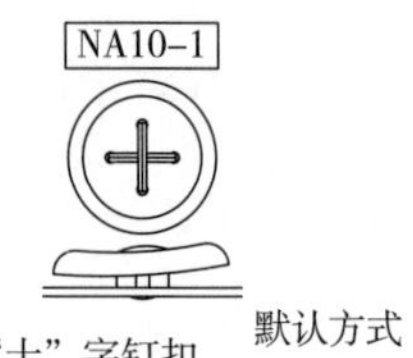


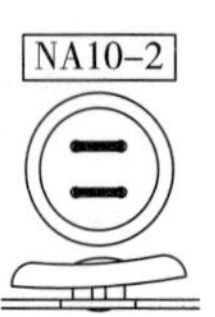

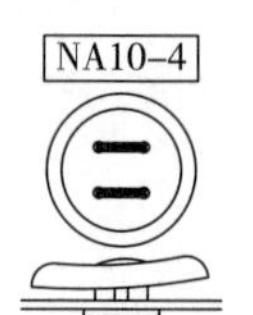


图4-98

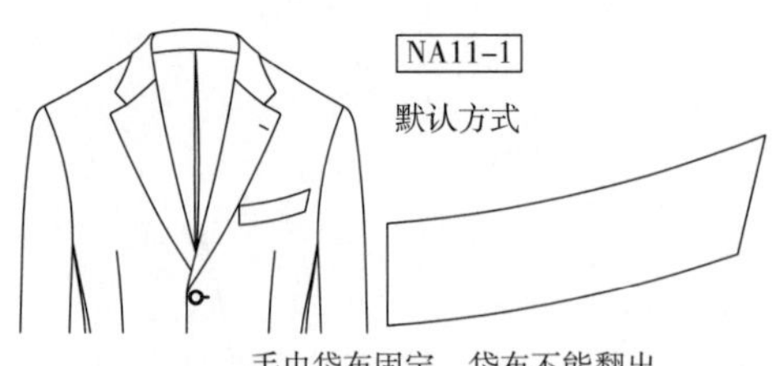


手巾袋布固定，袋布不能翻出

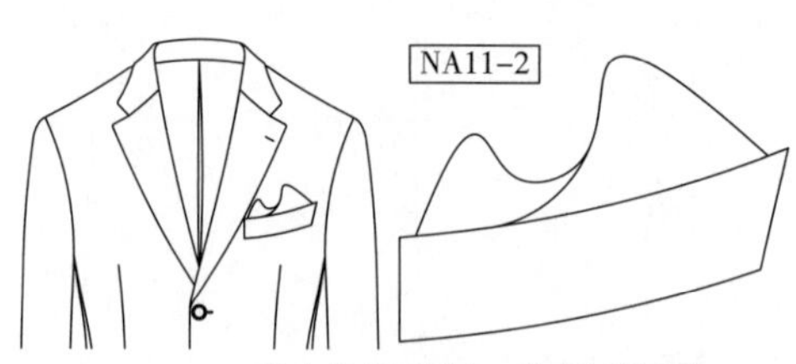


手巾袋布不固定，袋布可以翻出

图4-99

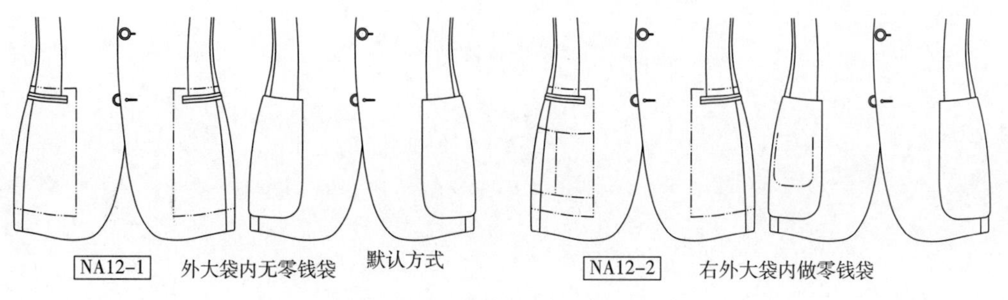


图4-100

## 对条对格（图4-101）

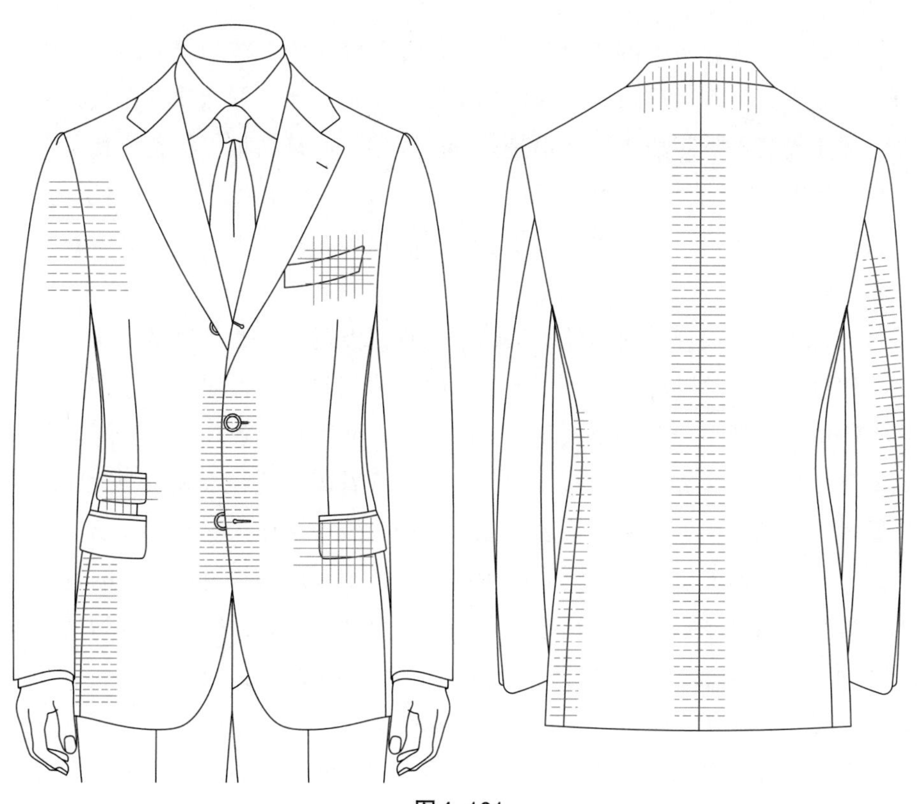

图4-101

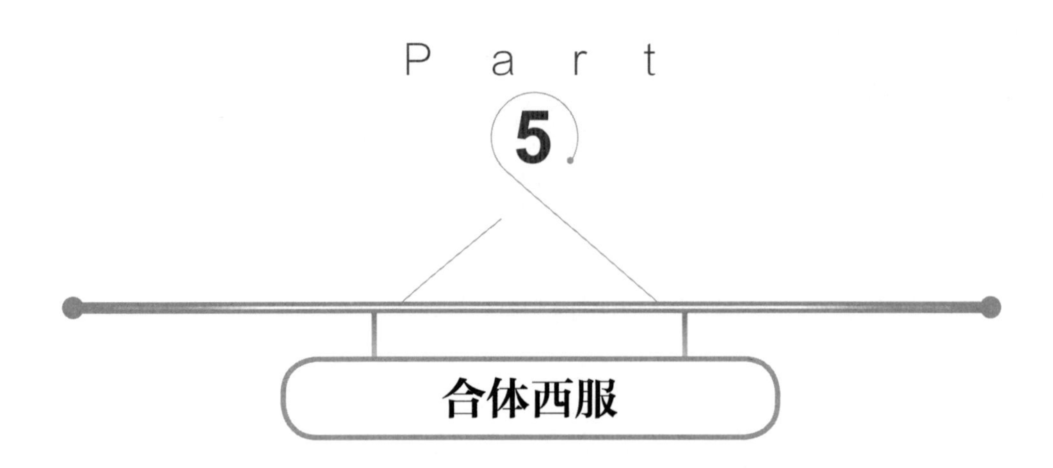


如何正确穿西服，常会困扰很多人。我们经常会看到一些身着西服的企业家，从头到脚都是大牌，但是，你会感到他们的着装并不很得体，好像缺了什么，又似乎多了什么。男士着装的理想境界往往不是豪华、奢侈，而是高雅、优雅。其实男士的着装方式是一个被不断试图改变和更新的话题，设计师、大师、专家都非常努力去做了，上层社会，还有艺术家、文学家、王子、电影明星等，都参与了引领男士着装准则的方向，不过收效甚微。

尽管近几年服装设计师对男性服饰的变化有积极贡献，使其风格、样式和颜色也发生了一些演变，但这种趋势基本上还是局限在休闲服装上，对于商务和正装，一些人大声宣扬的激进变革更多的是关于时尚的幻想，而不是商业场上的实际。事实是这样的，商务风格的变化如冰河般缓慢，让一个人冒着职业、收入和社会性地位的风险去赌短暂而昂贵的时尚，是毫无道理的。男人的着装应该让人看起来成功、富有、理性、慈爱、友善、诚实、性感、富有阳刚之气，甚至利用着装克服自己的背景、掩饰不良的生理特征或者缺点。克服这些，即便在当今社会也难以完成，因为当人们宣称人人平等时，并没有说天生就处于平等的环境中，成长环境、教育背景、文化差异，还有信仰、思想、身高、形体、脸型等有太多的差异。

时至今日，男士着装准则仍然保留了其基本的原则，仍然是许多人喜欢的所谓传统风格，这种风格由英国人精心打造，在美国人中间广为流行，最后由意大利人进行了决定性的革新。因此，毫无疑问着装传统将长期存在，而且符合传统着装原则的流行趋势，在次次危机和变革之中不断获得了新生，历久弥新，这就是今天我们提倡的：悦享优雅穿着，品位男装格调。

应该承认着装在很大程度上决定了一个人的成败，无论这种现象是否公正合理，总之以现实为导向做事肯定比依靠自我感觉做事更容易达成目的，事实上任何人都希望受到尊敬和重视。曾经有人认为很多人穿着不得体甚至邋遢是由于经济原因，而事实证明，钱并不是问题，任何人只要稍加注意并努力改变陋习，就可以穿得精神得体。

前面说到男装优雅的基础：一是好的服装式样，但要简洁；二是整体的和谐、均衡，包括颜色、外形、面料质地、细节及配饰；三是衣服的板型结构能恰当地照顾身体，扬长藏拙。

具体个人穿着“衣服的板型结构能恰当地照顾身体，扬长藏拙”这才是核心，符合身体特点的样板尺寸结构，加上喜爱的款式，二者完美呈现时才是优雅着装的开始。一件好衣服最重要的特征是适合，并且可能只适合自己一人，而非他人，穿着是让人倍感轻松和舒适的，是让人优雅自在和展现美好形象与品位的。但为什么人们总是无法突破这些呢?

让衣服合体，首先很多人在理解合体的观念上已经出错，用自己的想法代替公认的优雅准则。比如上衣的长度：从美学的角度是人体身长的一半稍短一些最美观，很多人观点是稍长一点更好看，一上一下差距就大了。其次是成衣生产供应商的安全做法（成衣改短是容易的，加长是困难的）、销售人员的省事心态（能不改尽量不改），于是衣服就长起来了，美感也就没了。至于围度松量都是同样的道理（成衣改小是容易的，加大是困难的），这些想法在裁缝中也很盛行，“万一小了呢？”其实我们的内心深处何尝不是：万一小了呢、万一短了呢、万一我胖了呢、万一面料缩水了呢。于是一万个说法的就是衣装不合体，越是贵的、上等的服装越如此。还有更多的缘由可以分析、列举、说明，就留给互联时代的网络吧。

如果一个人总在想他穿的衣服值多少钱，那他就不懂得穿它。忘了这是谁说的，但这是对的。当一个人穿一件不合身的衣服时，不管这衣服有多好、值多少钱都不值得拥有，除非为了滑稽、搞笑和装腔作势的可爱。

我们还是打着优雅的旗帜细说西服的长短、大小、松紧。

首先从了解自己、了解客人开始：净体尺寸与体型特征，西服尺码和个人喜好。

## 西服上衣的长度

西服是国际性的服装，几百年来形成了规范的着装美学文化，对于常规体型，其西服的长度、宽度（肩宽）比例关系以符合黄金分割规律（后中长/肩宽=1.618）最为美观。公认的西服标准长度是人体身长（脊椎第2节至地面的高度）的二分之一，如图5-1所示，也就是西服的下摆与大拇指指甲基本平齐（握紧拳头时刚好与西服的下摆平齐）。

这个尺寸根据个人的喜好有所不同，而且不能勉强，一般说法是身高矮小者（低于170cm）和肥胖体型者上衣稍长一点会感觉成熟美观些（图5-2～图5-5）。

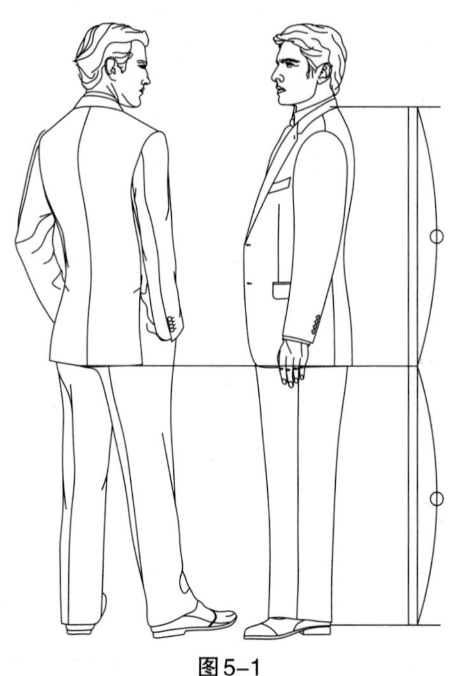

图5-1

标准的衣长经典端庄、优雅大气，是稳重成熟男人的最佳西服长度，虽然在当今时代感觉上有一点保守

图5-2

稍长的衣长更显庄重严肃、传统怀旧，有权威感，更像老牌的英伦绅士，但感觉落伍了一些

图5-3

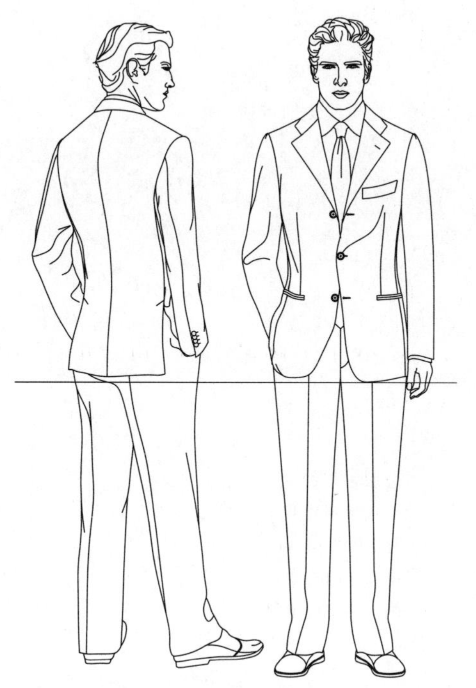

稍短的衣长显得更加精神、清爽怡人，这也是近年来国际品位男人的时尚着装

图5-4

很短的衣长具有女性气息，不稳重，小家子气，但在特定场合特定环境也许别有韵味

图5-5

## 西服上衣的袖长

当双臂自然下垂的时候，要保证衬衫的袖口露在西服袖口之外，正统西服的袖长以自然下垂时能够与手腕根部齐平为最佳，在这种情况下可以保证衬衣袖口的外露。一般情况下露出量：普通衬衣为1.2cm、法式衬衣为2.5cm最佳（图5-6）。

在手臂自然弯曲，有点接近托住下巴的姿势，这个形态下衬衫袖口的露出才是重要的一个细节，此时衬衫袖口一定要露出，法式袖口的衬衫一定要露出袖扣，还有金灿灿、银闪闪的手表。袖口的露出是西服穿着的重要细节，看看好莱坞男明星的特写照片吧，所以对于衬衫袖口露出这个细节实在不可不留意，这是会让着装者特写镜头变得更好或者更差的一个关键的细节。因此西服袖太长或太短都不妥当（图5-7、图5-8）。

图5-6

西服袖子太短，就有些张扬不稳重、不可靠，十分的孩童气，感觉是穿弟弟的衣服

图5–7

过长的袖子

西服袖子过长，手臂自然弯曲时仍看不到衬衣的袖口，这是最呆板守旧的穿着了，给人感觉是压抑与沉闷

图5–8

## 西服的松量

西服的放松量是指成衣胸围（衣服腋下最大处）与人体净胸围的差值。

常规情况下西服的放松量一般为7.5～12.5cm（3～5英寸）较为适宜，过大的松量会影响美观，穿着也并不舒适，当然放松量与板型结构、面料性能也有很大关系，合理的西服长度美观大方，适宜的松量舒适自然。

### 马甲背心的松量

马甲背心胸部的放松量是2.5～5cm（1～2英寸），腰部可稍多一些（图5–9），因为可用腰带调节大小，也说不准哪天一次可口美食让腹部撑起来了。

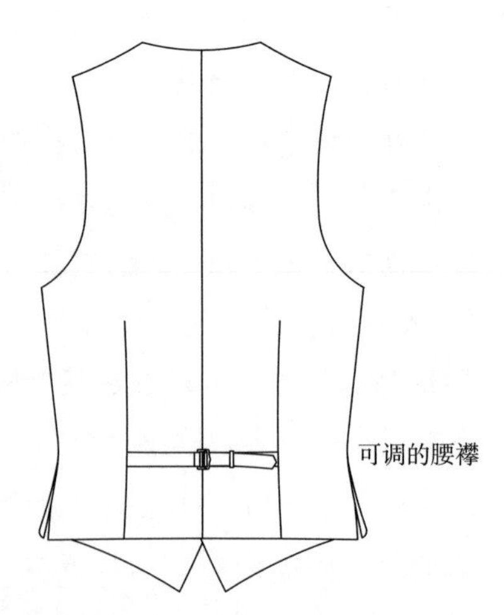


图5–9

## 裤子的松量

裤子的长度方向松量：自然站立时裤子脚口距离地面1～1.5cm（0.5英寸）最佳（图5-10）。这样裤子脚口即可盖到鞋面又不会堆积太多，裤脚口接触到地面是不可取的，露出袜子也不雅观，当然裤长与脚口的大小相关，小脚裤不宜过长。

裤子围度方向松量：单褶型或双褶型西裤臀围的松量要大于7.5cm（3英寸）否则裤褶很容易挣开。

无褶型西裤臀围的松量要大于4cm（1.5英寸），无褶裤超过13cm（5英寸）的松量是不可取的。

还有裤子膝盖处的松量不能过小，否则会造成活动不便，小脚口的西裤要注意小腿肚处的围度。

裤腰的高低：过去裤腰一般较高，以不露出肚脐为准则，意式风格盛行以后，裤腰低了很多，现在低腰裤已经是年轻、时尚的代表了。从优雅讲究的角度不建议选择过低的裤腰穿着（图5-11）。

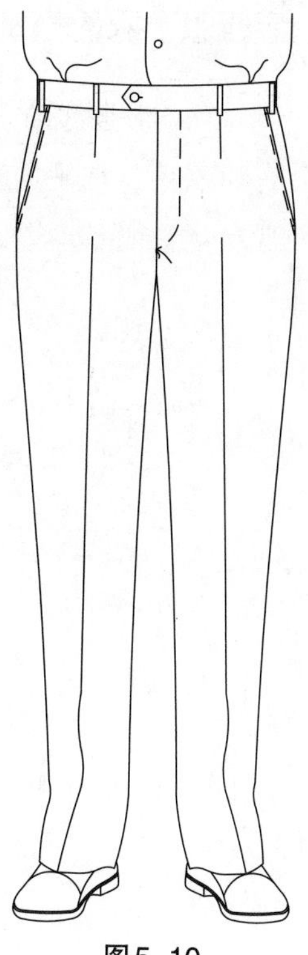

图5-10

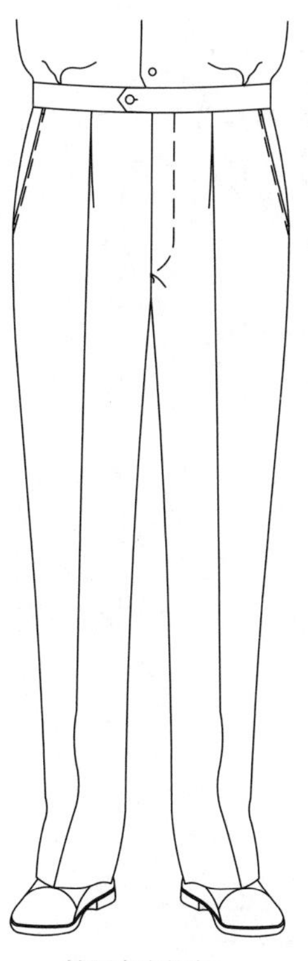

裤腰高度较高

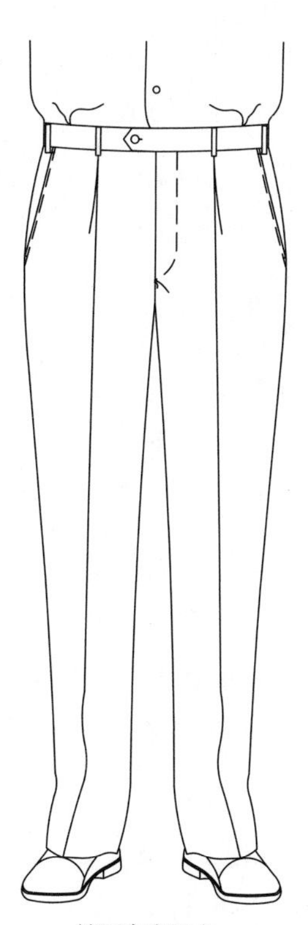

裤腰高度适中

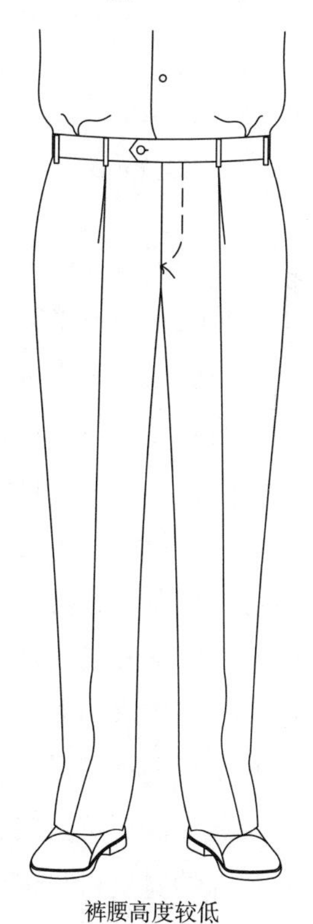

裤腰高度较低

图5-11

### 西服上衣的松量

适宜的松量既美观又舒适（图5–12）。过少的放松量可能会非常的美观贴体，但会有约束感，常规面料松量不要小于5cm（2英寸）。过大的放松量可能非常舒适，但美观度会差很多，超过18cm（7英寸）的松量已是很大了。

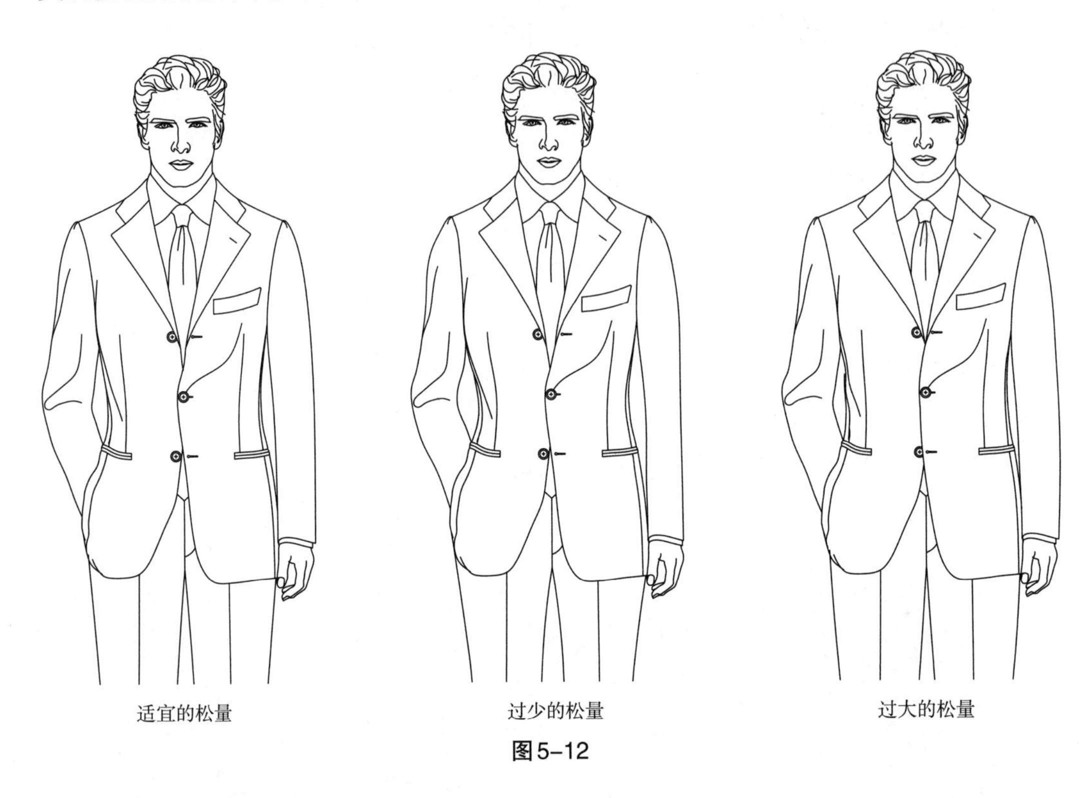


图5–12

西服内一般不宜穿过多的衣物，一件毛衣（图5–13）和背心是极限了。如果为了穿更多的内穿衣服而把松量放大着实没有必要穿西服，因为西服的结构不同于运动装。

其实松量的关键注意点是袖窿夹圈的舒适度，以及是否可以让臂膀活动自如。其次是腰部的松量是否适宜，不同体型之间差异很大，一般来说肥胖者腰部松量可稍小，系上扣子他们就很满足了，相反胸腰差很大者在腰部却需要更多的松量才会感觉舒适。还有肩部的宽度，目前的趋势是微窄一些的肩宽更优雅。

图5–13

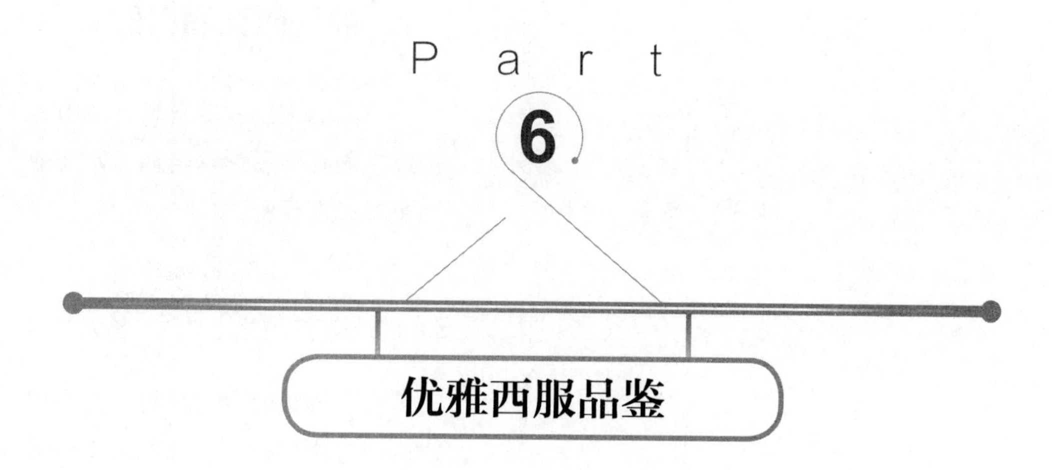


# 优雅西服品鉴

## 穿着体验

首先是上身的穿着感：轻柔服帖，轻若无物如梦重力般的轻松自在。

好的西服只有穿到身上才能真正让人感触到它的柔韧性及那种轻若无物的舒适性，体现出无与伦比的卓越品质。

## 领的稳妥服帖

西服领稳妥地抱围衬衣领下1.3～2.5cm（0.5～1英寸），领下清爽干净，驳头翻领为U线状，自然服帖（图6–1）。

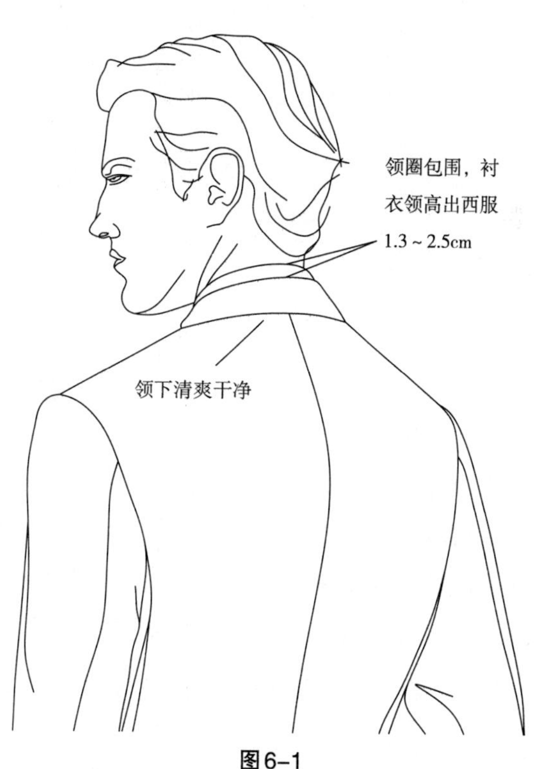


图6–1

## 肩的平服

精准的曲线弧状型肩线悠然展开，轻薄型垫肩令肩部更加轻柔平服、舒适（图6–2）。

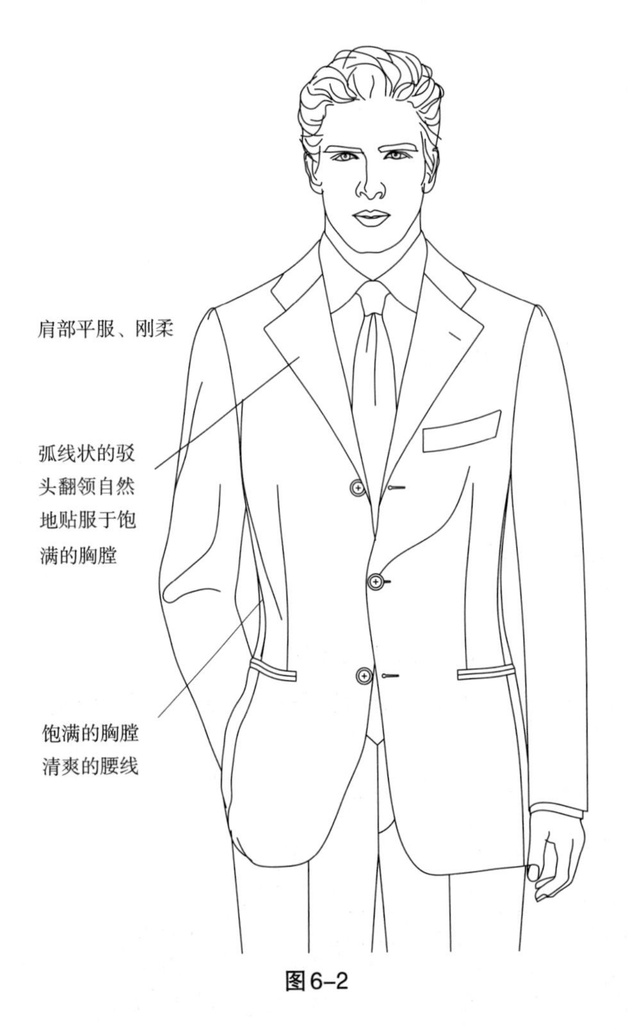

图6-2

## 袖臂的圆润自然

丰满的袖山垂顺自然，适中的袖窿夹圈让臂膀活动自如，修长袖型更显男人英姿。

## 胸的饱满与坦荡

在U线状的翻领映衬下宽阔饱满的胸怀坦坦荡荡，优雅的止口滑顺、飘逸。

## 背清爽腰流畅

优雅的S型后背曲线垂顺流畅、清新悦目，人衣合一。

## 细节决定成败

唯有工艺的尽善尽美，缝制技术的完美无瑕才能造就艺术品质的优雅西服。

## 西服的挂像

所谓西服挂像是指西服挂于衣架上的视觉效果（图6-3、图6-4）。

在国内西服挂像极受重视，虽然挂像不能真实地反映衣服的实际效果。好的西服穿着优雅，其挂像也会不错，反之不亦然！挂像好的西服穿着性能不一定舒适，所以好西服只有穿到身上才能感触到它的优雅品质，这也是真正懂行的顾客不很在意西服挂像的原因吧，穿着体验高于一切。

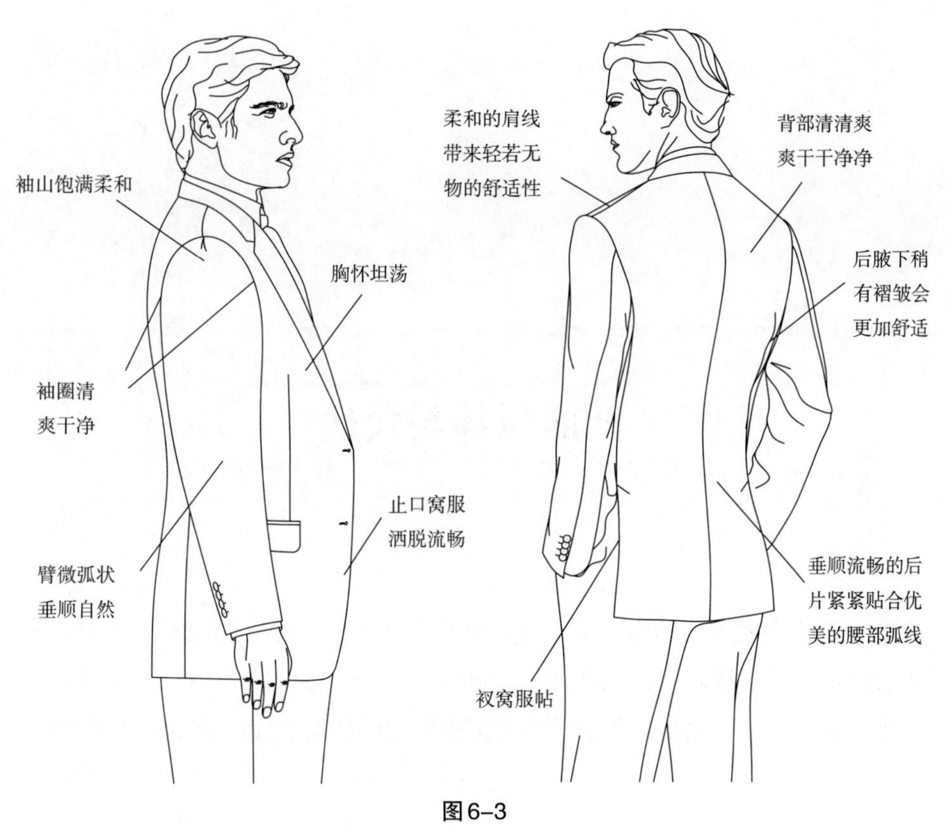
袖山饱满柔和
袖圈清
爽干净
胸怀坦荡
止口窝服
洒脱流畅
臂微弧状
垂顺自然
柔和的肩线
带来轻若无
物的舒适性
背部清清爽
爽干净净
后腋下稍
有褶皱会
更加舒适
垂顺流畅的后
片紧紧贴合优
美的腰部弧线
衩窝服帖

图6-3

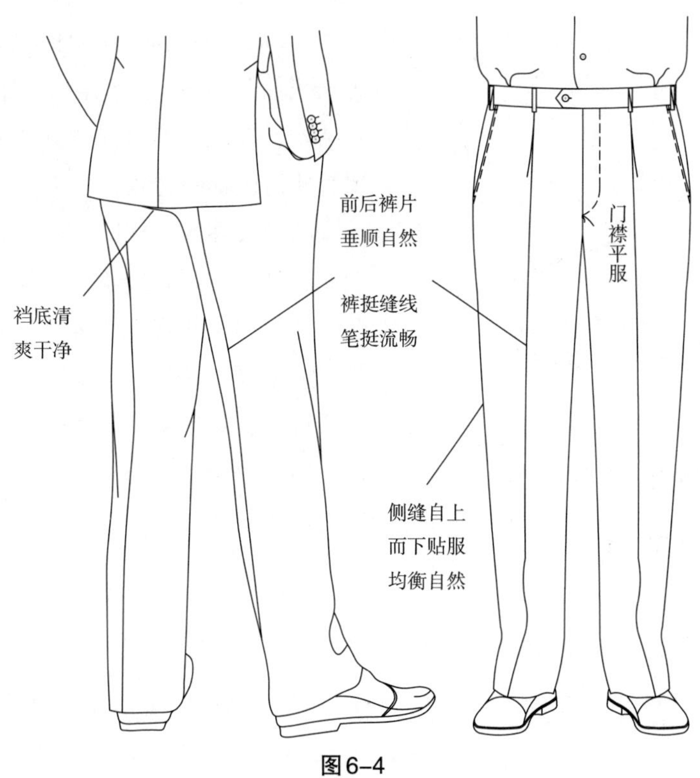
前后裤片
垂顺自然
门襟平服
裤挺缝线
笔挺流畅
裆底清
爽干净
侧缝自上
而下贴服
均衡自然

图6-4

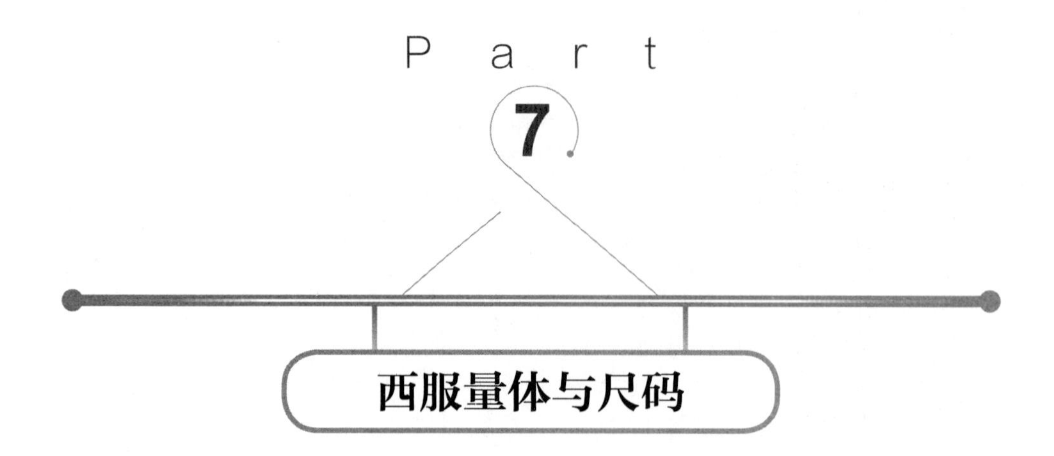


# 西服量体与尺码

人们总是追求完美，然而十全十美的西服并不存在，由于体型的差异即便完美的西服也会因此而出现缺陷，这也许就是Made for You & Made for Me 备受追捧的缘由了。

由于习惯、运动、成长、生活环境等诸多因素的影响，完全标准的人体是少见的，人们或多或少都会有一些不足甚至是缺陷，了解客人的体貌特征非常重要。

“衣服的板型结构能恰当地照顾身体，扬长藏拙”是核心，符合身体特点的样板尺寸结构，加之顾客喜爱的款式，二者完美呈现时才是优雅的着装。

测量尺寸始于规则、数字，却远远不止于此，唯有时间和经验的累积才能使我们更娴熟地运用这些规则、数字去做出最佳的剪裁，赋予服装以美感（图7–1）。

当希望西服特别收身合体时还必须测量坐下时腹部的最大数值

图7–1

科技进步带来诸多改变，拍照上传是分析特体的一个很好方式，建议如图7–2的方式拍全体型。

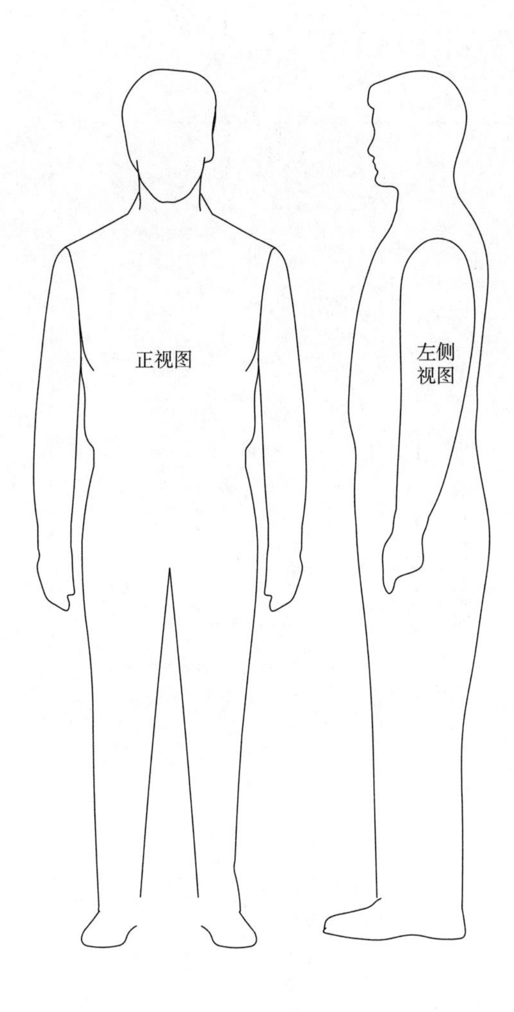


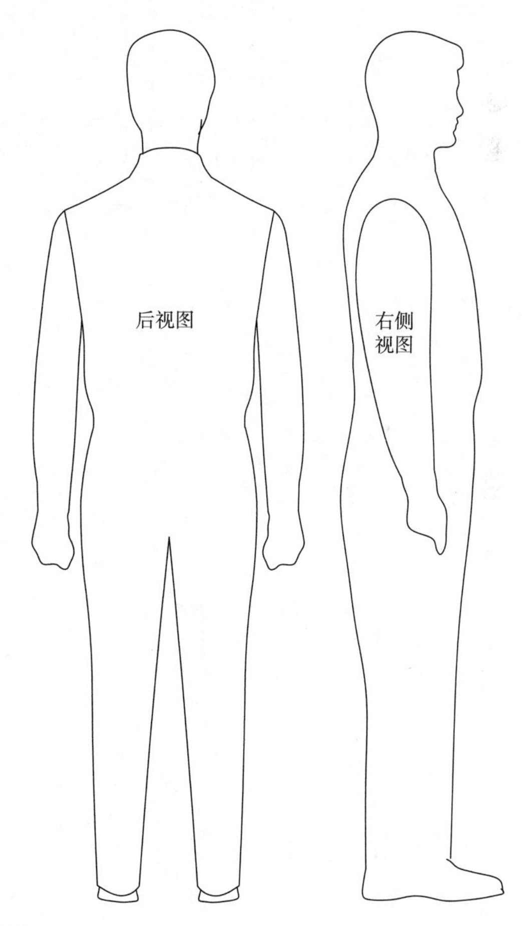


拍照时要保持放松自然，
表现出日常穿着的样子

**图7–2**

## 西服量体（图7-3～图7-10）

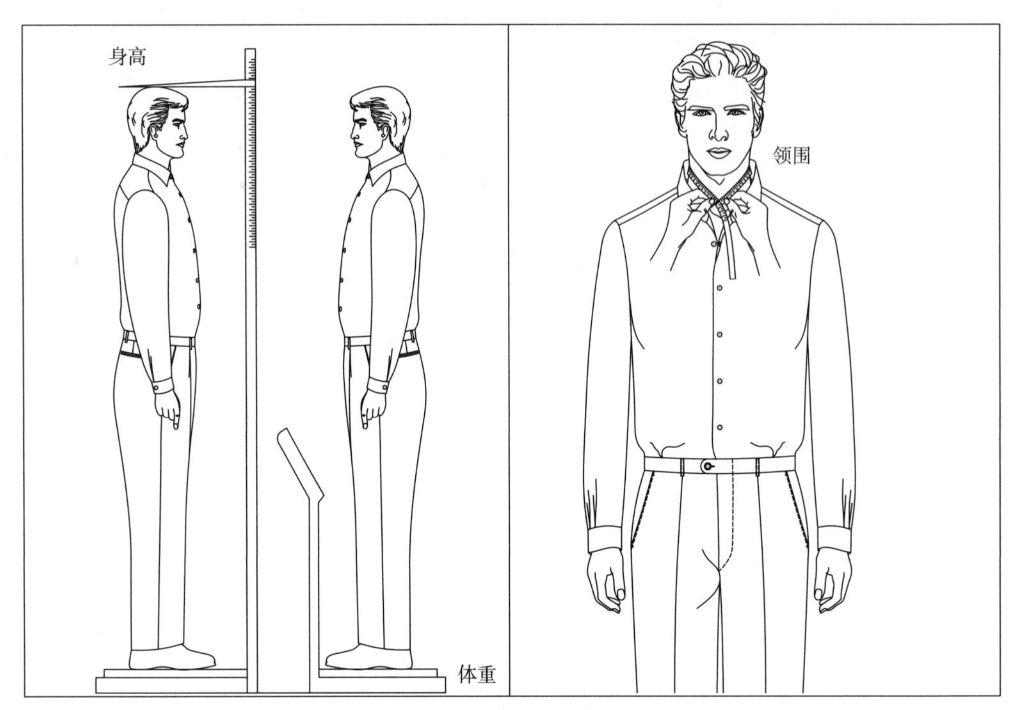


图7-3

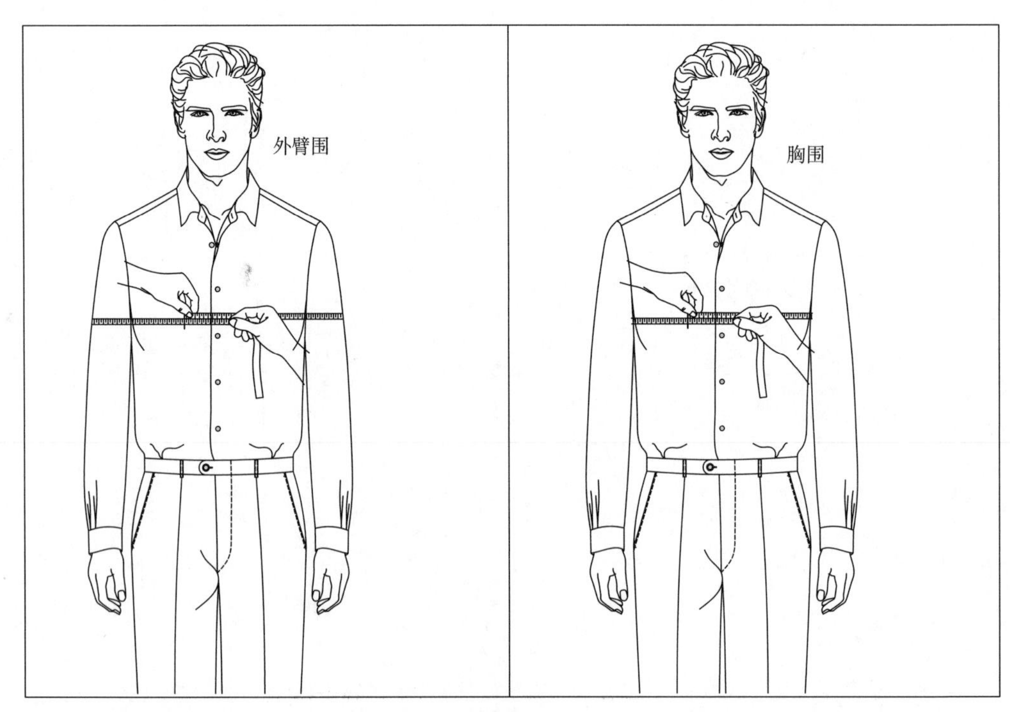


图7-4

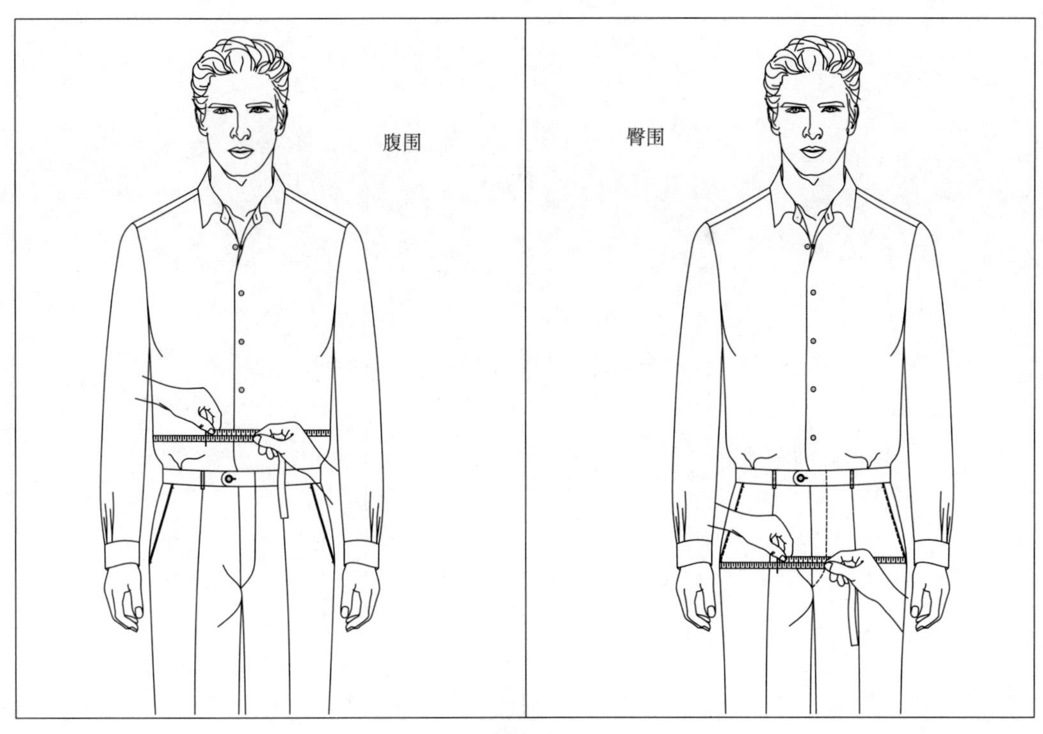


图7-5

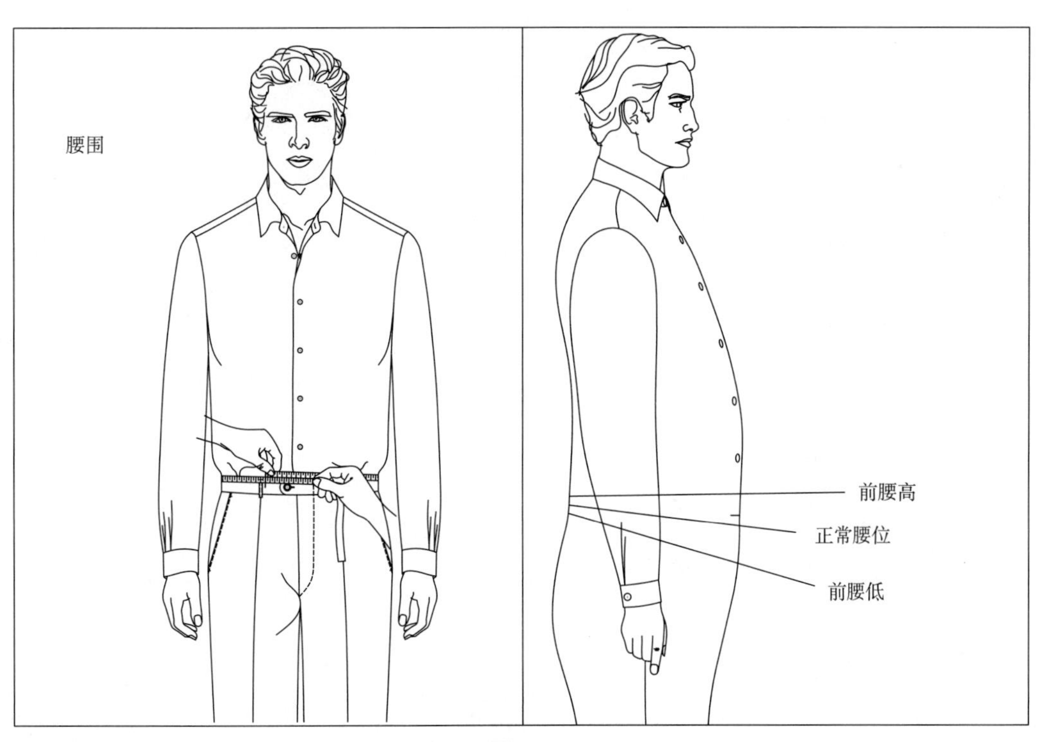


图7-6

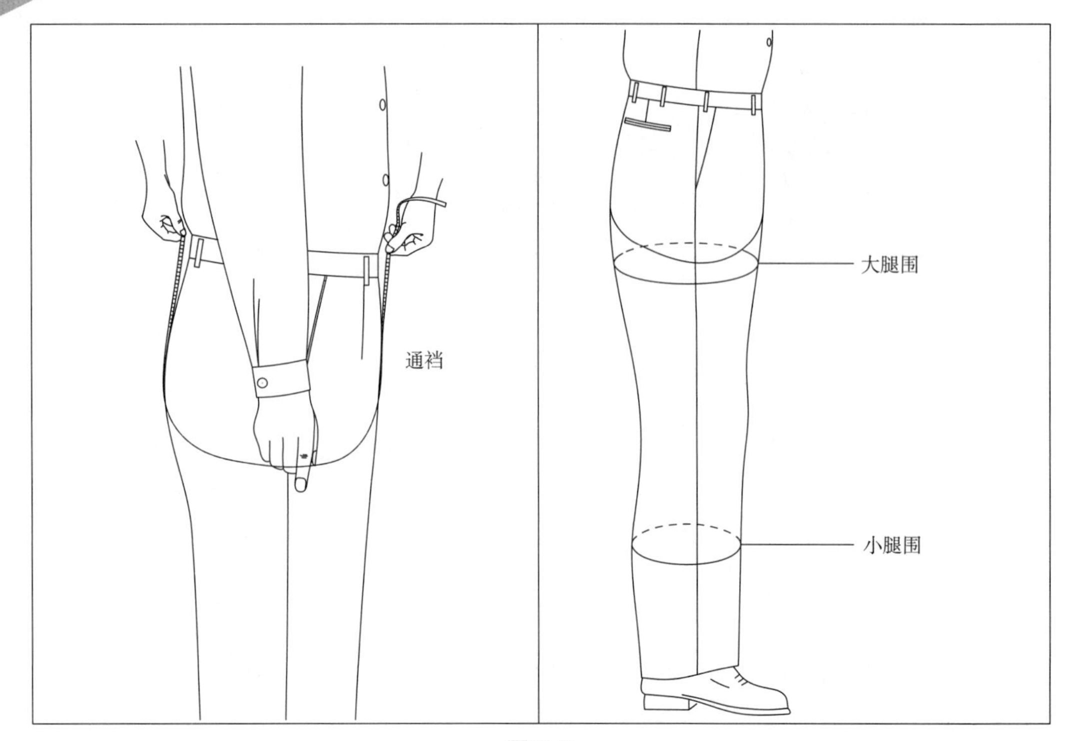


图7–7

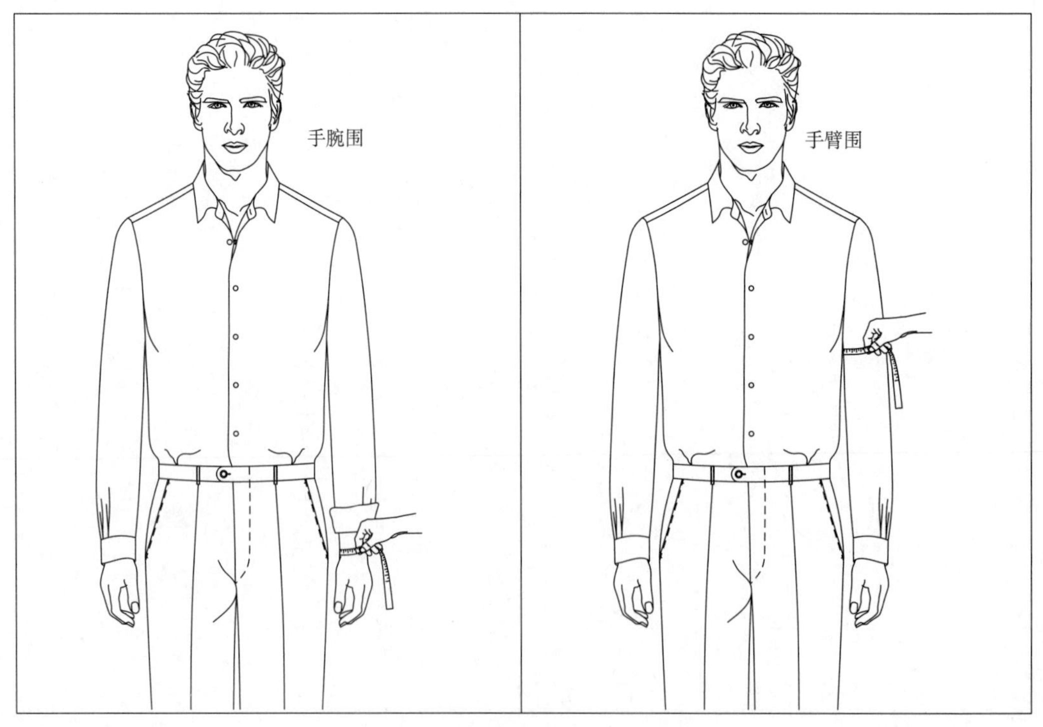


图7–8

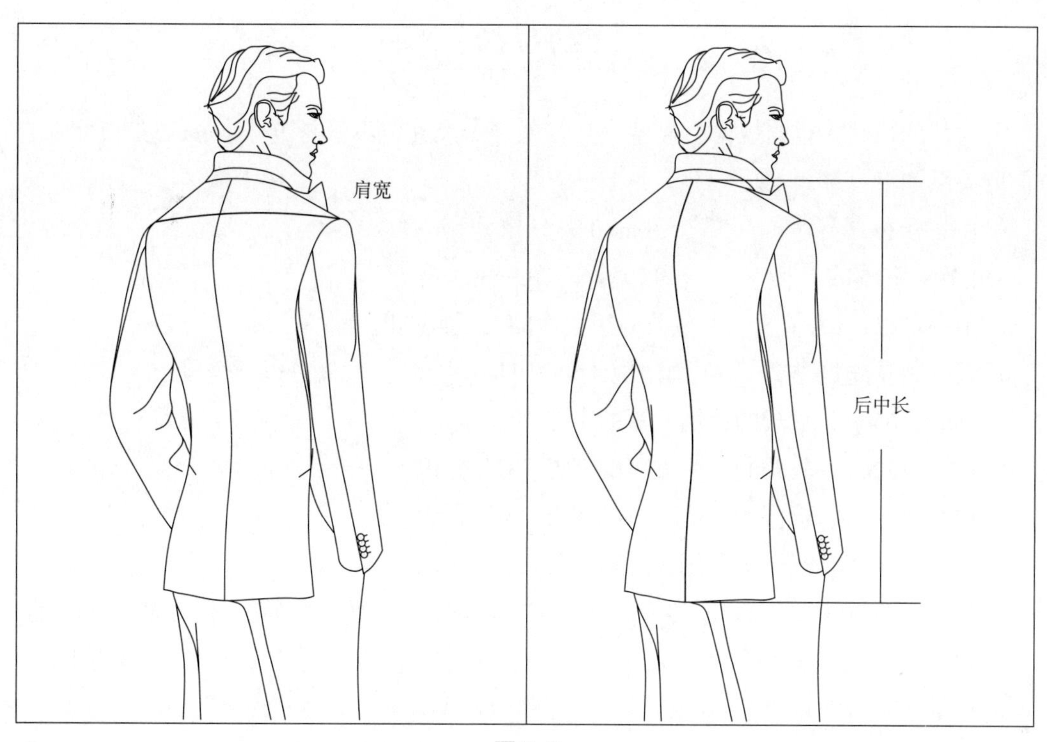


图7-9

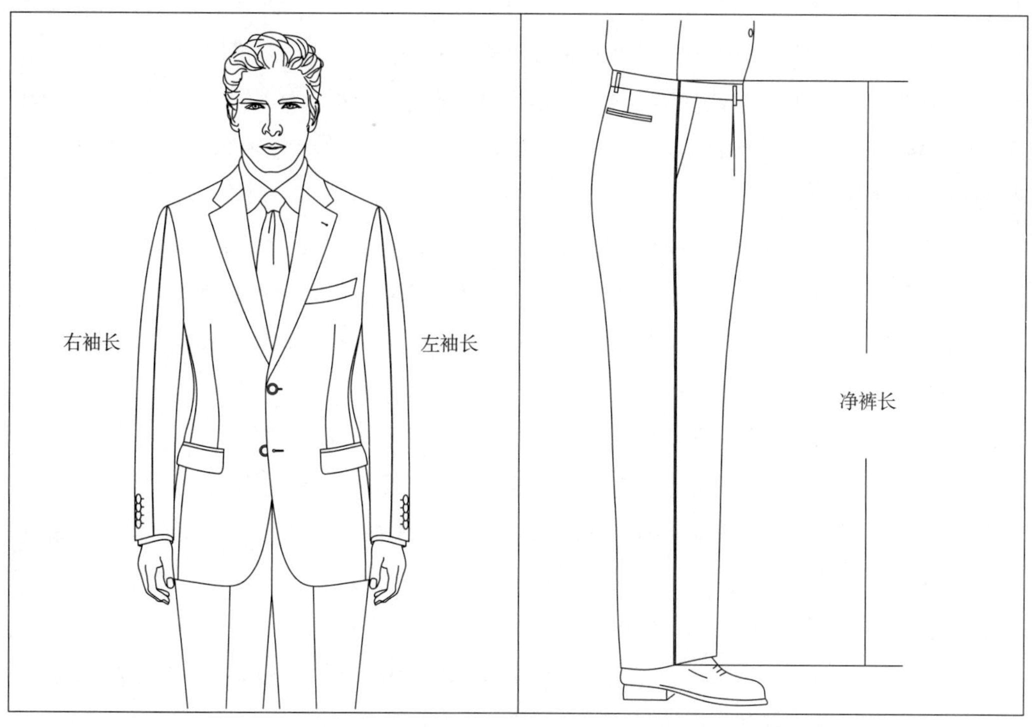


图7-10

# 西服尺码

西装的尺码，也叫规格、号型，其实就是个尺寸，不管是英寸、cm还是市寸。它们的关系如下：

1cm=0.3937英寸　　　　1cm=0.3333市寸

1英寸=2.54cm　　　　1市寸=3.333cm

本书均以cm为单位，不习惯的用上面的关系换算即可。

人体，首先是身高，在中国国家标准中叫作“号”，大概分以下个段：

155～165cm，很矮的，用大写的字母“S”标识。

166～172cm，较矮的，用大写的字母“C”标识。

173～179cm，标准的，用大写的字母“R”标识。

180～186cm，高个子，用大写的字母“L”标识。

超过187cm就太高了，用大写字母“T”标识，T太高了，Tall。代号多了比较乱，为了清晰好记简单点就取中间的三个C、R、L作为代表，对应中国国家标准的号是C=170cm、R=175cm、L=180cm。

人体对于服装第二个要素就是围度，中国标准中叫作“型”，主要指净胸围，是在胸部最饱满处围量一周的尺寸，常用的范围是80～120cm，超出120cm是很胖的，该减肥了，我们提倡健康优雅的生活方式。为了数据的优化四舍五入地取偶数，也就是80、82、84、86……120、130……，因为衣服都是对折测量的，所以将以上数值再除以2，得出的数值就是所谓的欧码（当然也是除以2取偶数的结果）即40、42、44、46、48、50、52、54、56、58、60、62、64、66……这就是尺码。记住要换成中国国家标准的“型”时数值是要乘以2的。

以上的尺码加上前述的身高标识C、R、L就可以得到如下所示的常用尺码组。

（1）38C、40C、42C、44C、46C、48C、50C、52C、54C、56C、58C。

（2）42R、44R、46R、48R、50R、52R、54R、56R、58R、60R、62R、64R、66R、68R、70R。

（3）44L、46L、48L、50L、52L、54L、56L、58L、60L、62L、64L。

人有胖瘦，既有健美状胸，也有大腹翩翩，国家标准中叫作“体型”，有Y、A、B、C四种。判断的方法是净胸围与净腹围（肚子最大的围度或腰的最细处围度）的差值［净胸围－净腹围（腰围）］。因为上面的围度尺寸中已经除以2了，在这里同样的方式：（净胸围－净腹围）/2得出的结果被称为“落差”（Drop），于是就有了Drop10、Drop8、Drop7、Drop6、Drop5、Drop4、Drop2、Drop0。落差数值越小，人越胖，胸腰差小。落差对应国家标准体型的关系如下：

Drop10=Y体型　Drop8=A体型　Drop7=A体型　Drop6=A体型
Drop5=B体型　Drop4=B体型　Drop2=C体型

人们穿衣还是舒适第一，衣服与人体之间要有间隙的，这就叫作放松量，这里主要指胸围处的放松量。同样上衣的腰部、腹部也需要松量，但胖、瘦体型在腰部松量要求、感觉是不一样的，大肚子者常说能扣上纽扣就可以了，甚至都不要求系上扣子，而体型偏瘦者却不一样，腰部的松量要很多，也许是为了万一长胖。因此同样是Drop8、Drop6的衣服胖瘦的人都能穿，而且穿着都挺合适。这给优化创造了条件，考虑后期的可修改性，仅使用Drop6作为常规落差，至于其他的落差可以通过加减中腰围尺寸的方法获得，即Drop6中腰加4cm可得到Drop4，Drop6中腰减4cm可得到Drop8，以此类推，加上落差后的尺码标识为48R6，对应国家标准是175/96A；同样标识50L8，对应国家标准是180/100A。

每个人不仅身高、胸围、腰围不同，还有各自的体貌特征，如驼背、挺胸或溜肩、后仰等，要根据这些特征来调整样板、工艺及缝制方式，以最大的可能满足顾客的要求，达到扬长避短，让顾客形象更加光辉靓丽，穿着更加舒适优雅。

为了更好地表现实际的穿着效果，顾客在试穿样衣时应搭配相应的套装，至少应配上适宜的衬衣和西裤。方法是基于顾客在试穿样衣时对样衣做出的相应调整，应尽量展现修改后的外观穿着效果，并将数据准确记于表格，同时注意修改范围不要超出限定值。测量尺寸始于规则、数字，却远不止于此，唯有时间和经验的积累才能更加娴熟地运用这些规则、数字去做出最佳的剪裁，赋予服装以美感。

选择合适的样衣给顾客试穿极为关键，选择样衣之前首先要将顾客体形的基本数据（净尺寸）测量准确，记录清楚，并能仔细判断客人的体型特征。

首先根据客人的身高确定号型样衣的C、R、L，身高170cm左右（160～173cm）选择C板；身高175cm左右（174～179cm）选择R板；身高180cm以上（180～190cm）选择L板。然后根据客人净胸围的二分之一取偶数选择尺码：40、42、44、46、48、50、52、54、56、58、60、62。

例如，净胸围96cm的客人选择48码即可，这里需要询问客人着装喜好，如喜欢瘦身板的客人可以选择小一号的尺码，如同样这个客人因为他喜好瘦身板，则选择46码给其试穿。套码衣是根据人体的变化规则设置优化的，一般情况可忽略落差等因素，一切都是为了便捷、高效，但确实会不准确。

裤子套码衣的选择，以臀围为基础。

西服上衣、裤子、马甲的尺码如表7-1～表7-4所示。

表7-1　常规西服上衣尺码表（Drop6）

单位：cm

| 国标标识 | 尺码标识 | 立领围 | 胸围 | 中腰 | 下摆围 | 肩宽 | 后中长 | 前衣长 | 左袖长 | 袖口 |
|---|---|---|---|---|---|---|---|---|---|---|
| 175/80A | 40R6 | 38 | 92 | 80 | 90 | 41 | 72.5 | 75 | 61.8 | 12.3 |
| 175/84A | 42R6 | 39 | 96 | 84 | 94 | 42 | 73 | 75.5 | 62.1 | 12.6 |
| 175/88A | 44R6 | 40 | 100 | 88 | 98 | 43 | 73.5 | 76 | 62.4 | 12.9 |
| 175/92A | 46R6 | 41 | 104 | 92 | 102 | 44 | 74 | 76.5 | 62.7 | 13.2 |
| 175/96A | 48R6 | 42 | 108 | 96 | 106 | 45 | 74.5 | 77 | 63 | 13.5 |
| 175/100A | 50R6 | 43 | 112 | 100 | 110 | 46 | 75 | 77.5 | 63.3 | 13.8 |
| 175/104A | 52R6 | 44 | 116 | 104 | 114 | 47 | 75.5 | 78 | 63.6 | 14.1 |
| 175/108A | 54R6 | 45 | 120 | 108 | 118 | 48 | 76 | 78.5 | 63.9 | 14.4 |
| 175/112A | 56R6 | 46 | 124 | 112 | 122 | 49 | 76.5 | 79 | 64.2 | 14.7 |
| 175/116A | 58R6 | 47 | 128 | 116 | 126 | 50 | 77 | 79.5 | 64.5 | 15 |
| 175/120A | 60R6 | 48 | 132 | 120 | 130 | 51 | 77.5 | 80 | 64.8 | 15.3 |
| 175/124A | 62R6 | 49 | 136 | 124 | 134 | 52 | 78 | 80.5 | 65.1 | 15.6 |
| 说明：C板与R板的尺寸区别是长度减去3cm，即衣长、袖长各减3cm，L板与R板的尺寸区别是长度加长3cm，即衣长、袖长各加3cm | | | | | | | | | | |
| 170/96A | 48C6 | 42 | 108 | 96 | 106 | 45 | 71.5 | 74 | 60 | 13.5 |
| 175/96A | 48R6 | 42 | 108 | 96 | 106 | 45 | 74.5 | 77 | 63 | 13.5 |
| 180/96A | 48L6 | 42 | 108 | 96 | 106 | 45 | 77.5 | 80 | 66 | 13.5 |

表7-2　常规无褶裤尺码表（Drop6）

单位：cm

| 国标标识 | 尺码标识 | 腰围一周 | 臀围一周 | 含腰前裆 | 含腰后裆 | 裆底半横裆 | 半膝围 | 中脚口 | 小脚口 | 裤长 |
|---|---|---|---|---|---|---|---|---|---|---|
| 175/74A | 44R6 | 75 | 94 | 23.2 | 37.8 | 29.7 | 20.8 | 19.7 | 17.7 | 102 |
| 175/77A | 45R6 | 77.5 | 96 | 23.4 | 38.2 | 30.2 | 21.1 | 19.9 | 17.9 | 102 |
| 175/80A | 46R6 | 80 | 98 | 23.6 | 38.6 | 30.7 | 21.4 | 20.1 | 18.1 | 102 |
| 175/82A | 47R6 | 82.5 | 100 | 23.8 | 39 | 31.3 | 21.7 | 20.3 | 18.3 | 102 |
| 175/84A | 48R6 | 85 | 102 | 24 | 39.4 | 31.8 | 22 | 20.5 | 18.5 | 102 |
| 175/87A | 49R6 | 87.5 | 104 | 24.2 | 39.8 | 32.3 | 22.3 | 20.7 | 18.7 | 102 |
| 175/90A | 50R6 | 90 | 106 | 24.4 | 40.2 | 32.8 | 22.6 | 20.9 | 18.9 | 102 |
| 175/92A | 51R6 | 92.5 | 108 | 24.6 | 40.6 | 33.3 | 22.9 | 21.1 | 19.1 | 102 |
| 175/94A | 52R6 | 95 | 110 | 24.8 | 41 | 33.9 | 23.2 | 21.3 | 19.5 | 102 |

续表

| 国标标识 | 尺码标识 | 腰围一周 | 臀围一周 | 含腰前裆 | 含腰后裆 | 裆底半横裆 | 半膝围 | 中脚口 | 小脚口 | 裤长 |
|---|---|---|---|---|---|---|---|---|---|---|
| 175/97A | 53R6 | 97.5 | 112 | 25 | 41.4 | 34.4 | 23.5 | 21.5 | 19.5 | 102 |
| 175/100A | 54R6 | 100 | 114 | 25.2 | 41.8 | 34.9 | 23.8 | 21.7 | 19.7 | 102 |
| 175/102A | 55R6 | 102.5 | 116 | 25.4 | 42.2 | 35.5 | 24.1 | 21.9 | 19.9 | 102 |
| 175/104A | 56R6 | 105 | 118 | 25.6 | 42.6 | 36 | 24.4 | 22.1 | 20.1 | 102 |
| 175/107A | 57R6 | 107.5 | 120 | 25.8 | 43 | 36.5 | 24.7 | 22.3 | 20.3 | 102 |
| 175/110A | 58R6 | 110 | 122 | 26 | 43.4 | 37 | 25 | 22.5 | 20.5 | 102 |
| 175/112A | 59R6 | 112.5 | 124 | 26.2 | 43.8 | 37.5 | 25.3 | 22.7 | 20.7 | 102 |
| 175/114A | 60R6 | 115 | 126 | 26.4 | 44.2 | 38.1 | 25.6 | 22.9 | 20.9 | 102 |

## 表7-3　常规有褶裤尺码表（Drop6）

单位：cm

| 国标标识 | 尺码标识 | 腰围一周 | 臀围一周 | 含腰前裆 | 含腰后裆 | 裆底半横裆 | 半膝围 | 中脚口 | 小脚口 | 裤长 |
|---|---|---|---|---|---|---|---|---|---|---|
| 175/74A | 44R6 | 75 | 98 | 23.2 | 37.8 | 30.5 | 20.8 | 19.7 | 17.7 | 102 |
| 175/77A | 45R6 | 77.5 | 100 | 23.4 | 38.2 | 31 | 21.1 | 19.9 | 17.9 | 102 |
| 175/80A | 46R6 | 80 | 102 | 23.6 | 38.6 | 31.5 | 21.4 | 20.1 | 18.1 | 102 |
| 175/82A | 47R6 | 82.5 | 104 | 23.8 | 39 | 32.1 | 21.7 | 20.3 | 18.3 | 102 |
| 175/84A | 48R6 | 85 | 106 | 24 | 39.4 | 32.6 | 22 | 20.5 | 18.5 | 102 |
| 175/87A | 49R6 | 87.5 | 108 | 24.2 | 39.8 | 33.1 | 22.3 | 20.7 | 18.7 | 102 |
| 175/90A | 50R6 | 90 | 110 | 24.4 | 40.2 | 33.6 | 22.6 | 20.9 | 18.9 | 102 |
| 175/92A | 51R6 | 92.5 | 112 | 24.6 | 40.6 | 34.1 | 22.9 | 21.1 | 19.1 | 102 |
| 175/94A | 52R6 | 95 | 114 | 24.8 | 41 | 34.7 | 23.2 | 21.3 | 19.5 | 102 |
| 175/97A | 53R6 | 97.5 | 116 | 25 | 41.4 | 35.2 | 23.5 | 21.5 | 19.5 | 102 |
| 175/100A | 54R6 | 100 | 118 | 25.2 | 41.8 | 35.7 | 23.8 | 21.7 | 19.7 | 102 |
| 175/102A | 55R6 | 102.5 | 120 | 25.4 | 42.2 | 36.3 | 24.1 | 21.9 | 19.9 | 102 |
| 175/104A | 56R6 | 105 | 122 | 25.6 | 42.6 | 36.8 | 24.4 | 22.1 | 20.1 | 102 |
| 175/107A | 57R6 | 107.5 | 124 | 25.8 | 43 | 37.3 | 24.7 | 22.3 | 20.3 | 102 |
| 175/110A | 58R6 | 110 | 126 | 26 | 43.4 | 37.8 | 25 | 22.5 | 20.5 | 102 |
| 175/112A | 59R6 | 112.5 | 128 | 26.2 | 43.8 | 38.3 | 25.3 | 22.7 | 20.7 | 102 |
| 175/114A | 60R6 | 115 | 130 | 26.4 | 44.2 | 38.9 | 25.6 | 22.9 | 20.9 | 102 |

表7-4　常规马甲尺码表（Drop6）　单位：cm

| 国标标识 | 尺码标识 | 胸围 | 中腰 | 下摆围 | 后中长 | 尖摆前长 | 平摆前长 |
|---|---|---|---|---|---|---|---|
| 175/80A | 40R6 | 84 | 78 | 80 | 58 | 63 | 62 |
| 175/84A | 42R6 | 88 | 80 | 82 | 58.5 | 63.5 | 62.5 |
| 175/88A | 44R6 | 92 | 84 | 86 | 59 | 64 | 63 |
| 175/92A | 46R6 | 96 | 88 | 90 | 59.5 | 64.5 | 63.5 |
| 175/96A | 48R6 | 100 | 92 | 94 | 60 | 65 | 64 |
| 175/100A | 50R6 | 104 | 96 | 98 | 60.5 | 65.5 | 64.5 |
| 175/104A | 52R6 | 108 | 100 | 102 | 61 | 66 | 65 |
| 175/108A | 54R6 | 112 | 104 | 106 | 61.5 | 66.5 | 65.5 |
| 175/112A | 56R6 | 116 | 108 | 110 | 62 | 67 | 66 |
| 175/116A | 58R6 | 120 | 112 | 114 | 62.5 | 67.5 | 66.5 |
| 175/120A | 60R6 | 124 | 116 | 118 | 63 | 68 | 67 |
| 175/124A | 62R6 | 128 | 120 | 122 | 63.5 | 68.5 | 67.5 |
| 说明：C板与R板的尺寸区别是长度减去2cm，即衣长减2cm，L板与R板的尺寸区别是长度加长2cm，即衣长加2cm | | | | | | | |
| 170/96A | 48C6 | 100 | 92 | 94 | 58 | 63 | 62 |
| 175/96A | 48R6 | 100 | 92 | 94 | 60 | 65 | 64 |
| 180/96A | 48L6 | 100 | 92 | 94 | 62 | 67 | 66 |

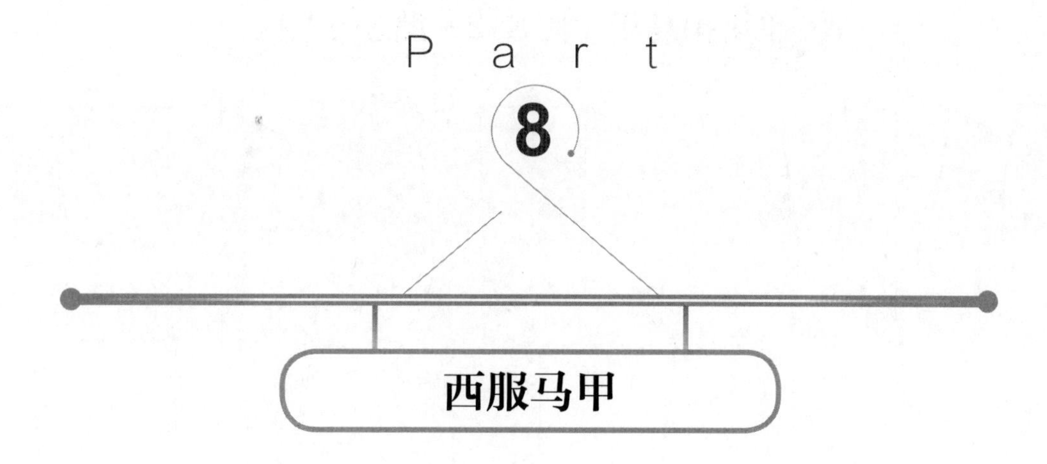

# Part 8 西服马甲

西服马甲也被称为西服背心，是男人优雅三件套必备品，从专业的角度将马甲分为内穿与外穿两种方式（图8-1）。内穿马甲穿于西服之内；外穿马甲一般不宜穿于西服内，通常都会有衣领，如像西服一样的领子，穿于西服内感觉穿了两件西服。而内穿马甲一般是无领结构，即便有领（翻领）也都是不过肩结构。内穿马甲后背常用里布或滑爽类的材料，而外穿马甲后背常用面料。

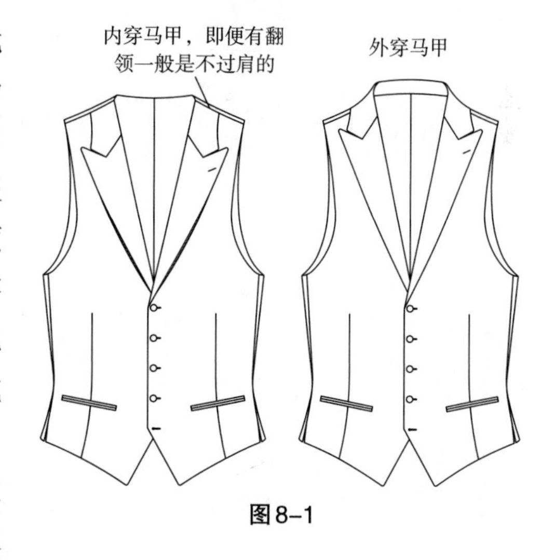

图8-1

马甲从功能的角度，下摆都要开衩，主要是给臀部松量。近几十年来意式风格西服盛行，马甲衣长较传统变得稍长，因为意式风格西裤的腰位是偏低的，马甲尽量盖住腰带，尽管西服的趋势在变短。

**马甲编码方式：A-BCD/1-2**

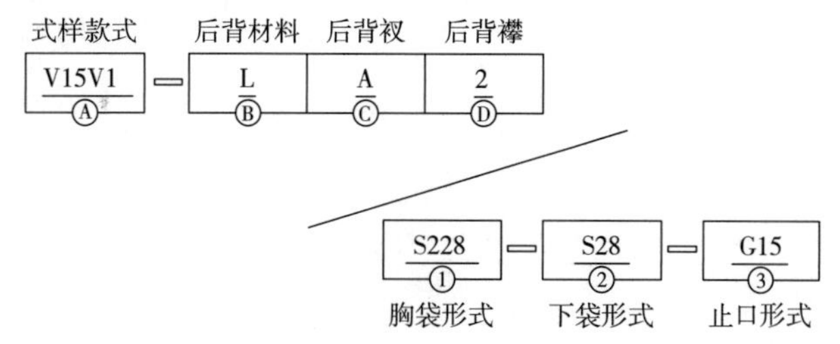


V15V1-LA2/S228-S28-G15

## 单排扣马甲（图8-2~图8-11）

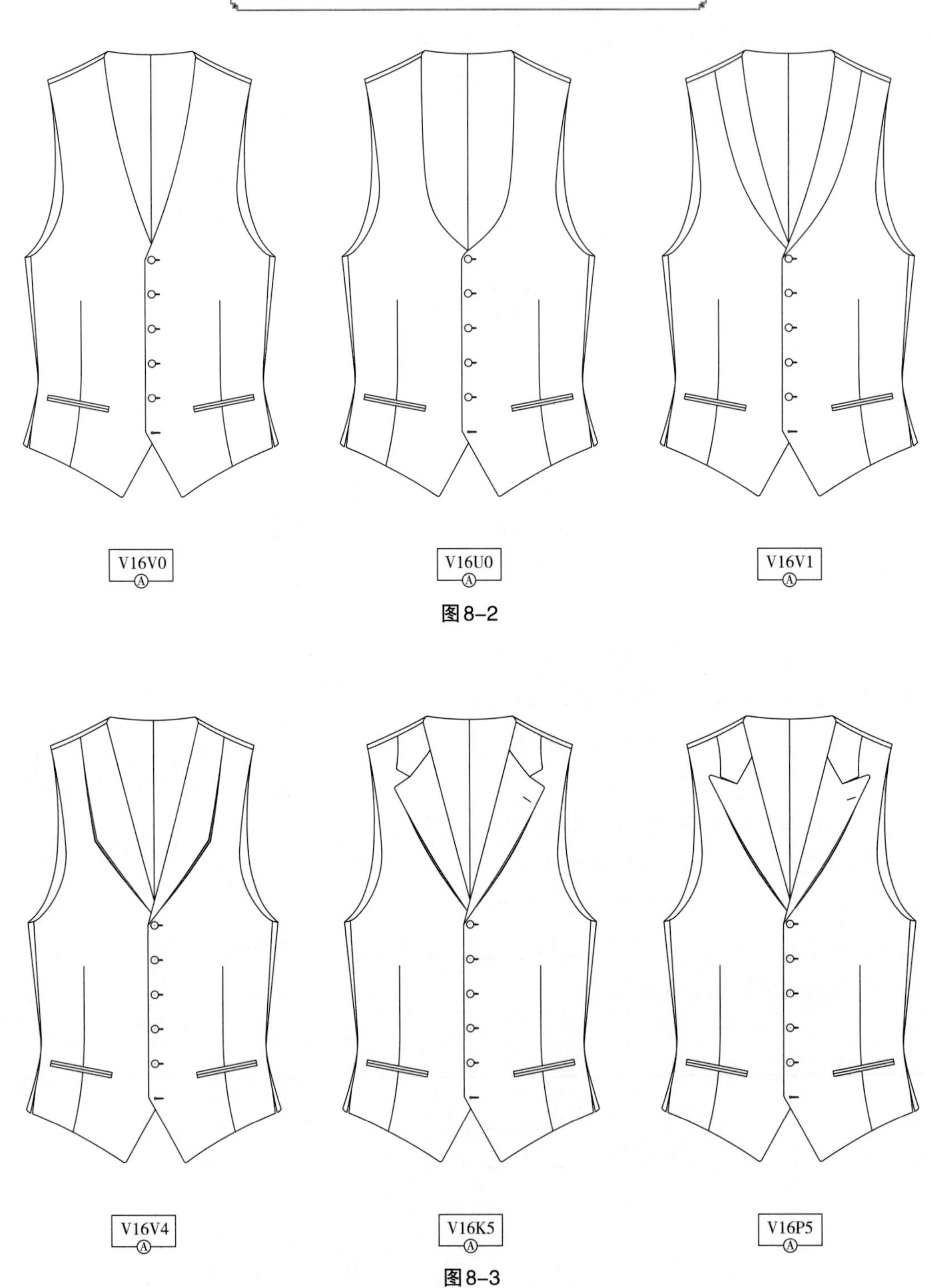


图8-2

图8-3

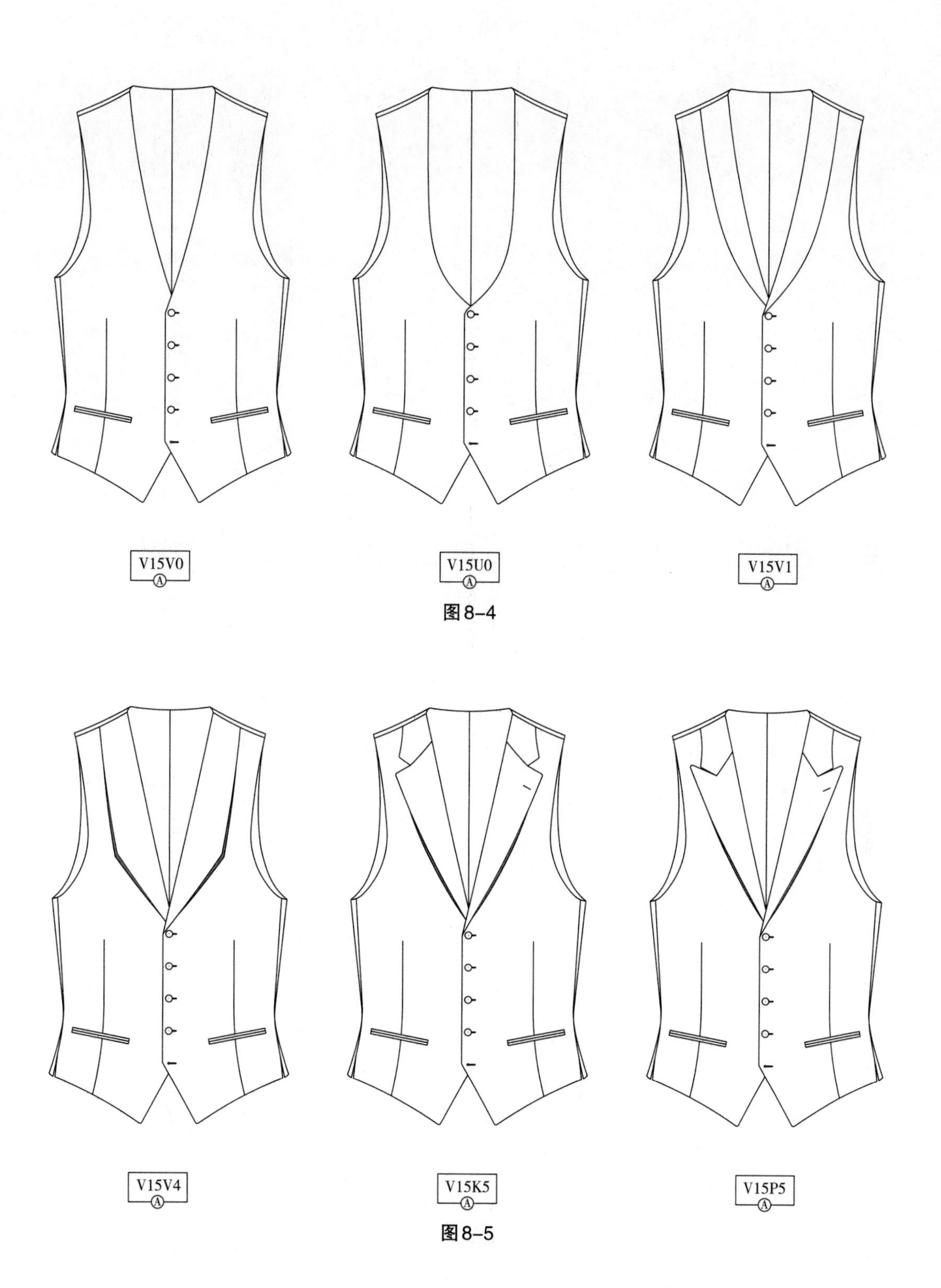


图8-4

图8-5

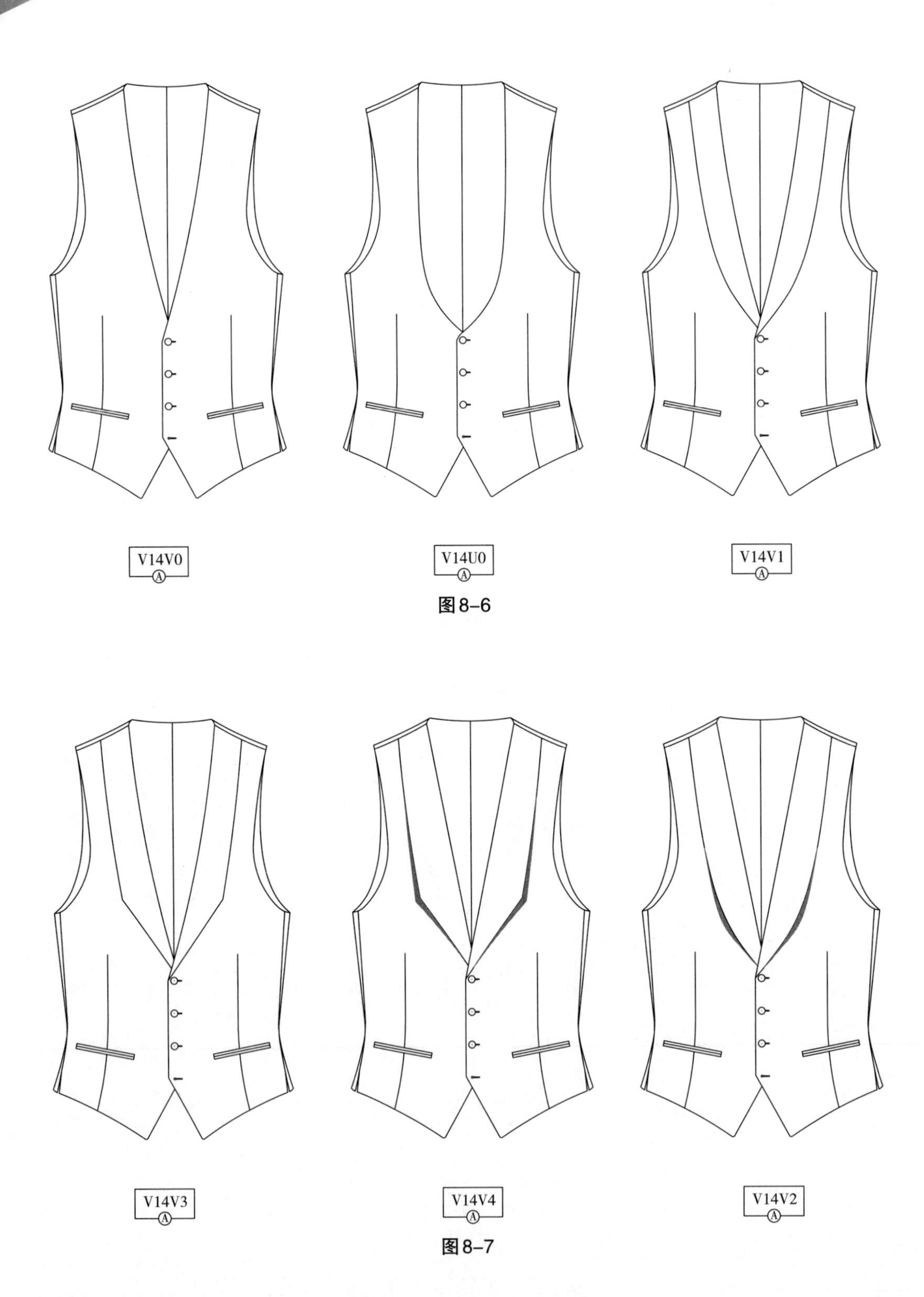


图8-6



图8-7

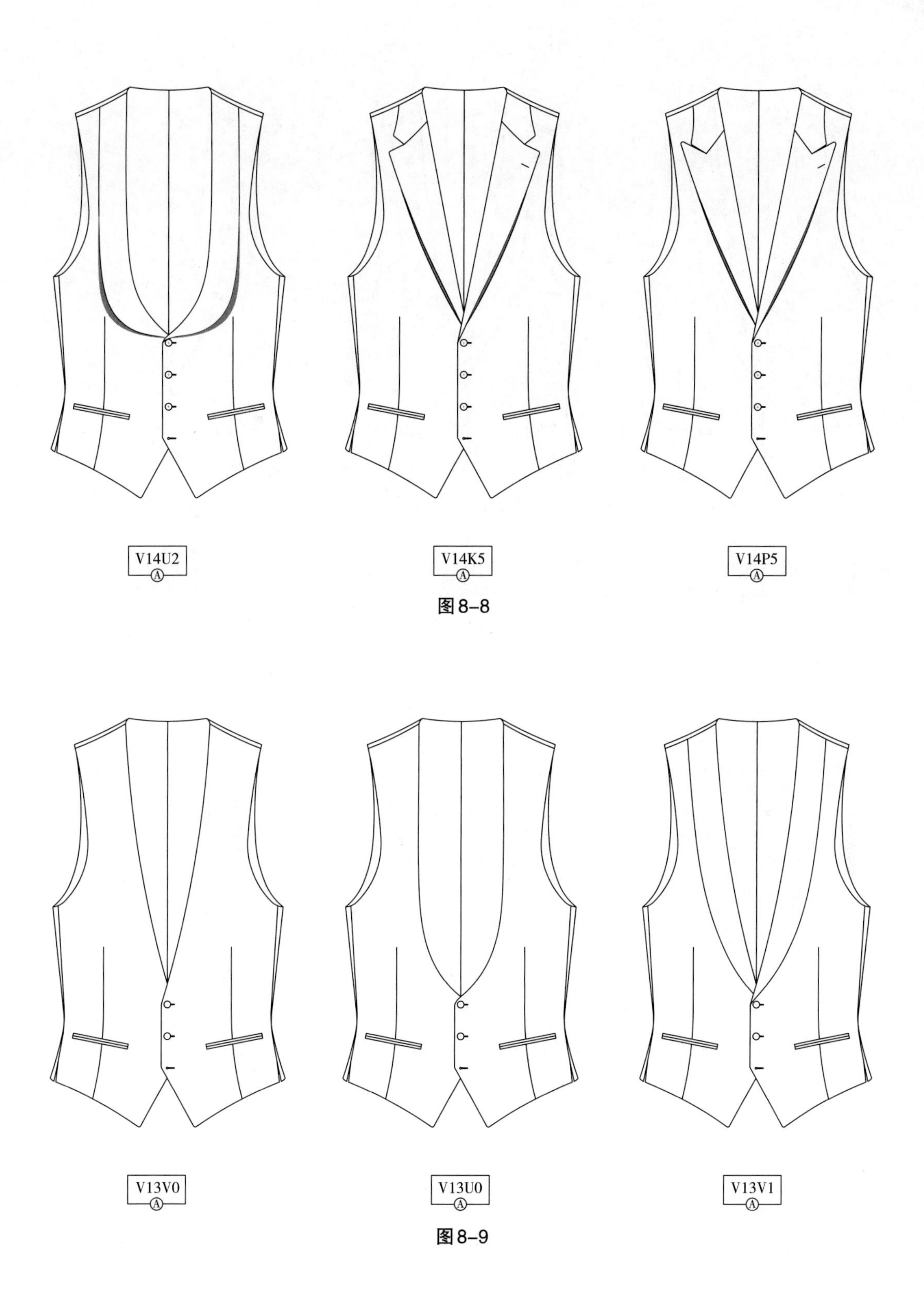


图8-8

图8-9

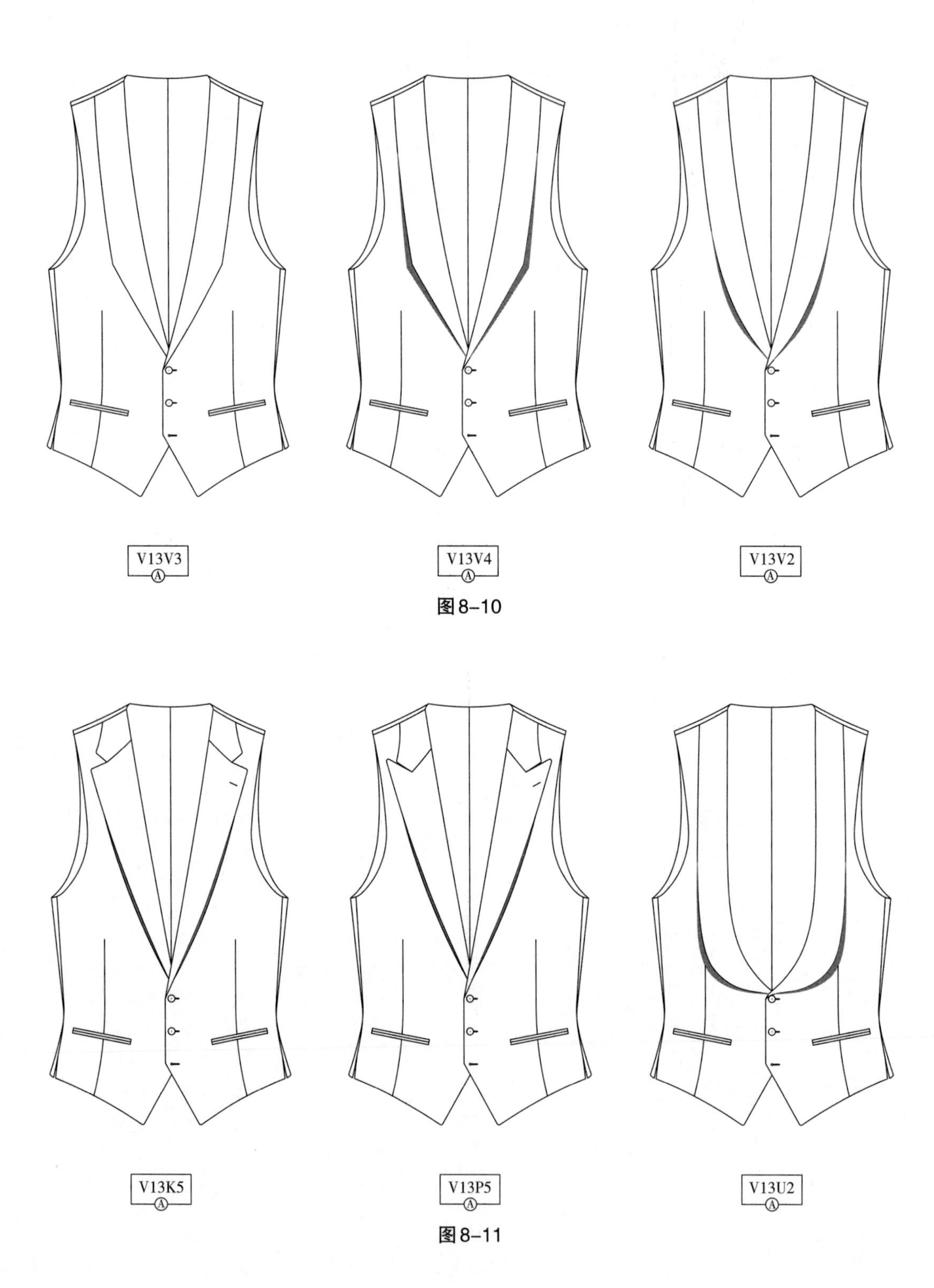


图8-10



图8-11

# 双排扣马甲（图8-12～图8-25）

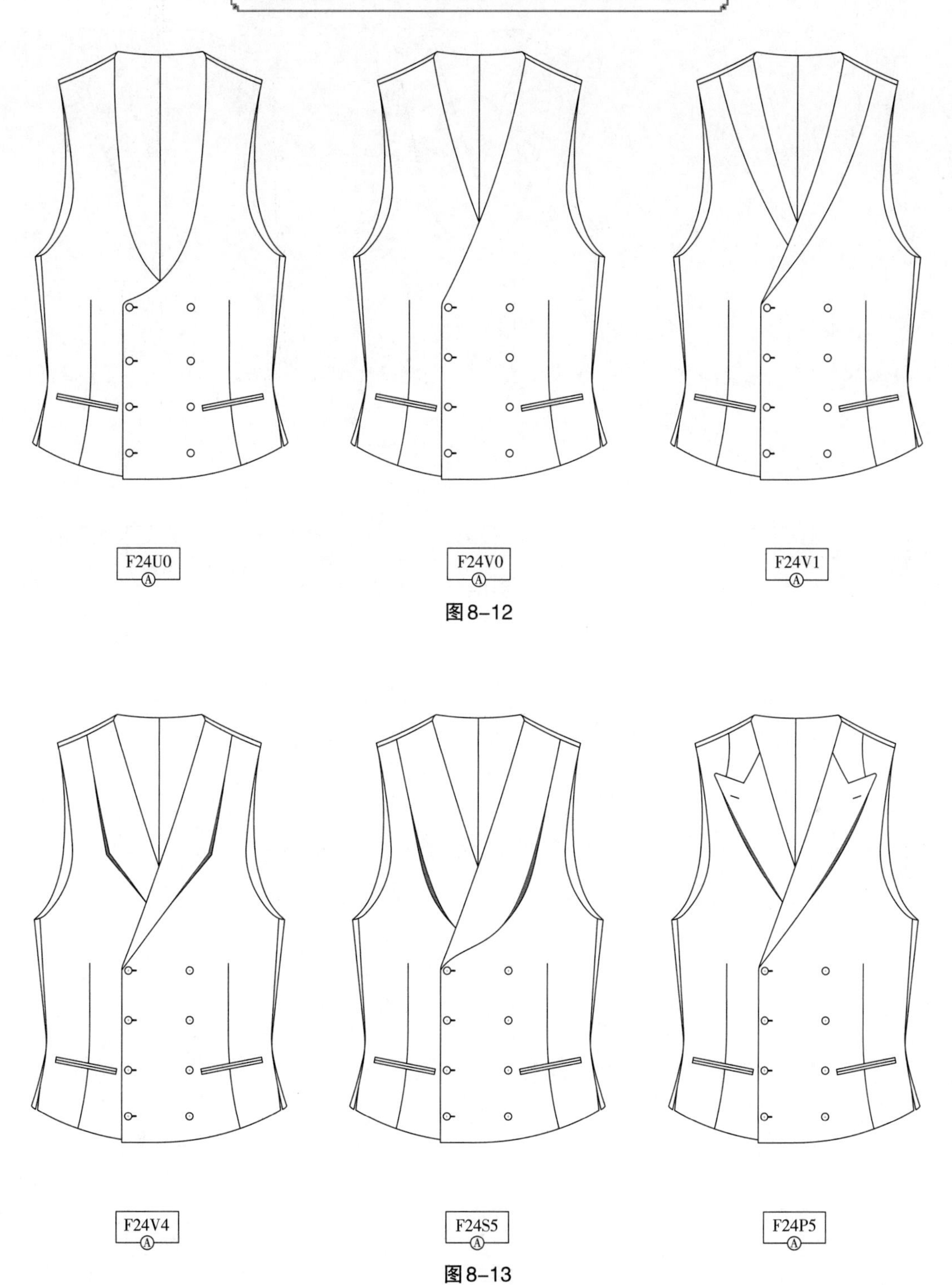


图8-12

图8-13

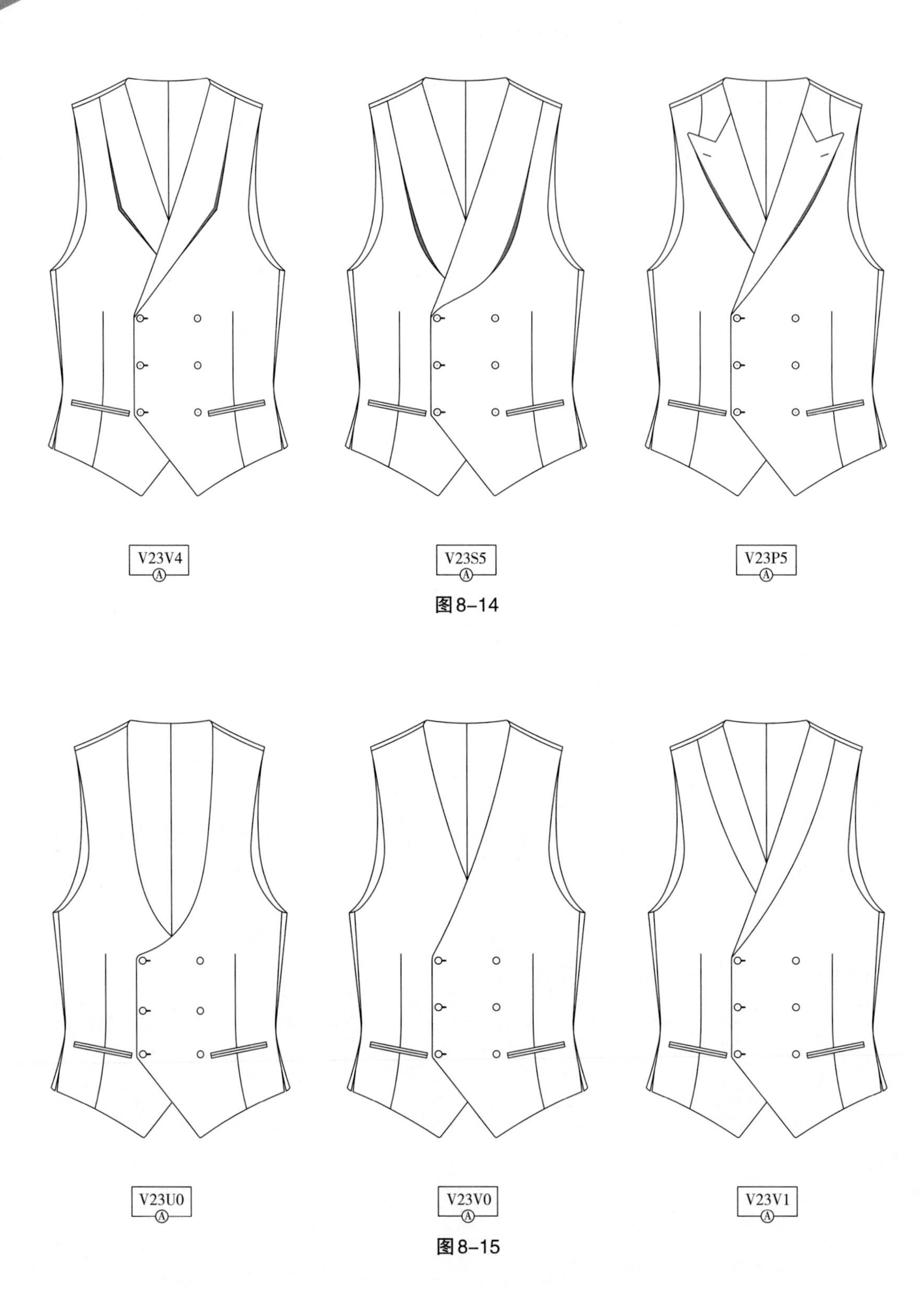


图8-14

图8-15

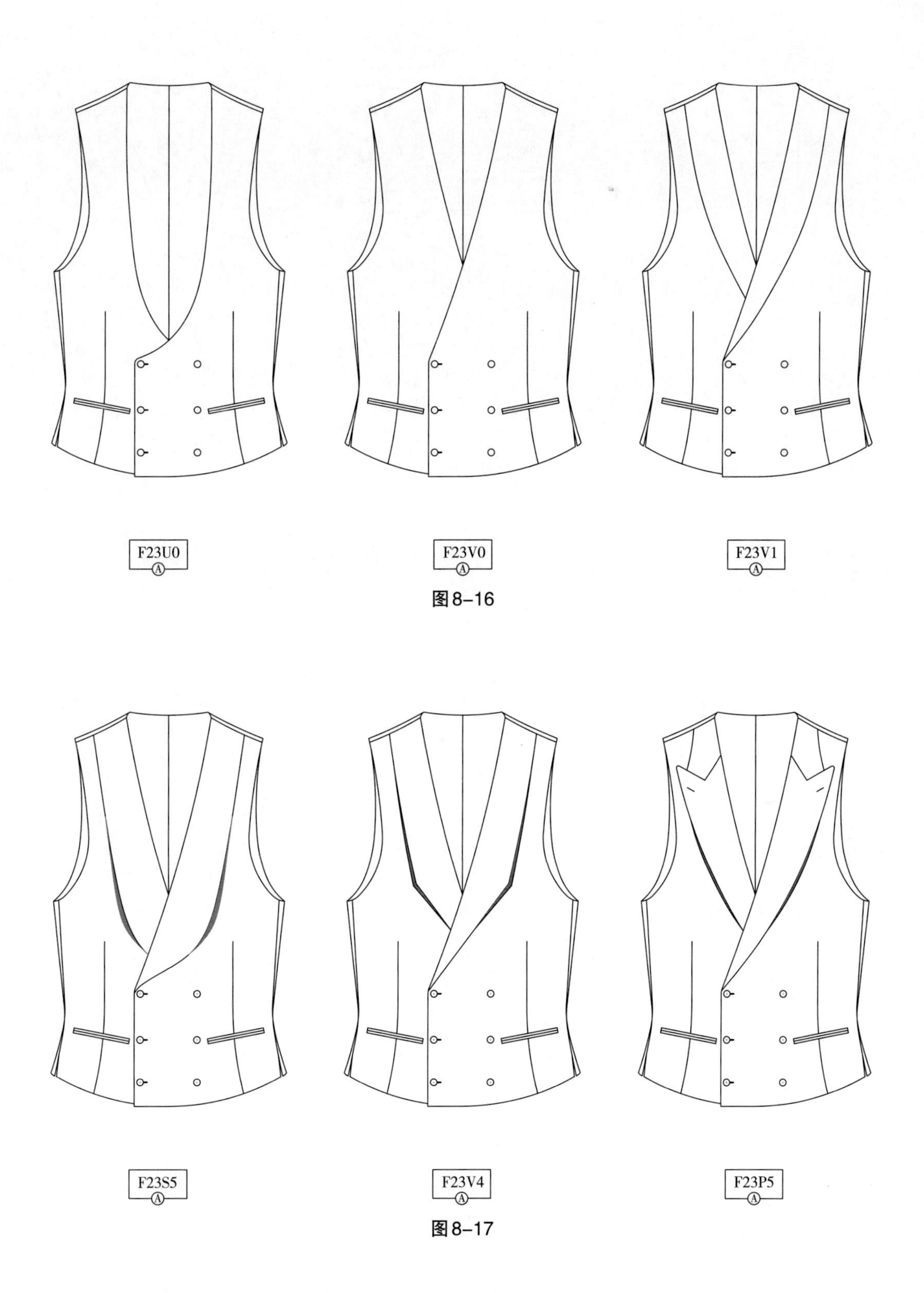


图8-16

图8-17

图8-18

图8-19

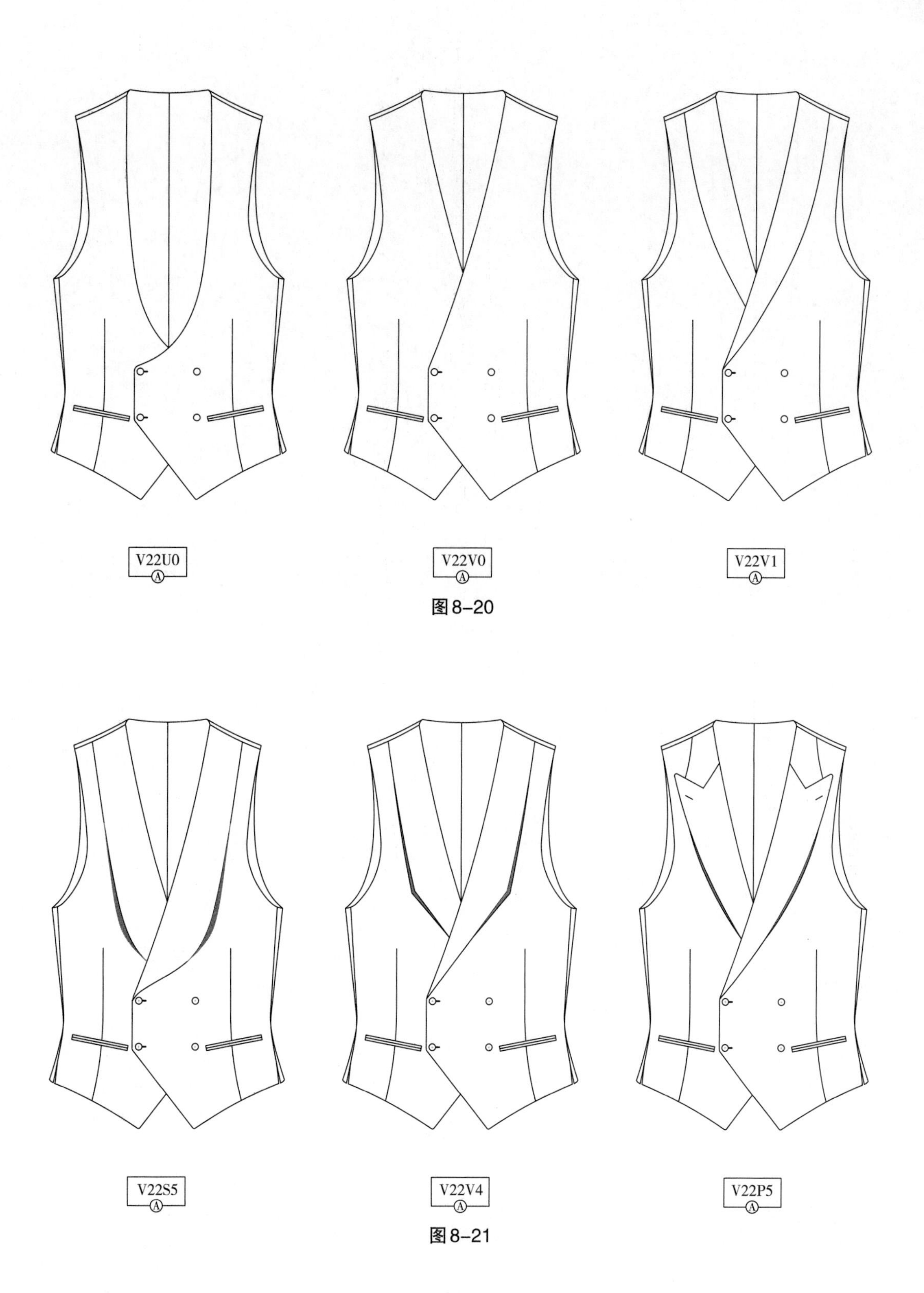


图 8-20

图 8-21

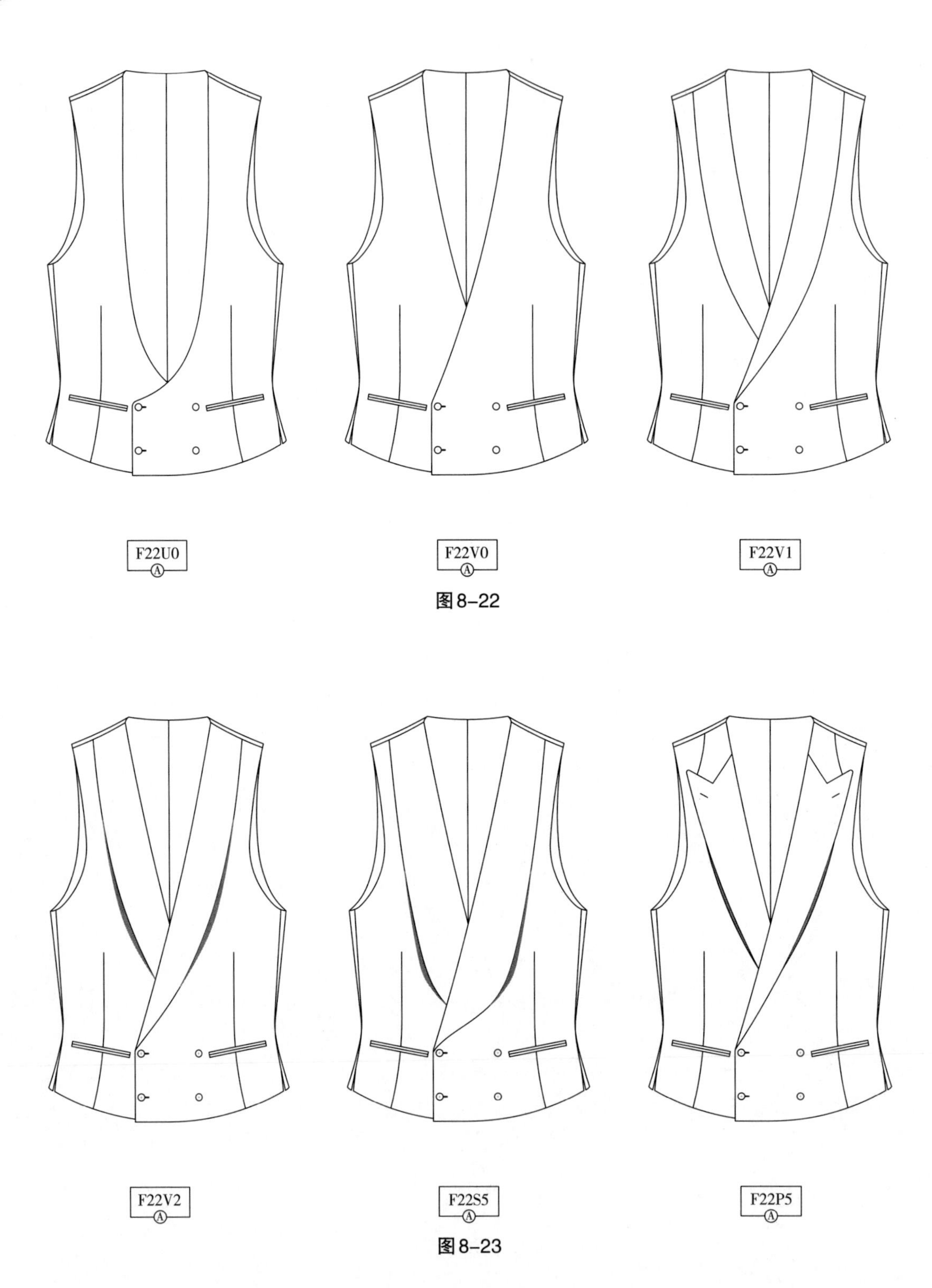


图8-22



图8-23

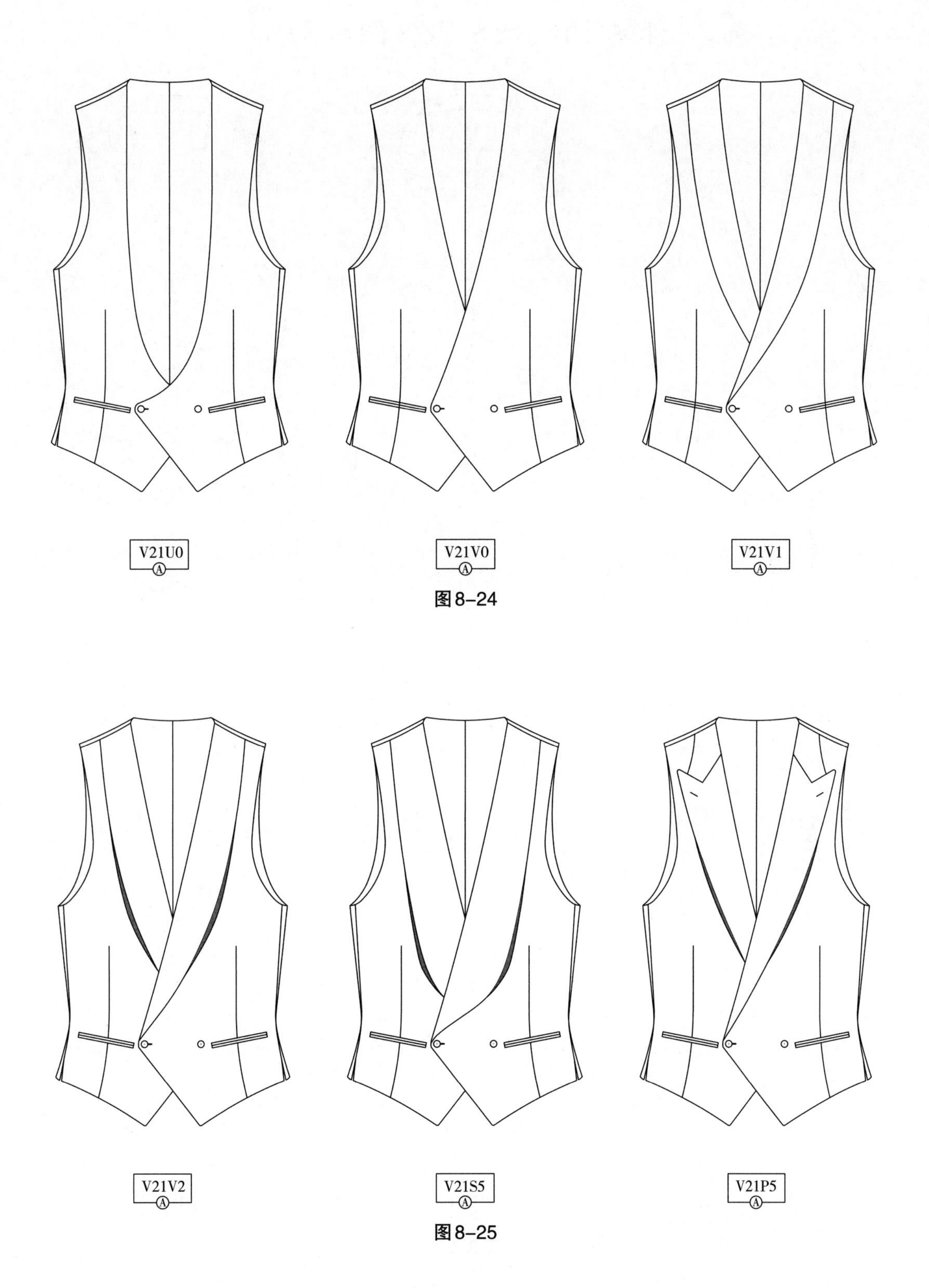


图8-24

图8-25

## 外穿马甲（图8-26~图8-31）

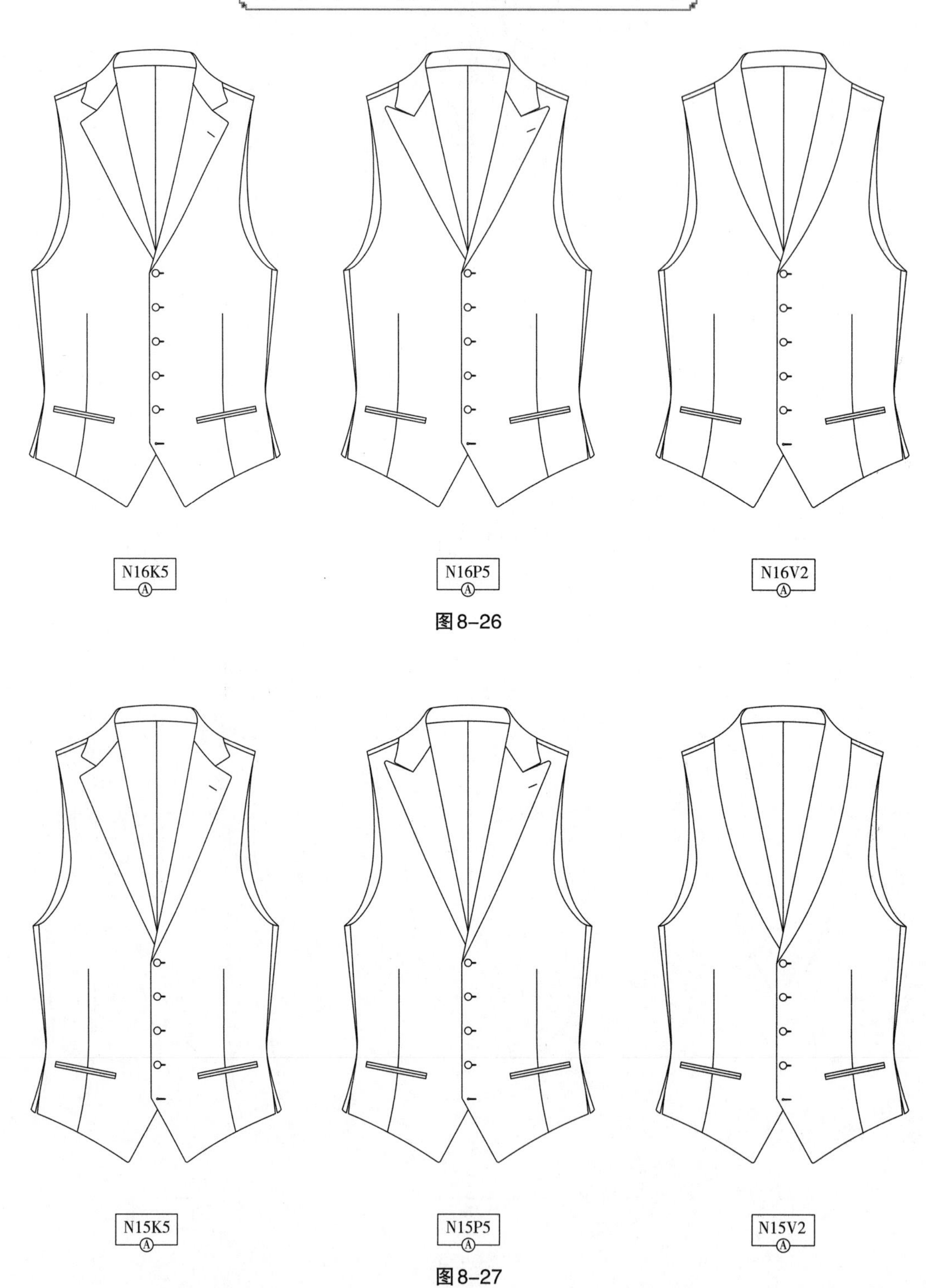


图8-26

图8-27

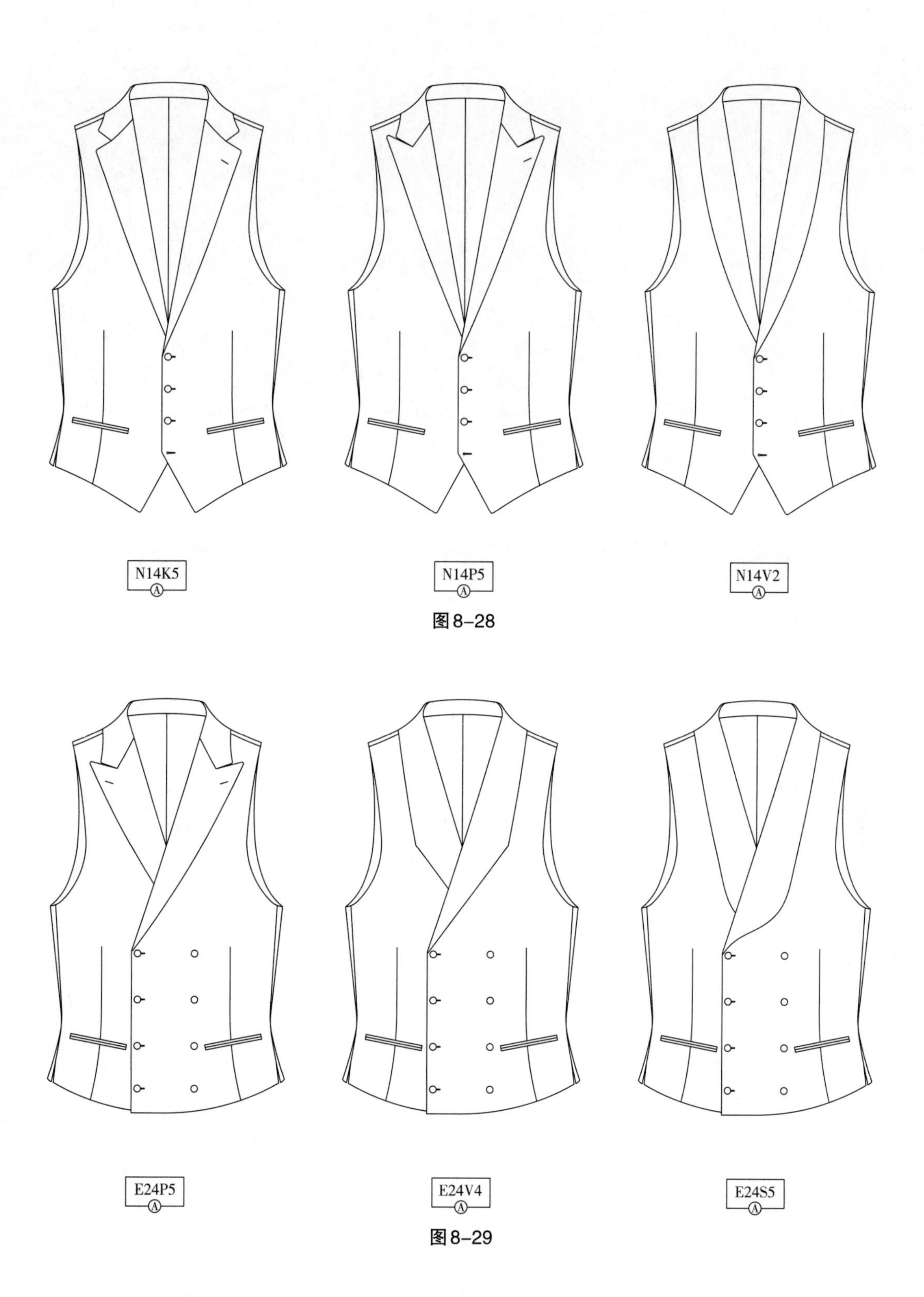


图8-28

图8-29

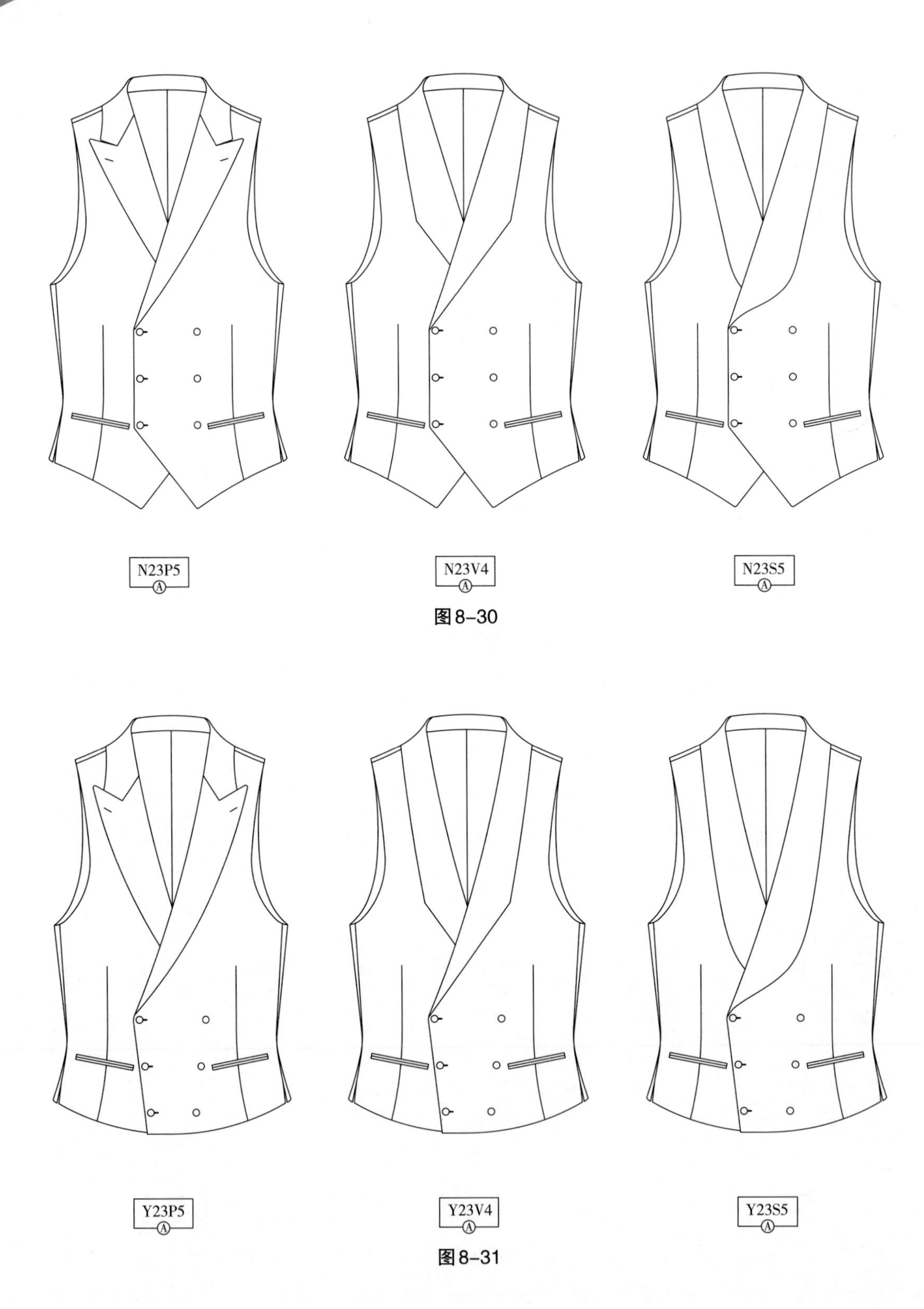


图8-30



图8-31

# 马甲细节

## 马甲后背（图 8-32 ~ 图 8-34）

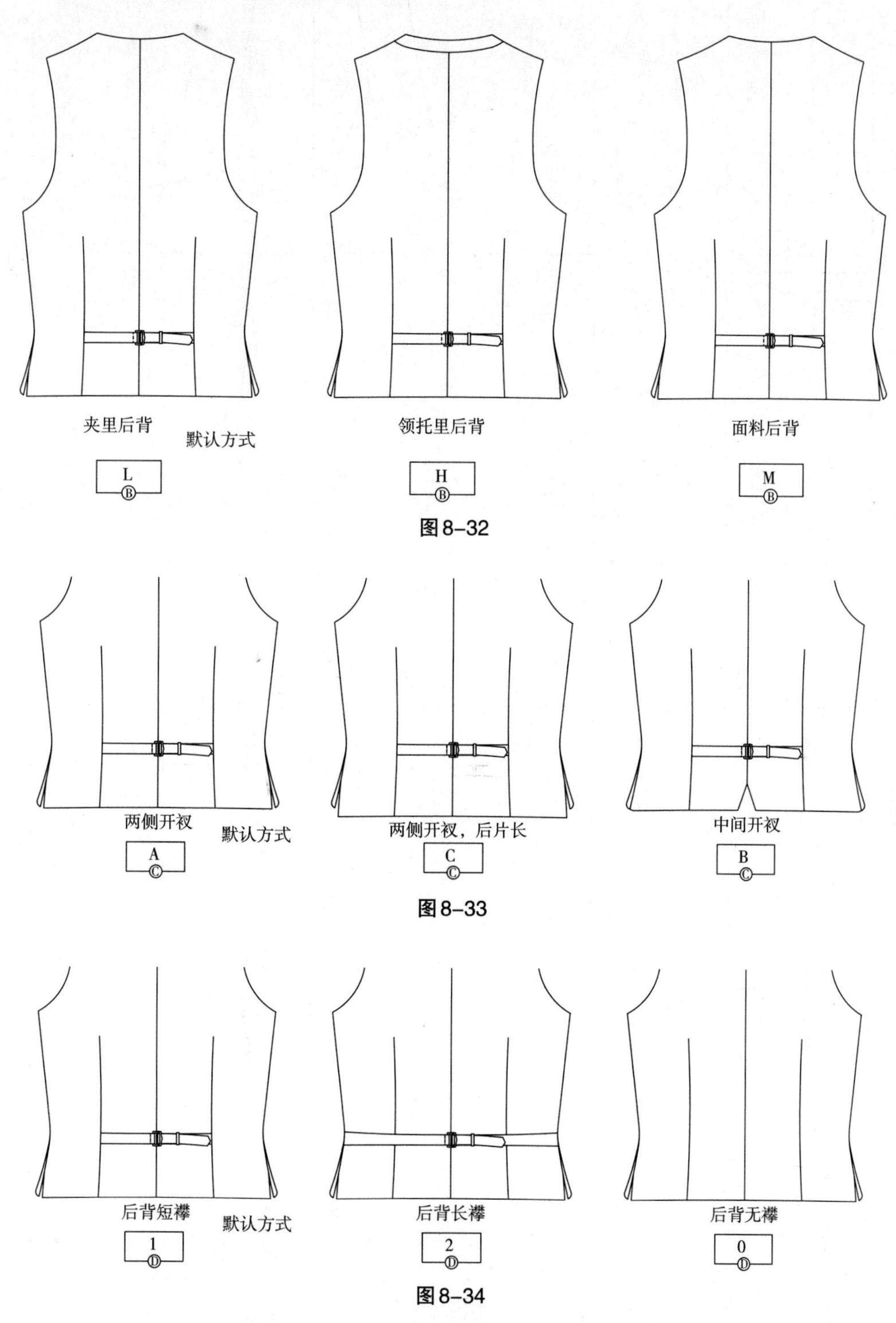


图 8-32



图 8-33



图 8-34

**马甲上口袋（图8-35、图8-36）**

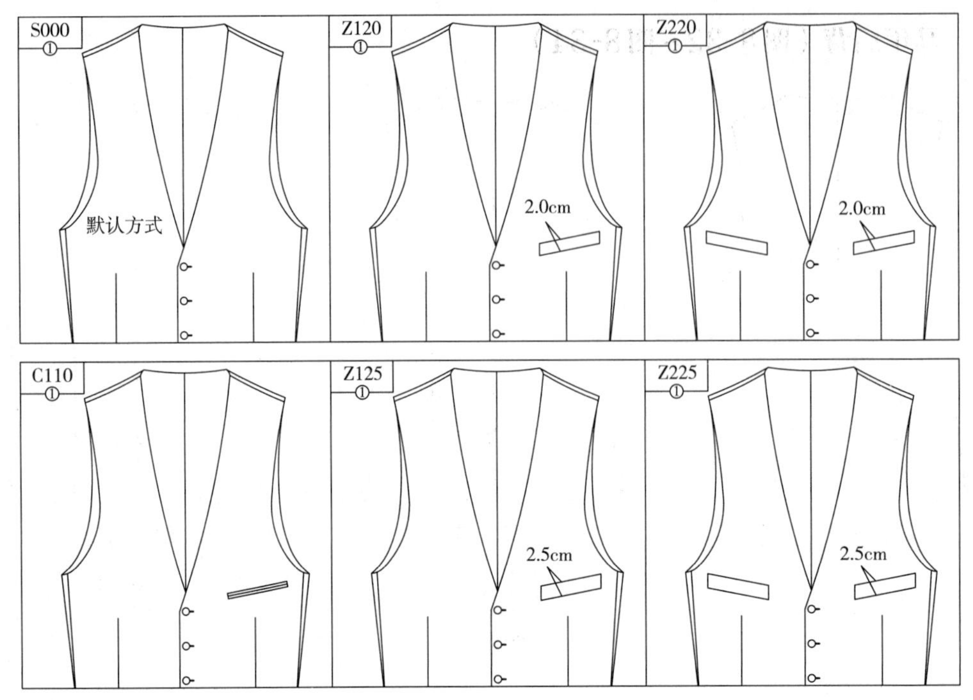


图8-35

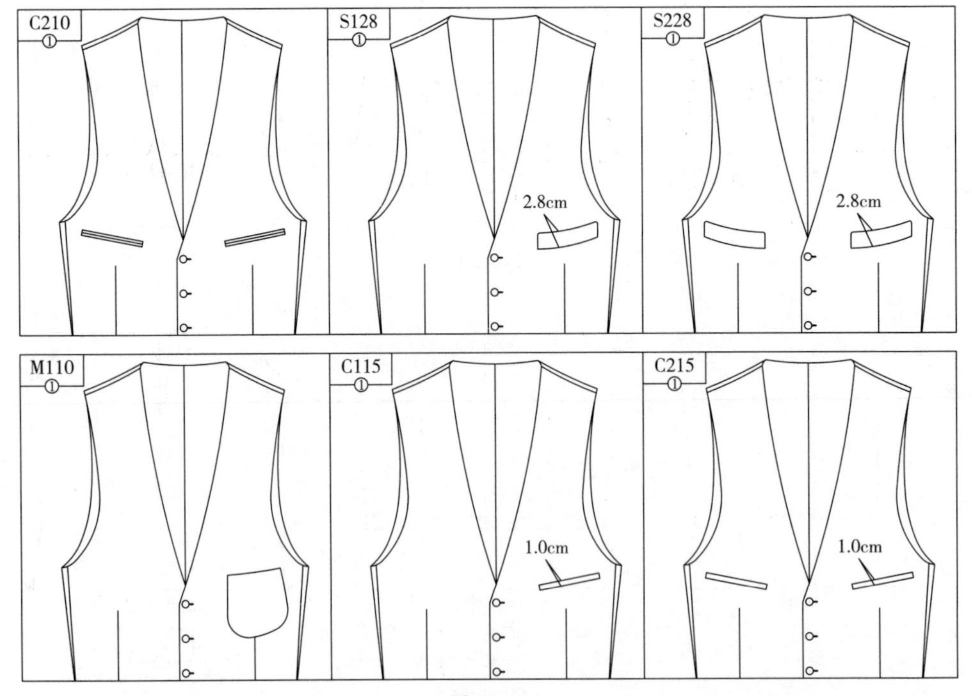


图8-36

## 马甲下口袋（图8-37、图8-38）

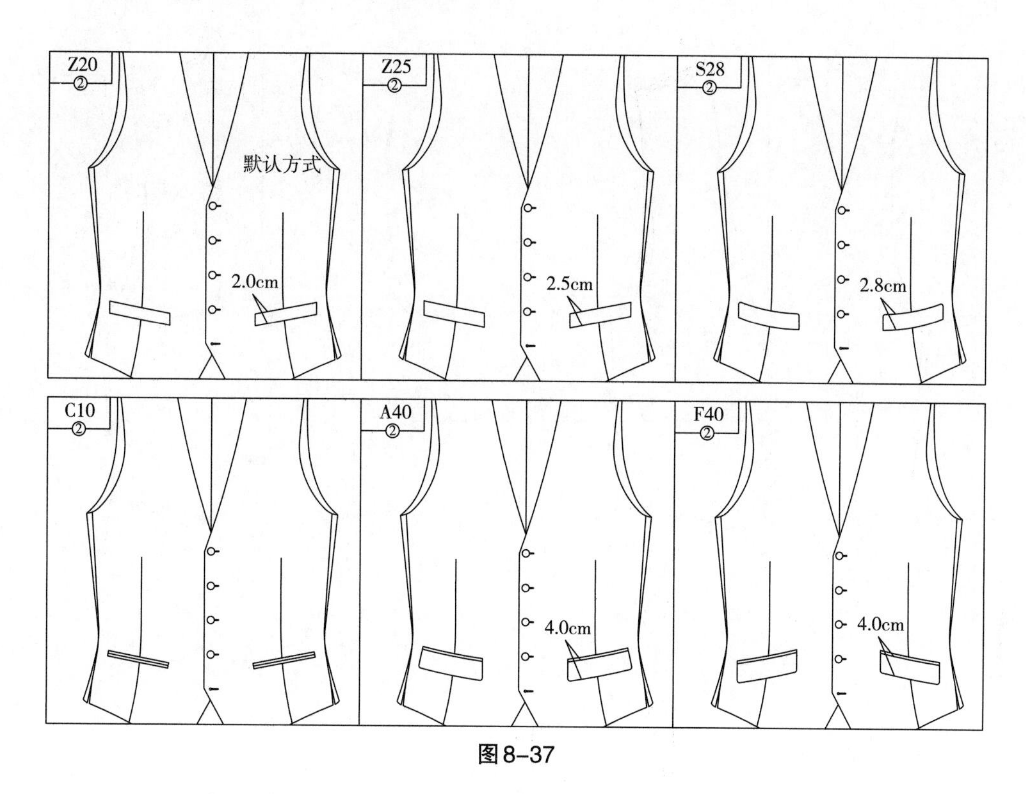


图8-37

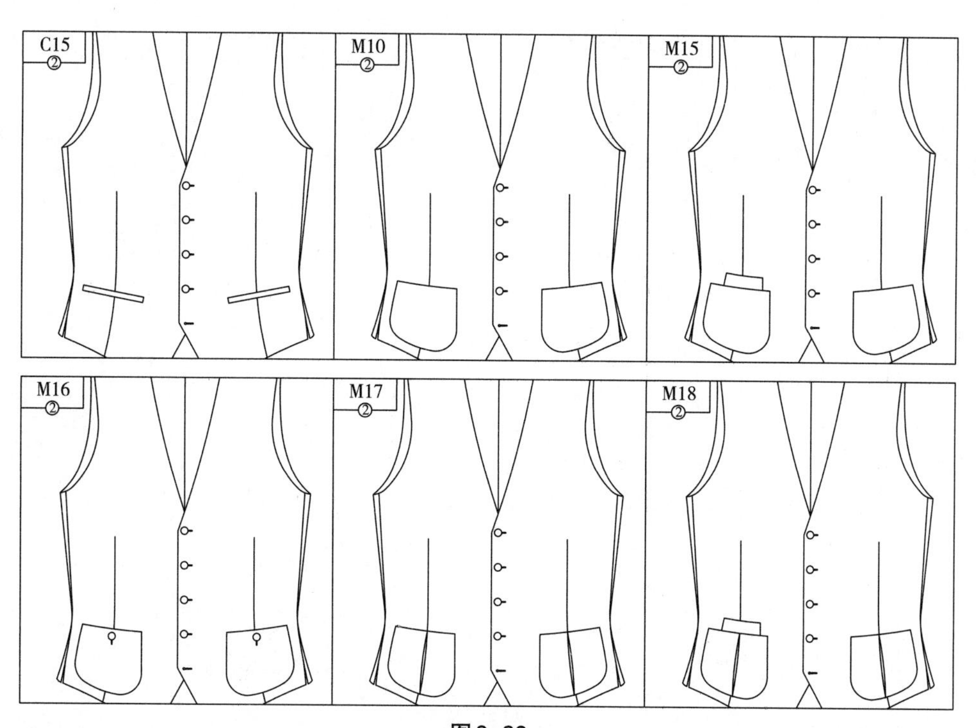


图8-38

## 马甲止口方式、拱针与压线部位（图8-39~图8-42）

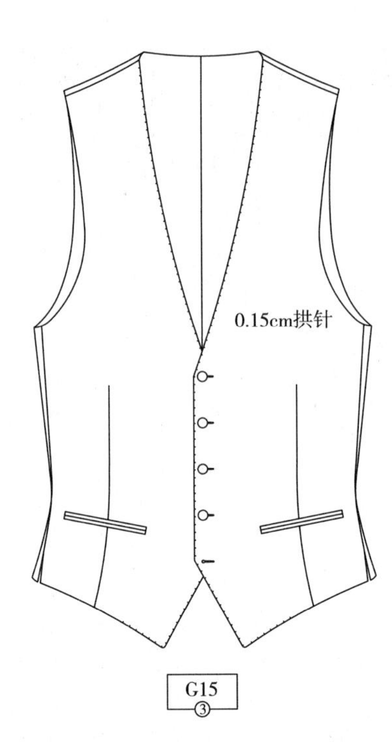


图8-39

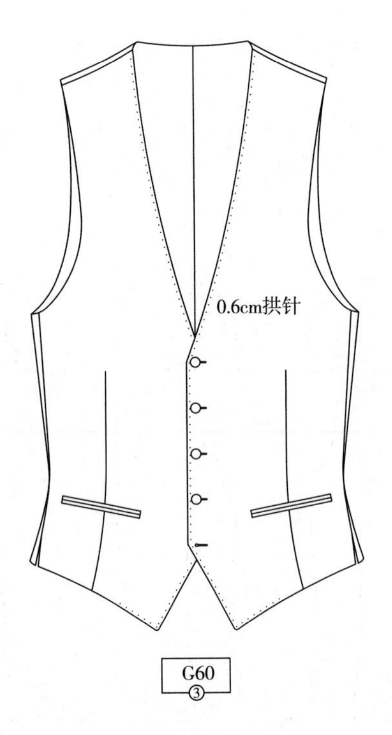


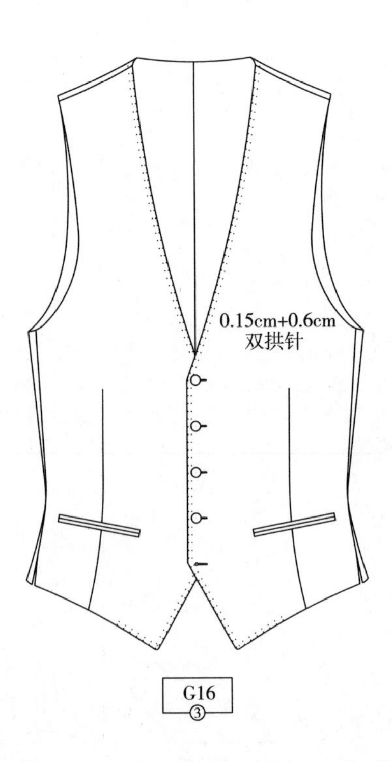


图8-40

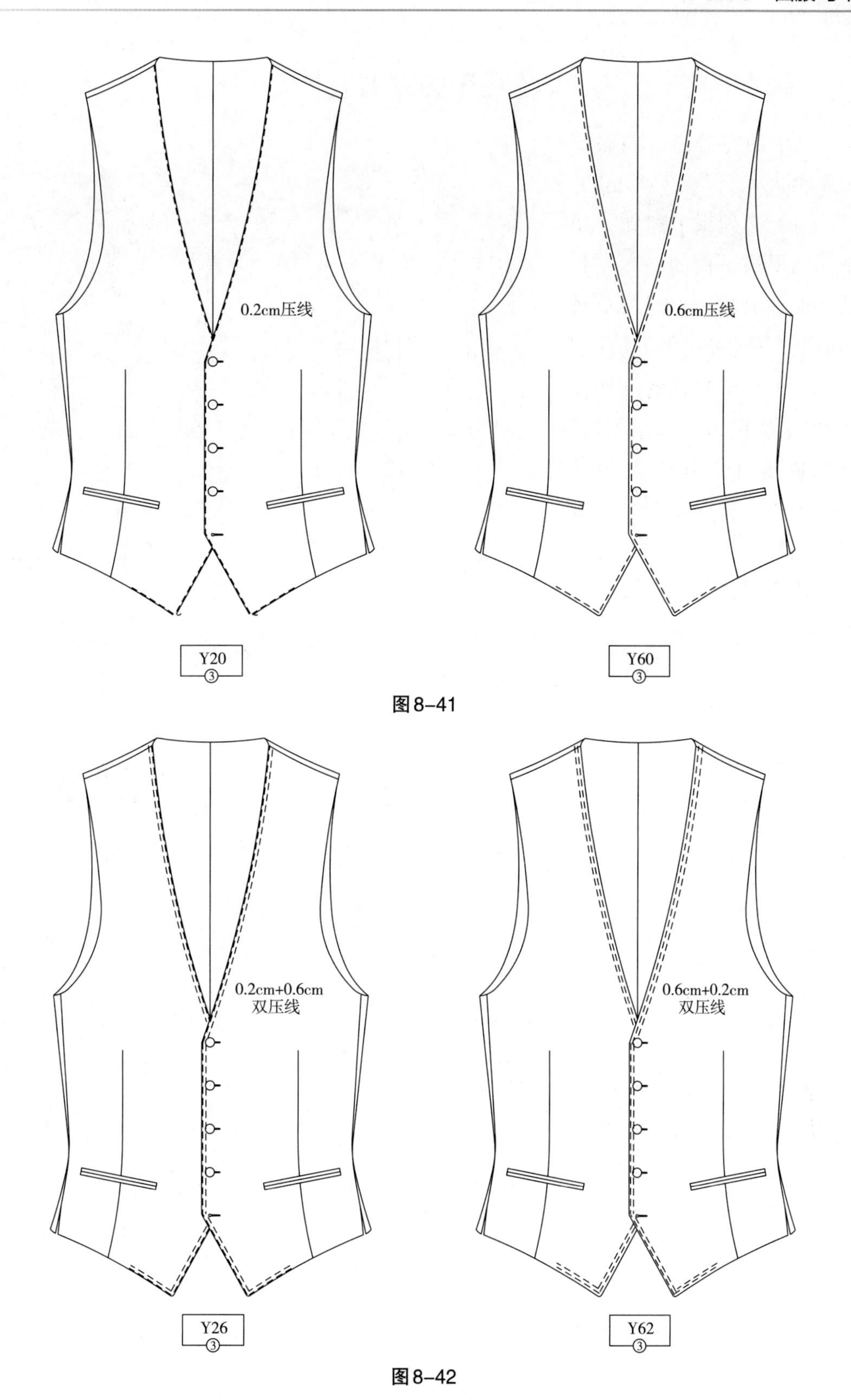
0.2cm压线
0.6cm压线
Y20
③
Y60
③
0.2cm+0.6cm
双压线
0.6cm+0.2cm
双压线
Y26
③
Y62
③

图 8-41

图 8-42

## 马甲的穿着

马甲的穿着没有西服那么多的讲究，但要注意几点：

（1）必须系上纽扣，单排扣马甲最下面的一颗纽扣是不能系上的，有时候单排扣最上一颗纽扣也可不系上。

（2）马甲款式的选择往往和西服相关，单排二扣位西服常配四扣、五扣马甲，单排三扣位西服可配五扣、六扣马甲，目的是使马甲的露出量适当（图8-43、图8-44）。

图8-43

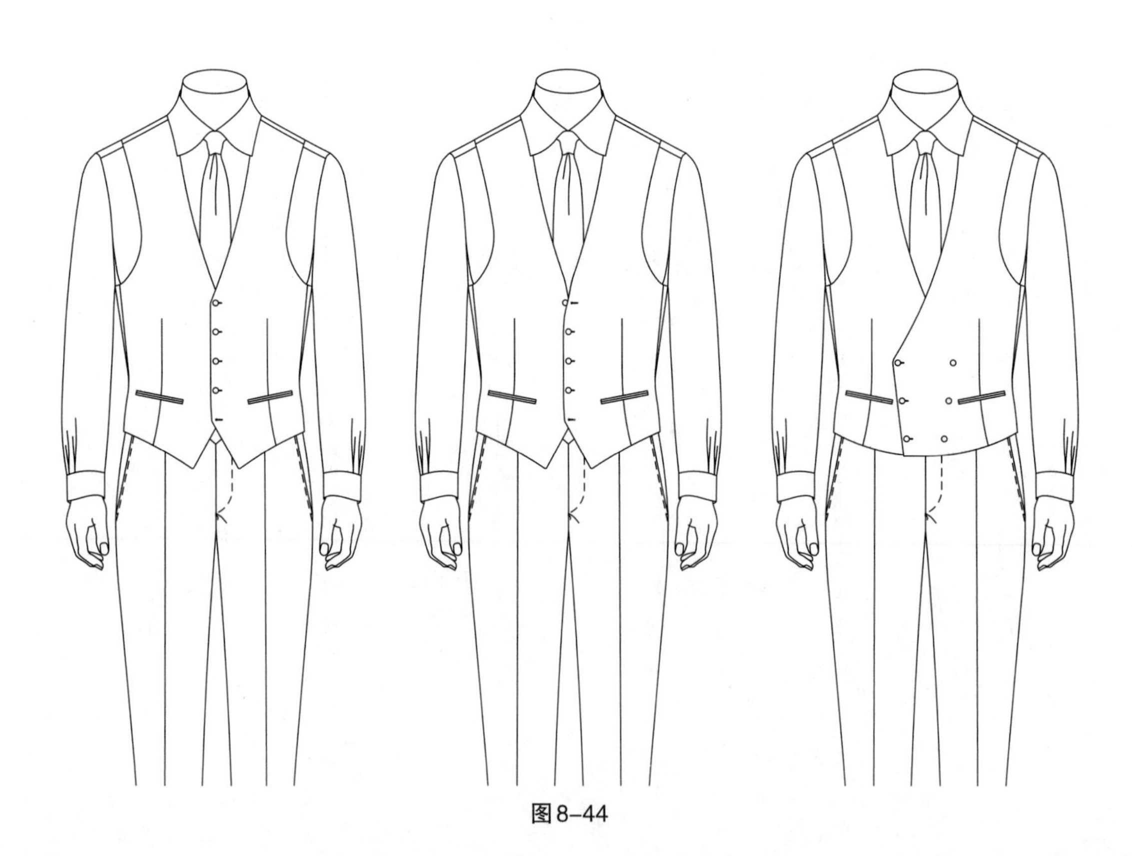

图8-44

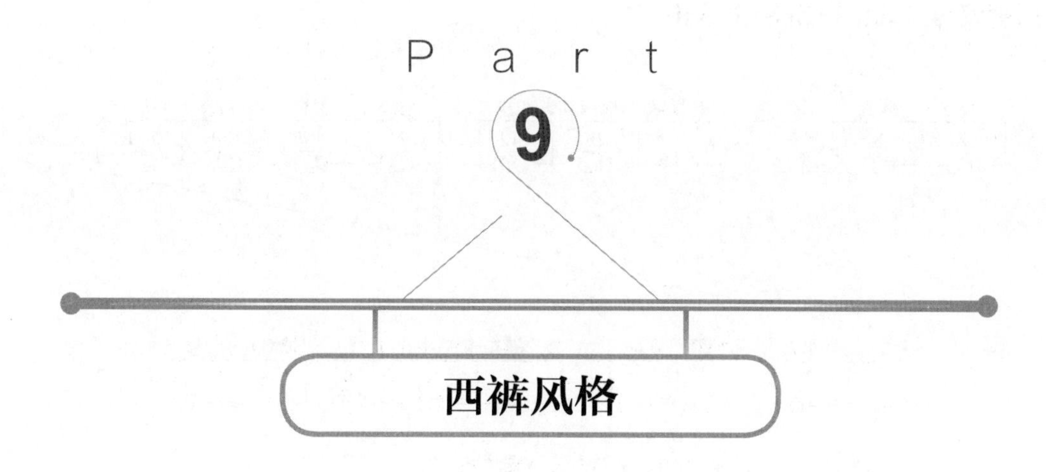


# 西裤风格

虽然我们给西服配套地定义了几种格调，但对于裤型来说并非固定不变，同一格调可以配套单褶裤，也可配套无褶裤，更多时候裤型风格被尺寸左右。比如裤腰的高低、脚口的大小、臀部的松量，给定18cm（7英寸）的脚口尺寸怎么也做不成喇叭裤。

裁缝和所有的手工业师傅一样，受技术规则和美学规则的束缚，很难摆脱。在某些情况下，要能够指点他们明白自己的需求和想要的风格，为此我们先主观定义几种西服的格调作为选择或定制的参照，当然格调不重要，只是将复杂的问题用简单的方式表达出来，西裤同样论调，只是不要限定尺寸规格。

过去时代，优雅男士是不应该露出肚脐的，因此裤腰都很高，20世纪后期意大利格调的流行打破了这一习俗，低腰裤开始盛行。从传统的角度来看，有褶裤高于无褶裤，因此礼服款中很少出现无褶裤，而大家又很喜欢无褶裤的收身有型，优雅也是中庸之选，收省无褶裤融合了有褶、无褶之优，相信会成为西裤的主流，最重要的是收省无褶裤有效避免了无褶裤前插袋常出现“两只耳朵”的尴尬。

西裤有型、优雅的核心在板型结构，工艺固然重要，但在工业高度发达的时代，机器规模化生产的西裤品质远远高于手工，对西裤而言强调手工概念毫无意义，不仅是手工的牢固度不够，重点是手工缝制无法实现机器链缝自由伸缩的线迹弹性（西裤的内外缝、裆缝都是链式线迹），至于一些小的细节注明要求即可，比如门襟、袋口的拱针或压线方式。有褶裤型臀围的松量不能小于7.5cm（3英寸），否则很难形成褶量。

优雅表达不需太多的言语，科技信息时代定会去伪存真，服装好不好看照照镜子就会知道，舒不舒适穿在身上就能感知，简洁、舒适、致雅、尚美就好 。

**西裤编码方式：1-2-3/4-5-6**

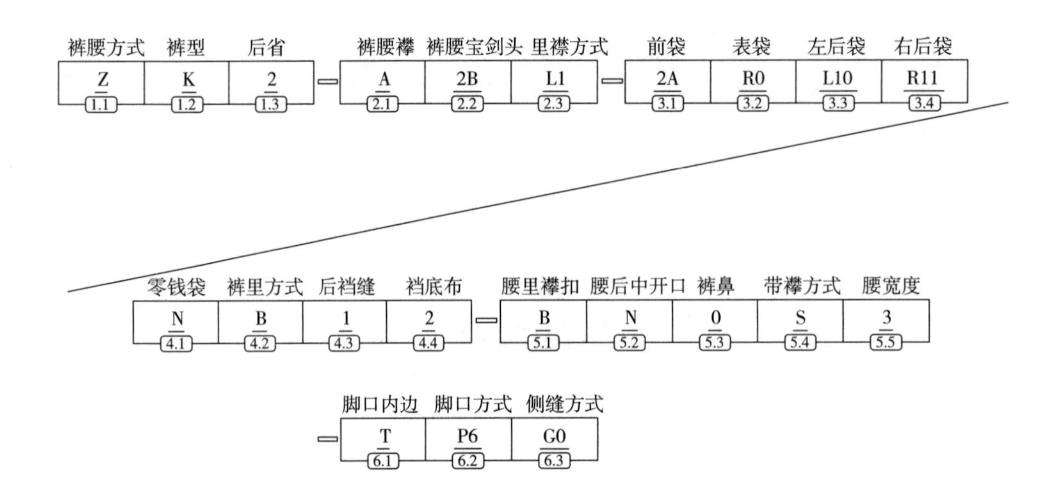


ZK2-A2BL1-2AR0L10R11/NB12-BN0S3-TP6G0

## 裤腰位与廓型（图9-1、图9-2）

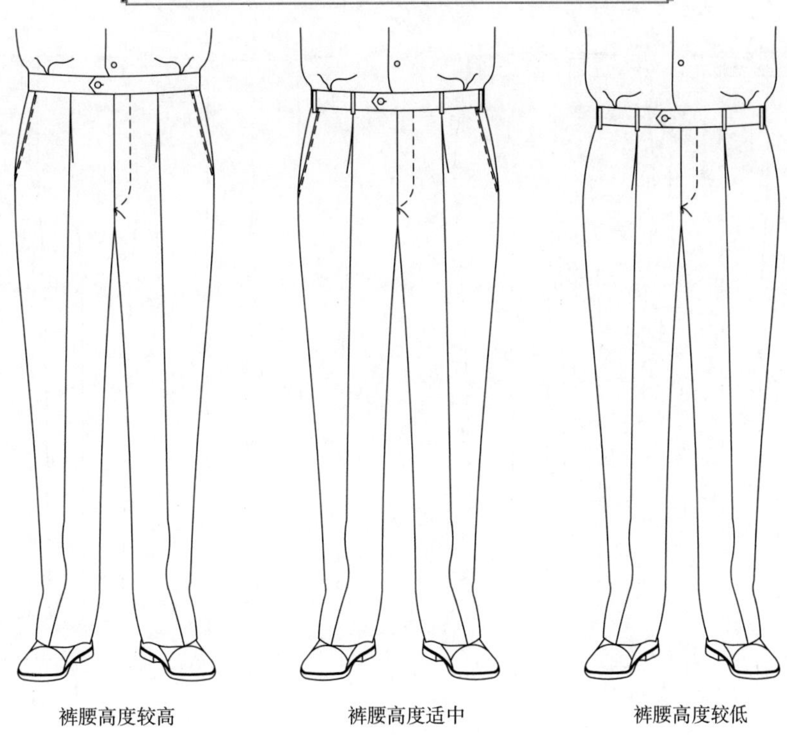

裤腰高度较高　　裤腰高度适中　　裤腰高度较低

图9-1

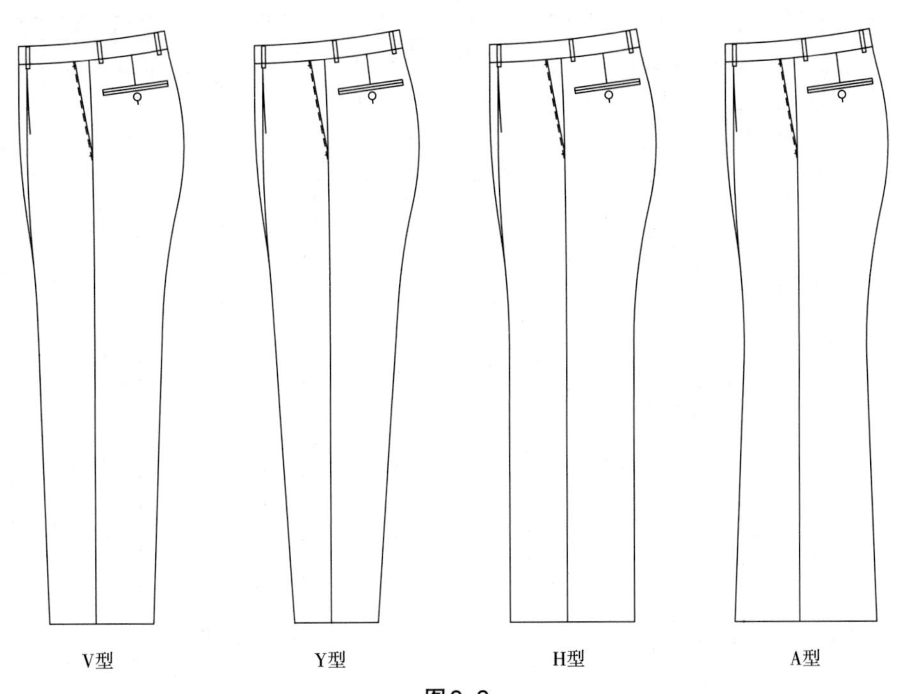

V型　　Y型　　H型　　A型

图9-2

## 装腰、连腰的方式（图9-3、图9-4）

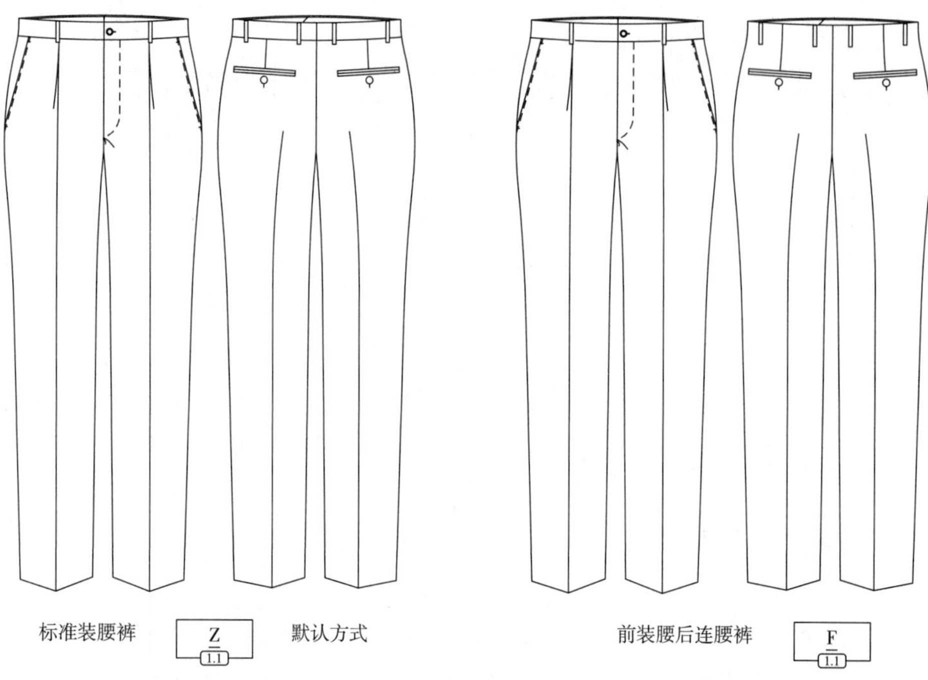


图9-3

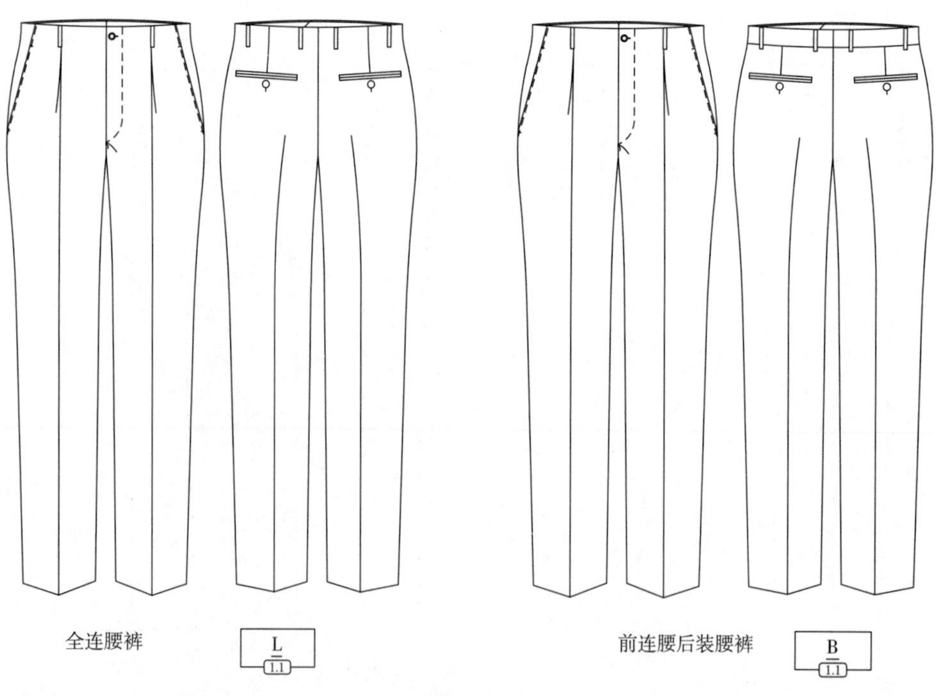


图9-4

## 裤型（图9-5~图9-8）

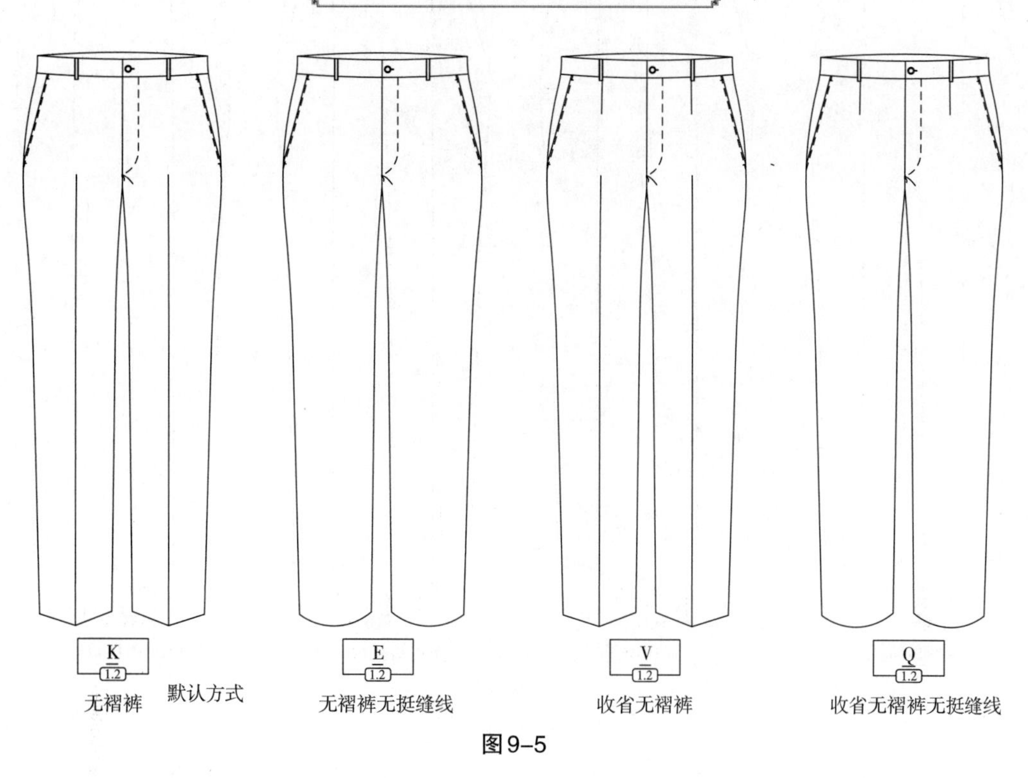


图9-5

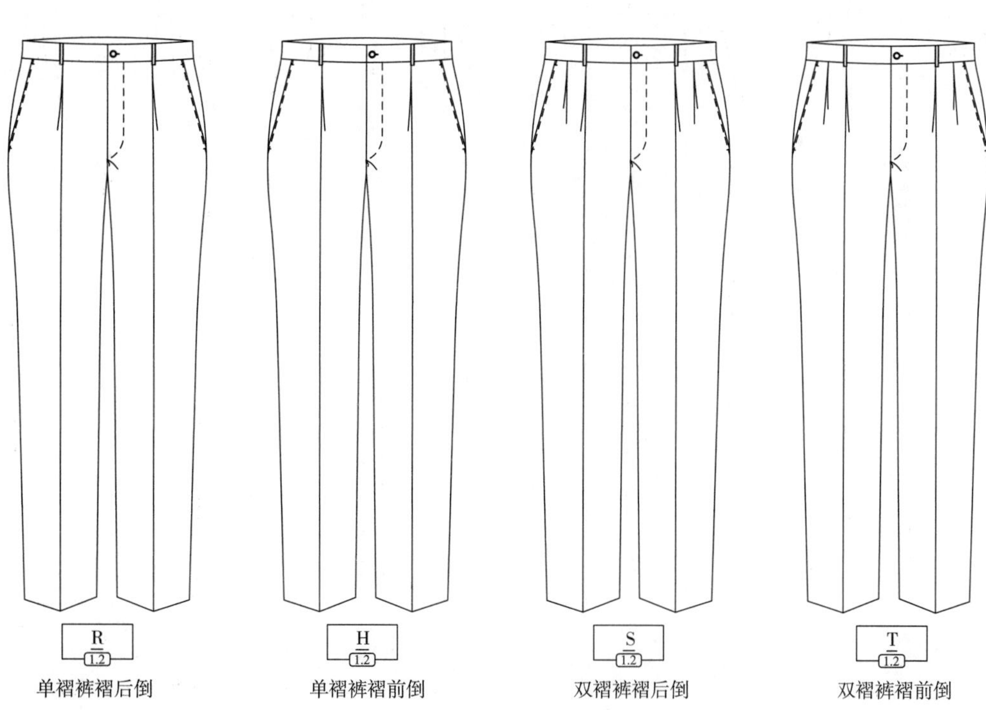


图9-6

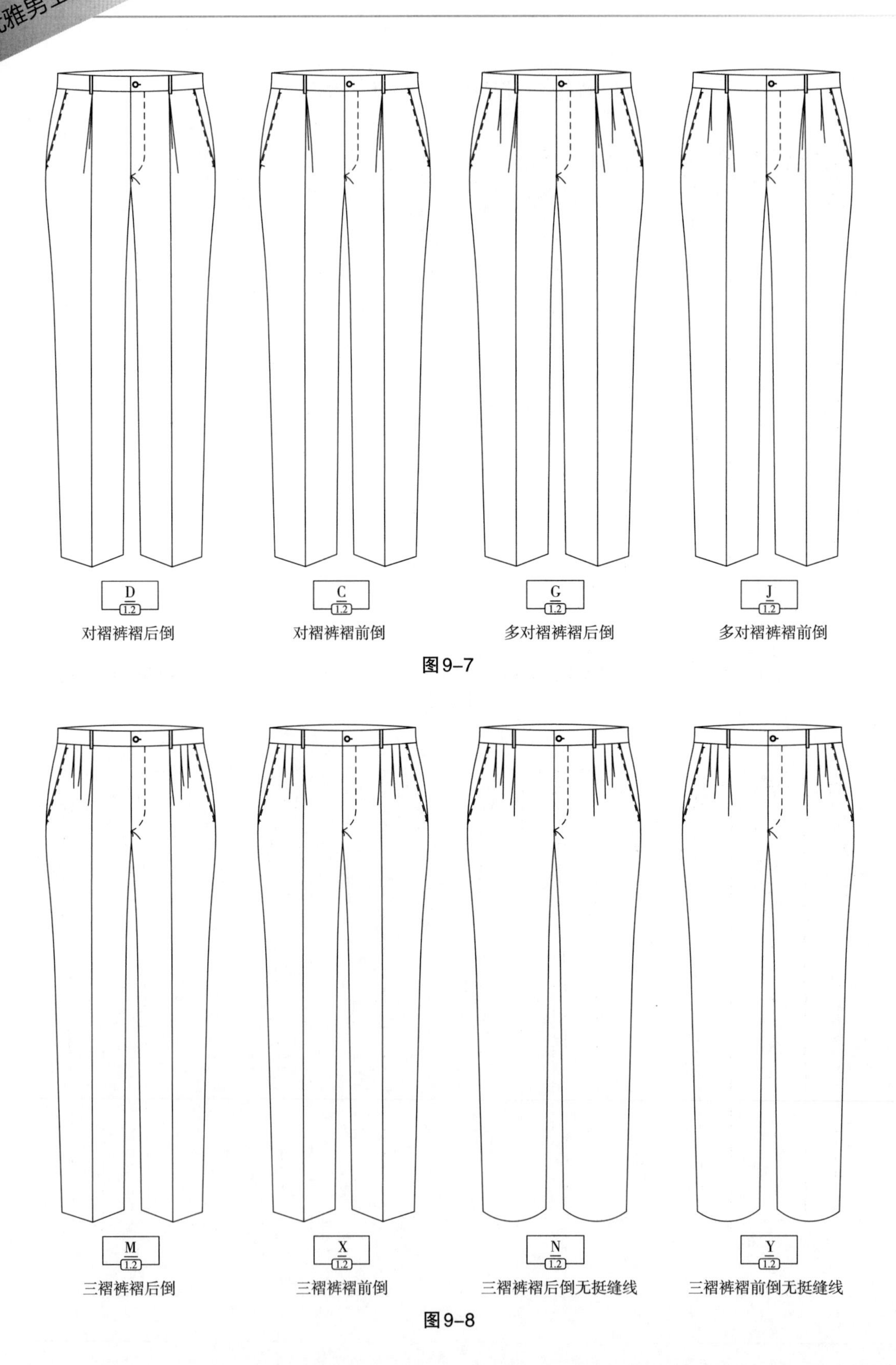
D
1.2
对褶裤褶后倒
C
1.2
对褶裤褶前倒
G
1.2
多对褶裤褶后倒
J
1.2
多对褶裤褶前倒
M
1.2
三褶裤褶后倒
X
1.2
三褶裤褶前倒
N
1.2
三褶裤褶后倒无挺缝线
Y
1.2
三褶裤褶前倒无挺缝线

图9-7

图9-8

## 裤后省形式（图9-9、图9-10）

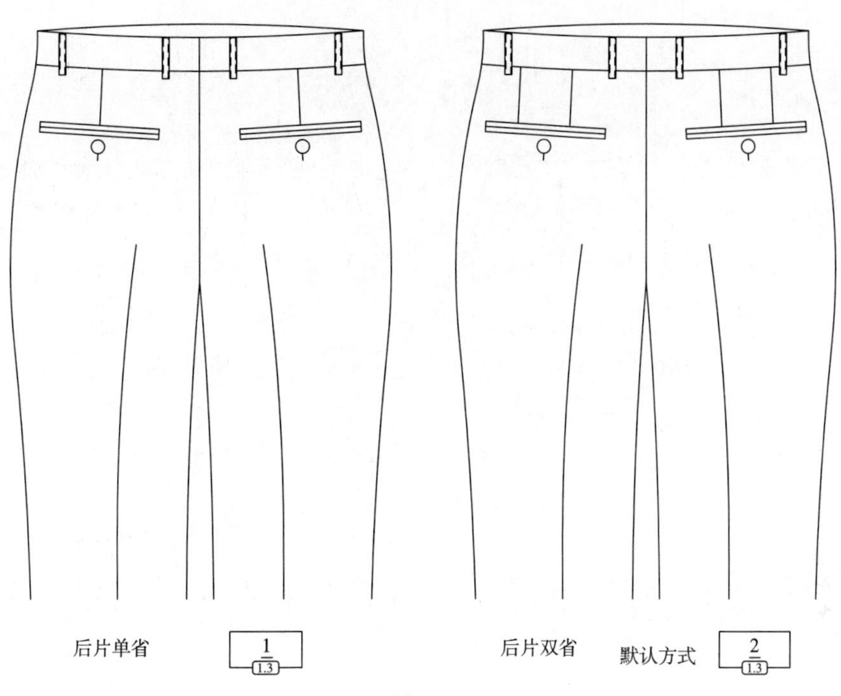


图9-9

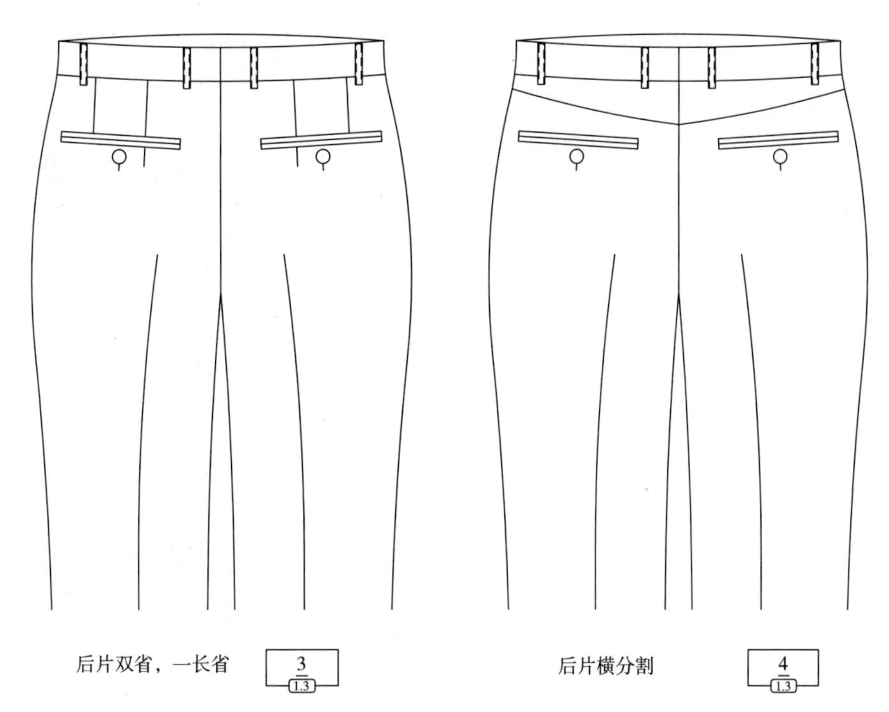


图9-10

# 裤腰串带与腰襻（图9-11~图9-24）

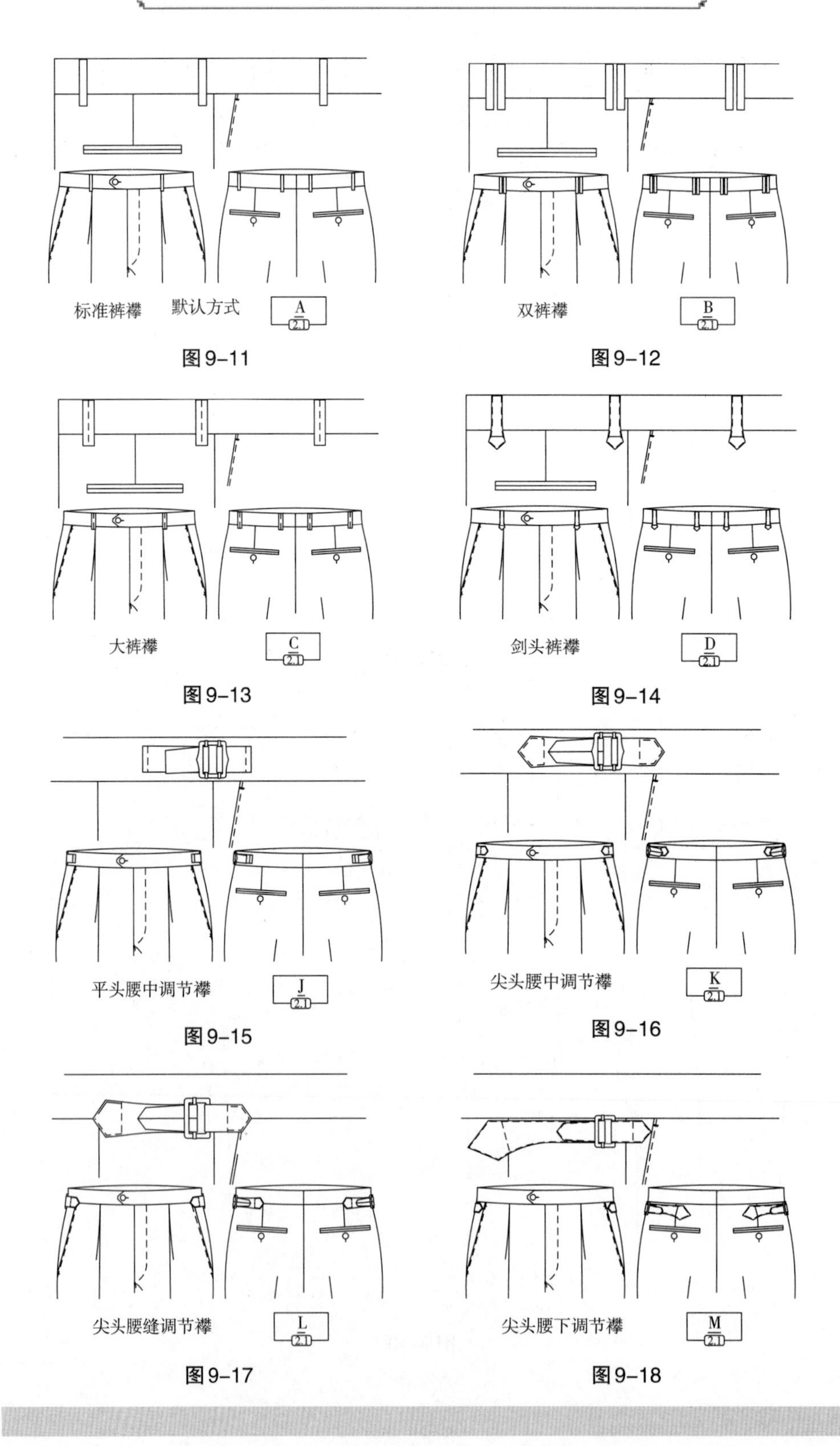


图9-11

图9-12

图9-13

图9-14

图9-15

图9-16

图9-17

图9-18

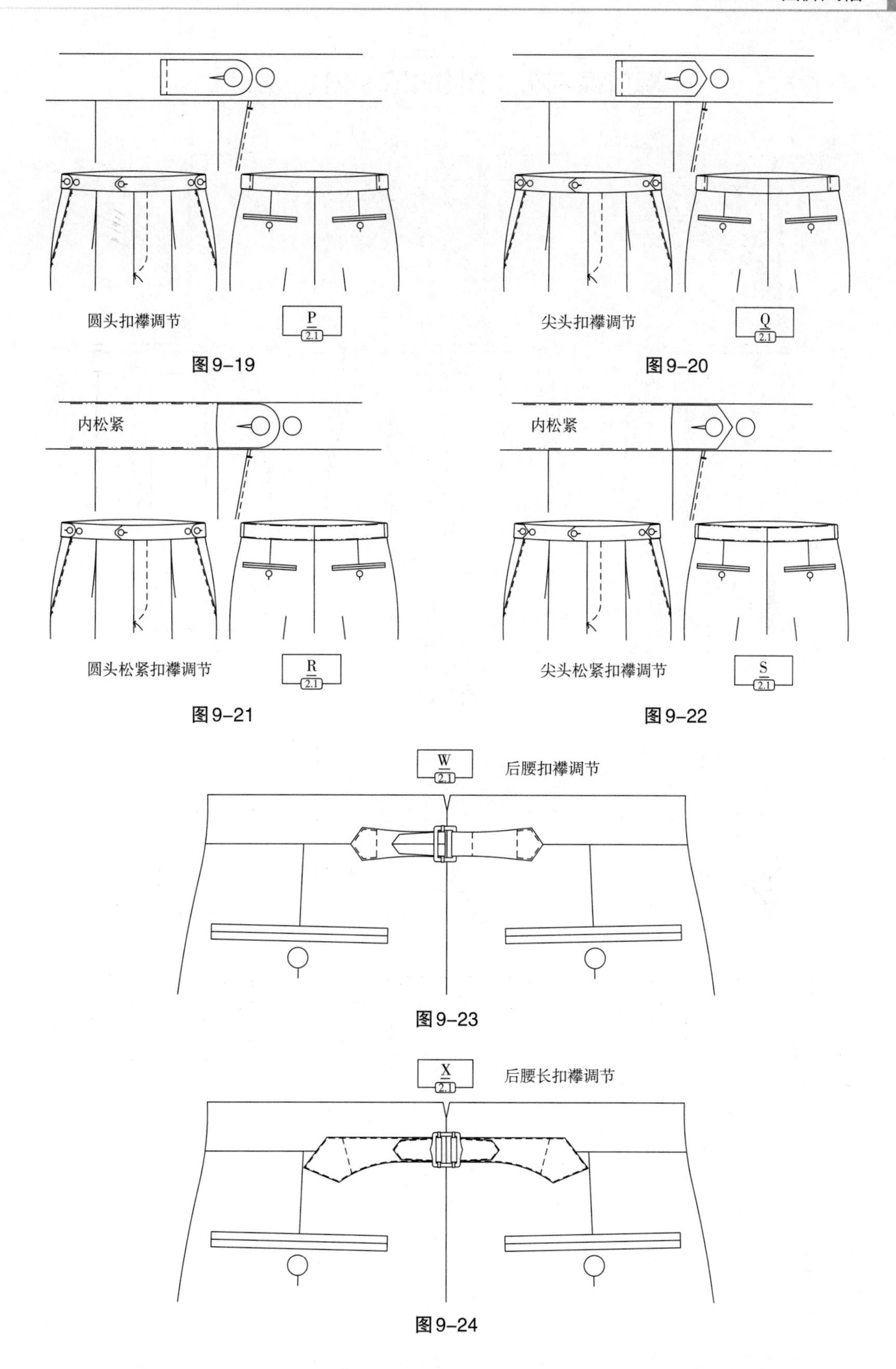


图9-19

图9-20

图9-21

图9-22

图9-23

图9-24

# 裤门襟剑头（图9-25～图9-32）

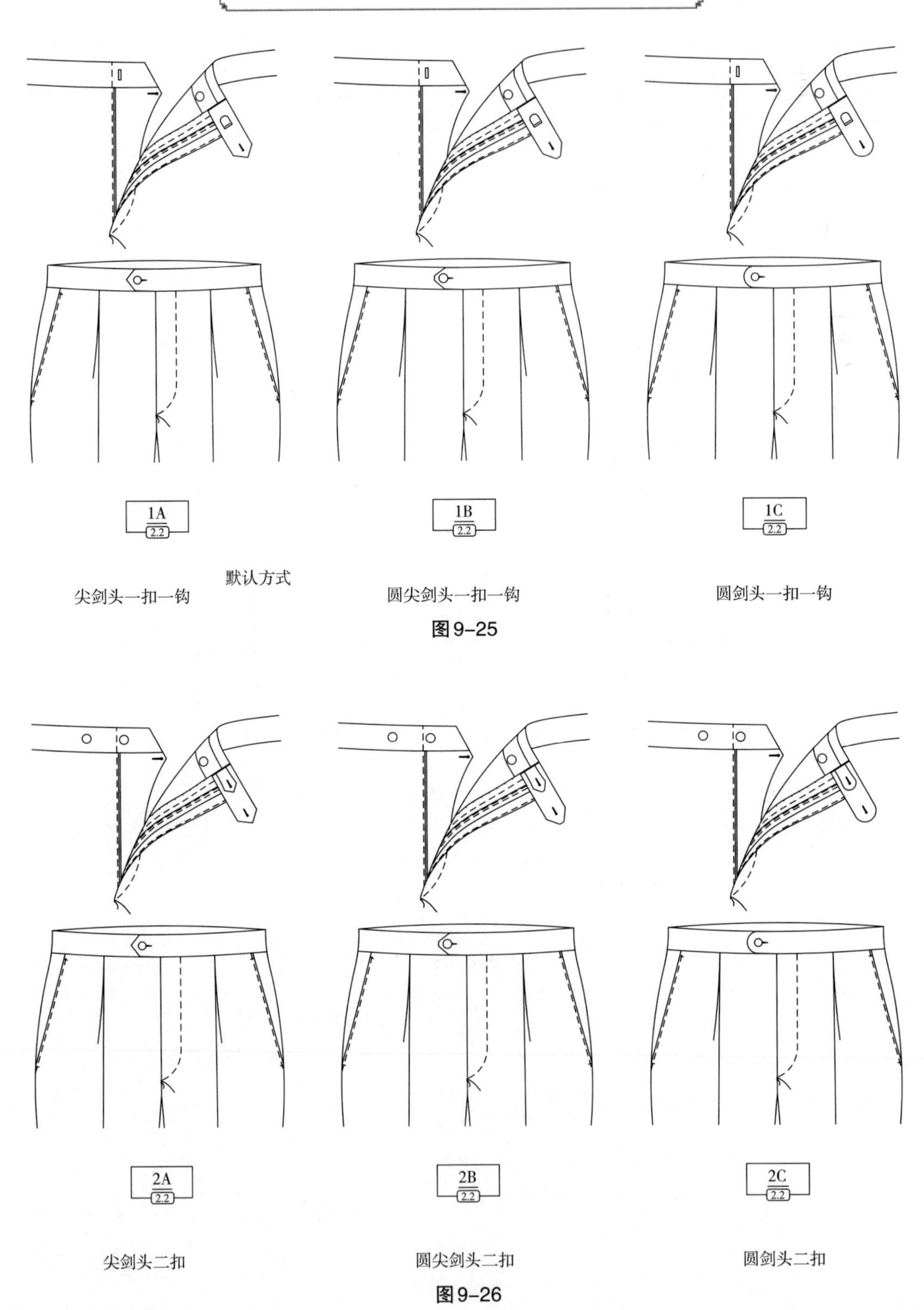


图9-25



图9-26

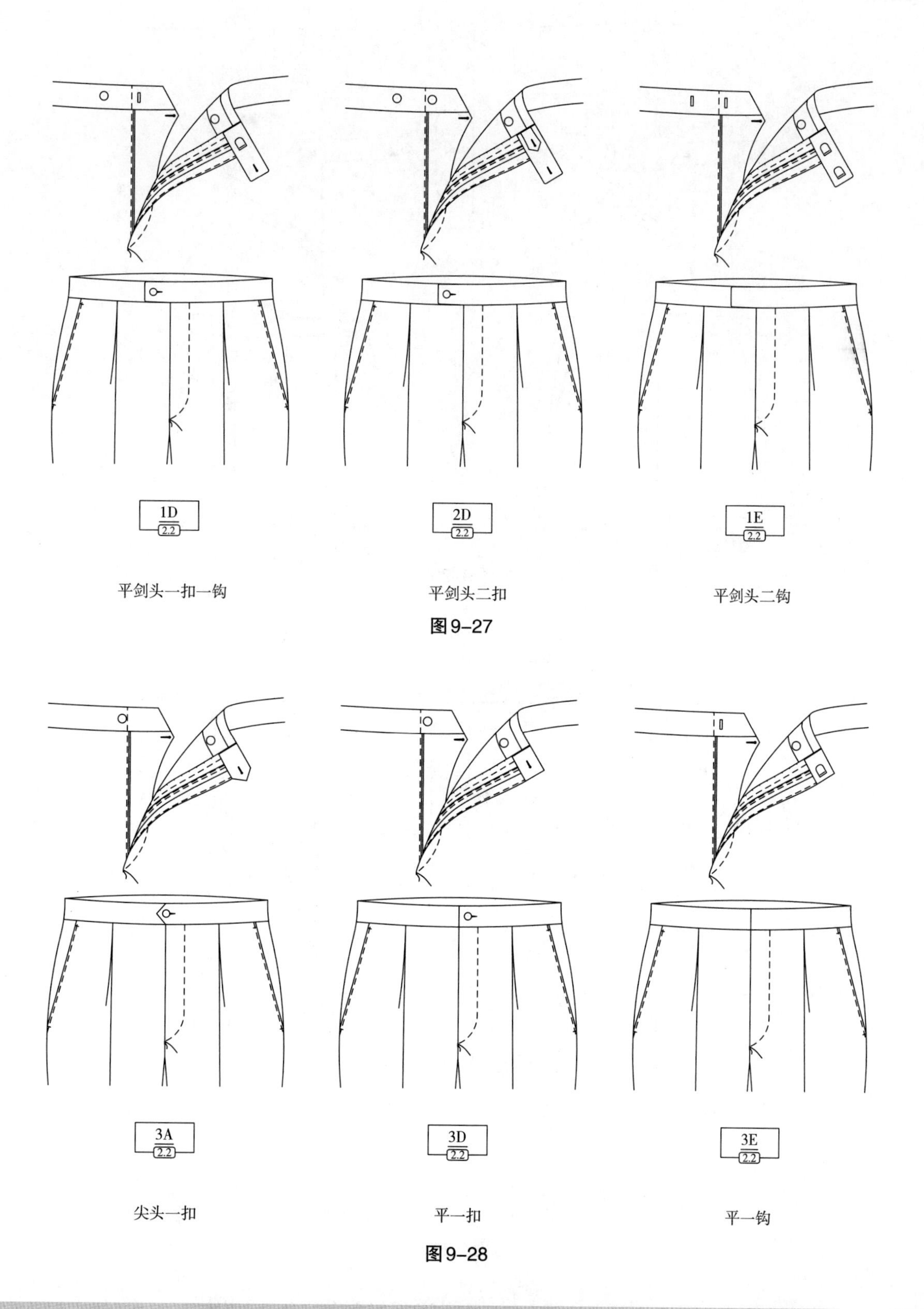


平剑头一扣一钩　平剑头二扣　平剑头二钩

图9-27

尖头一扣　平一扣　平一钩

图9-28

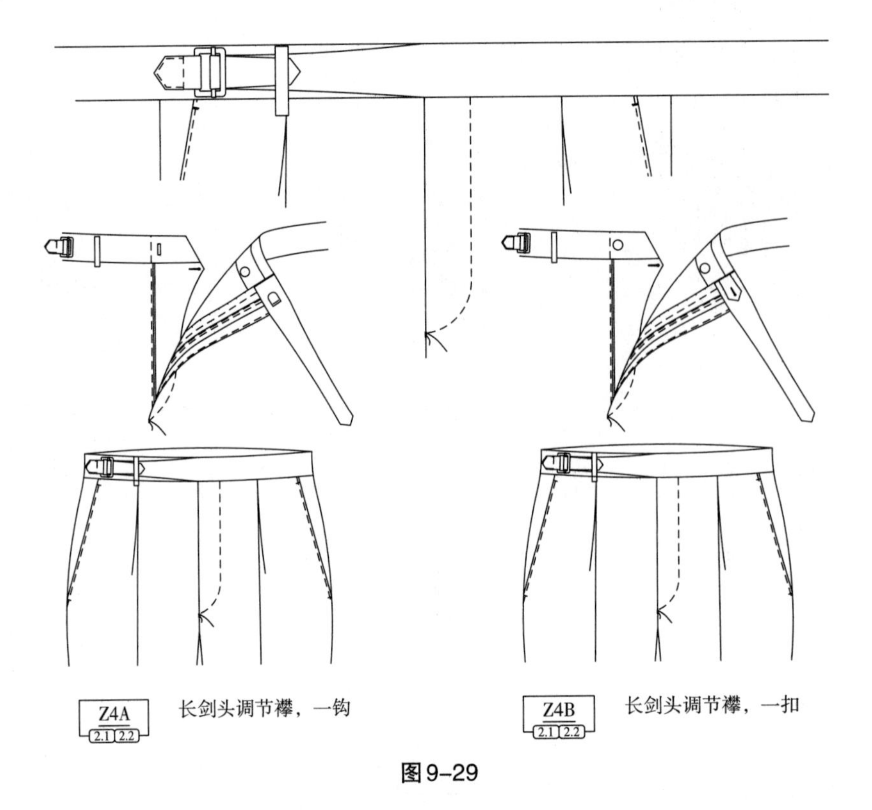
Z4A
2.1 2.2
长剑头调节襻，一钩
Z4B
2.1 2.2
长剑头调节襻，一扣

图9-29

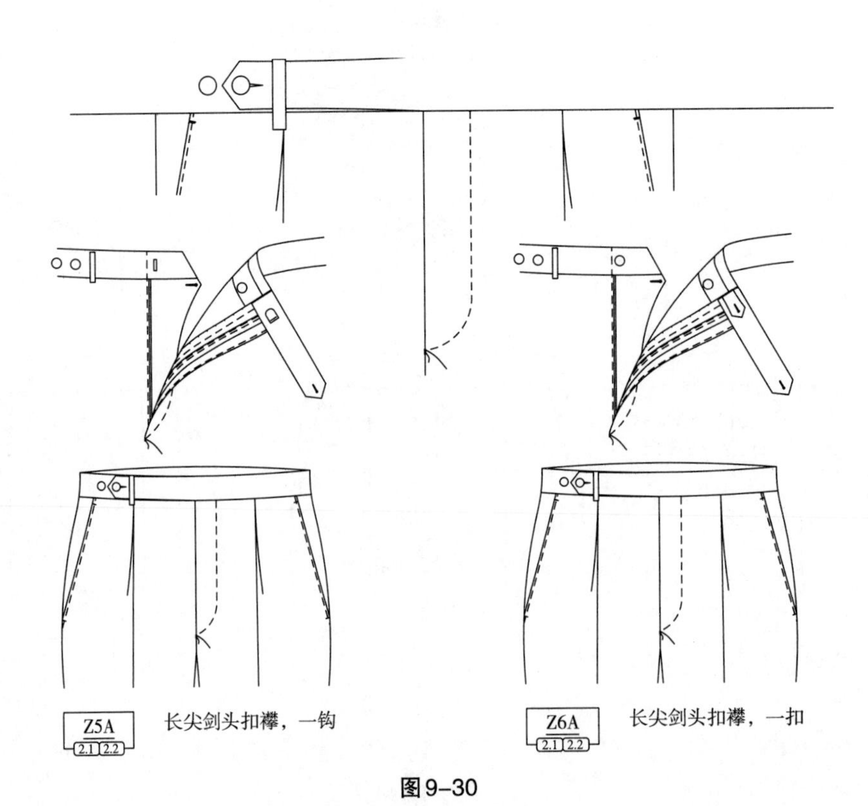
Z5A
2.1 2.2
长尖剑头扣襻，一钩
Z6A
2.1 2.2
长尖剑头扣襻，一扣

图9-30

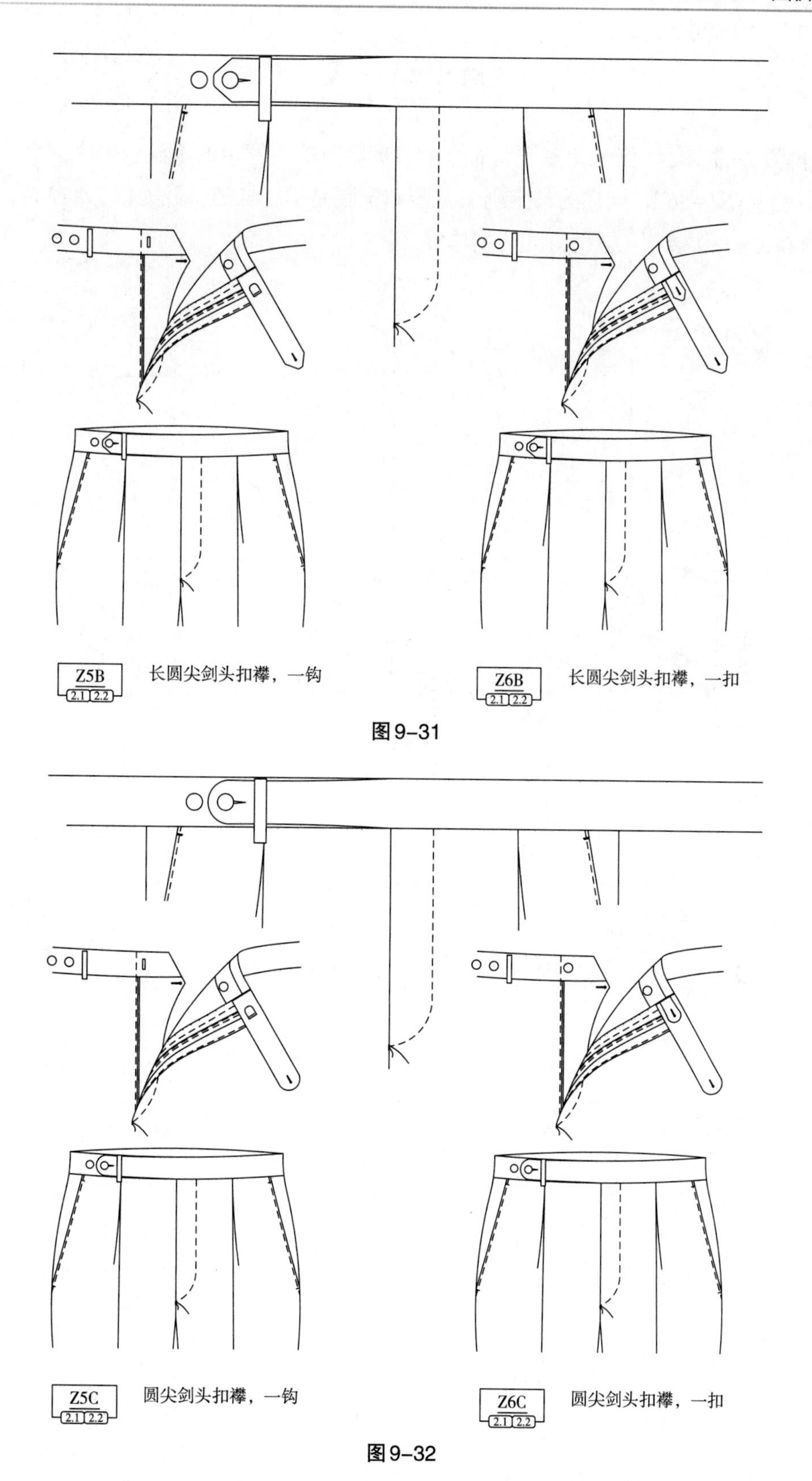
Z5B
2.1 2.2
长圆尖剑头扣襻，一钩
Z6B
2.1 2.2
长圆尖剑头扣襻，一扣
Z5C
2.1 2.2
圆尖剑头扣襻，一钩
Z6C
2.1 2.2
圆尖剑头扣襻，一扣

图 9–31

图 9–32

## 裤里襟方式

裤腰头的变化不仅多种多样，而且随着裤腰方式、宽窄的不同效果也会有所不同（图9-33～图9-36），同样的长宝剑头宽腰和窄腰是不一样的，此处以标准3.6cm腰宽（腰衬净3.5cm）装腰工艺的方式为主体展开。

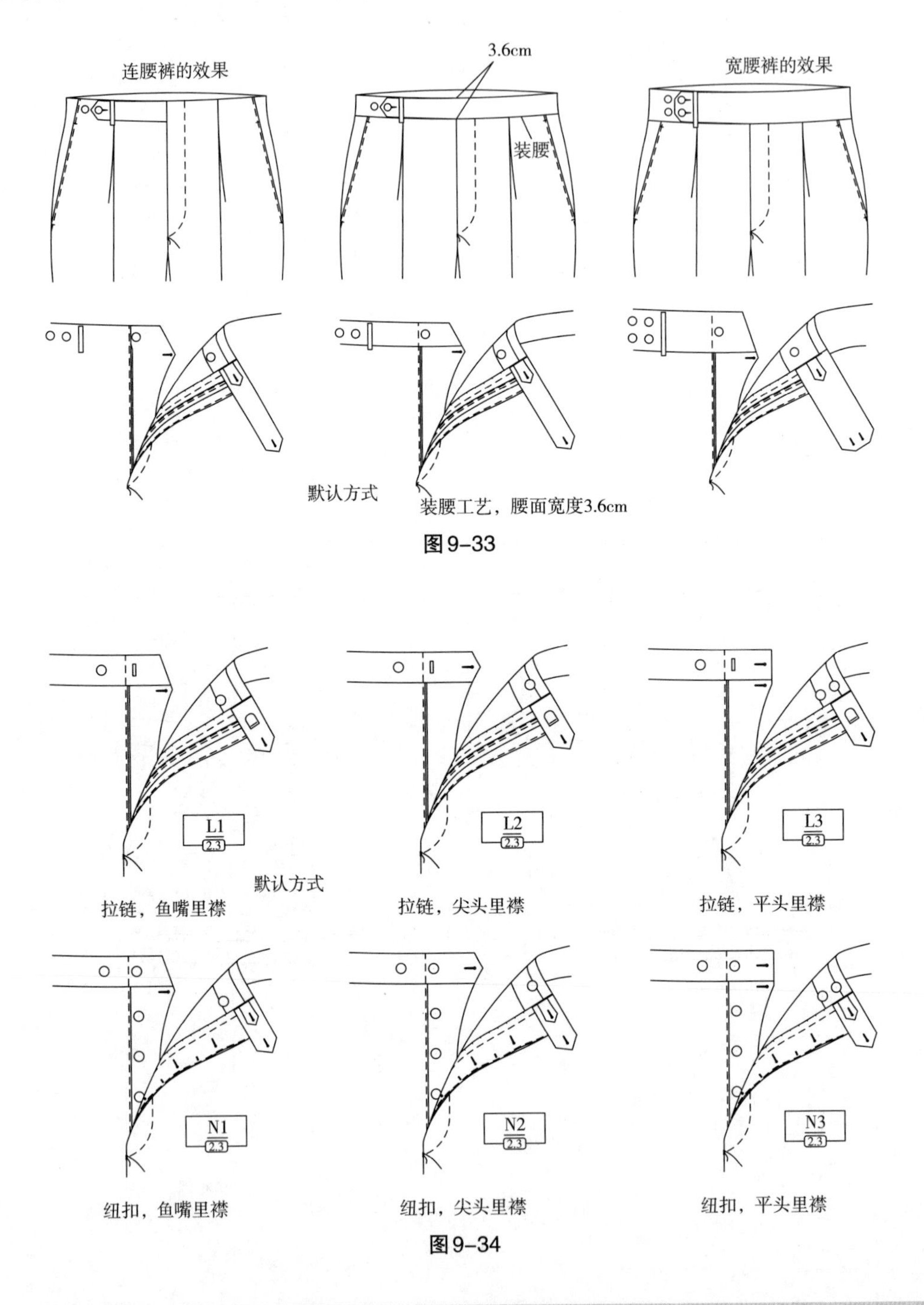


图9-33

图9-34

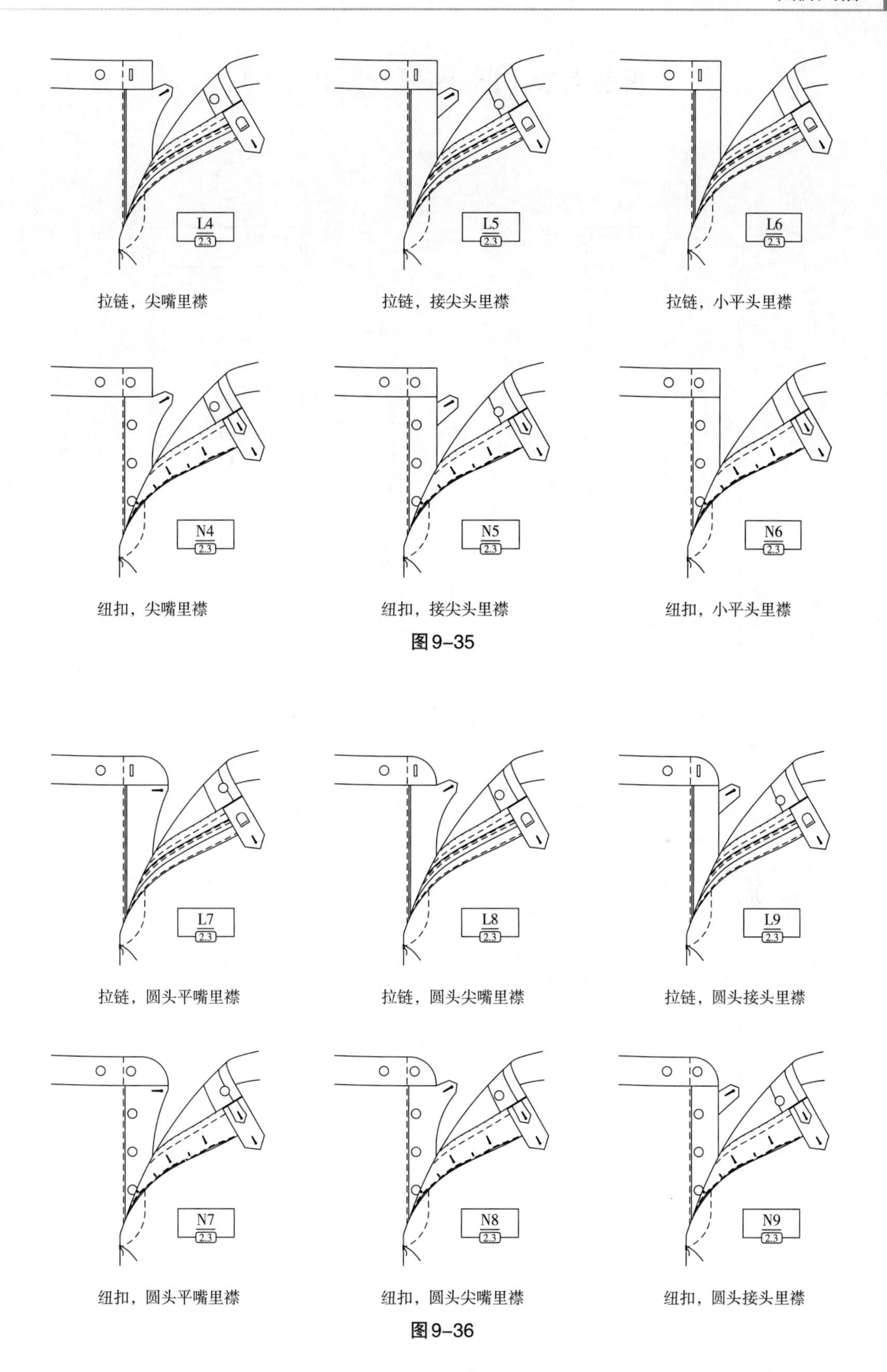


拉链，尖嘴里襟　拉链，接尖头里襟　拉链，小平头里襟

纽扣，尖嘴里襟　纽扣，接尖头里襟　纽扣，小平头里襟

图9-35

拉链，圆头平嘴里襟　拉链，圆头尖嘴里襟　拉链，圆头接头里襟

纽扣，圆头平嘴里襟　纽扣，圆头尖嘴里襟　纽扣，圆头接头里襟

图9-36

# 裤前大袋（图9-37~图9-44）

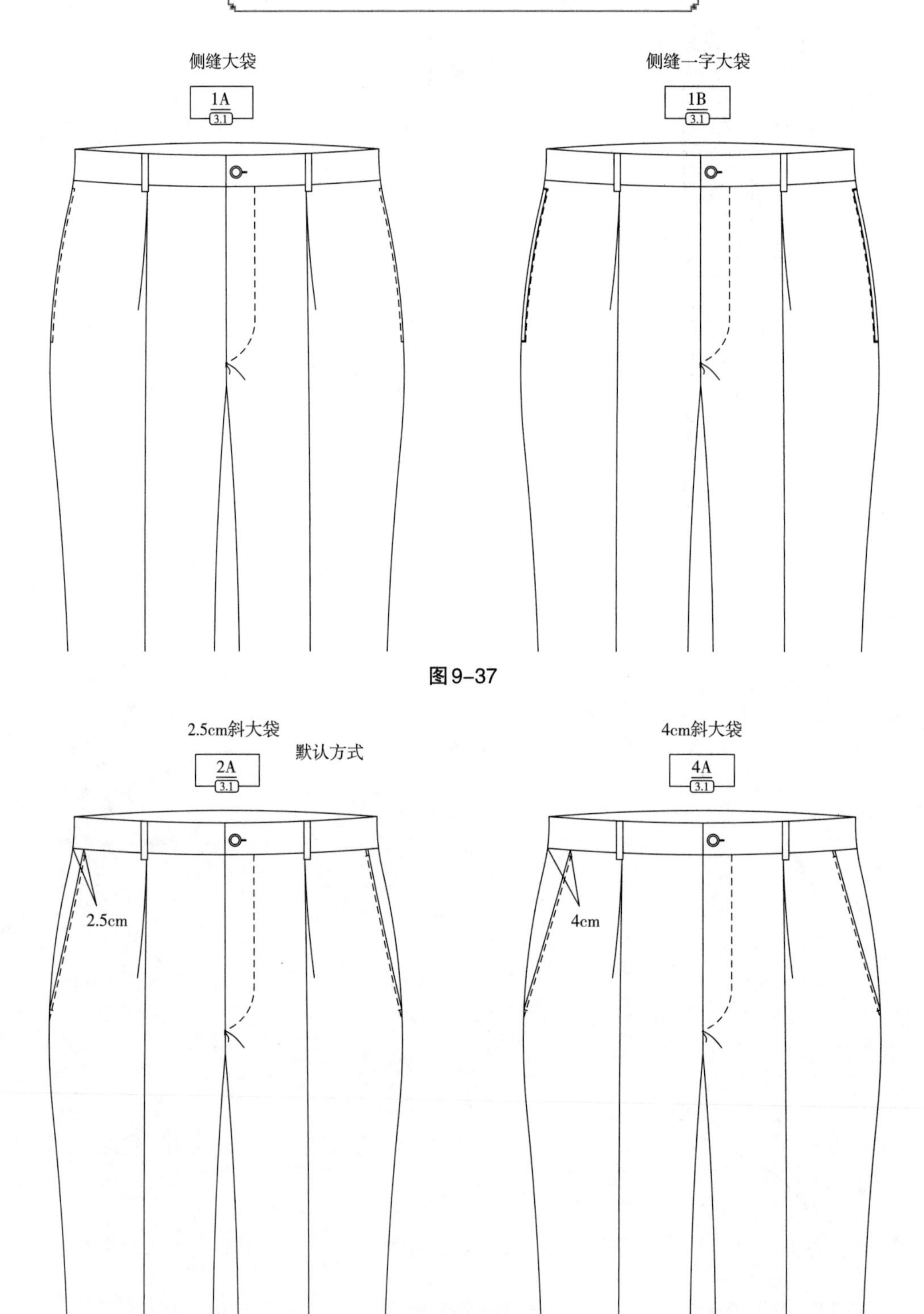


图9-37



图9-38

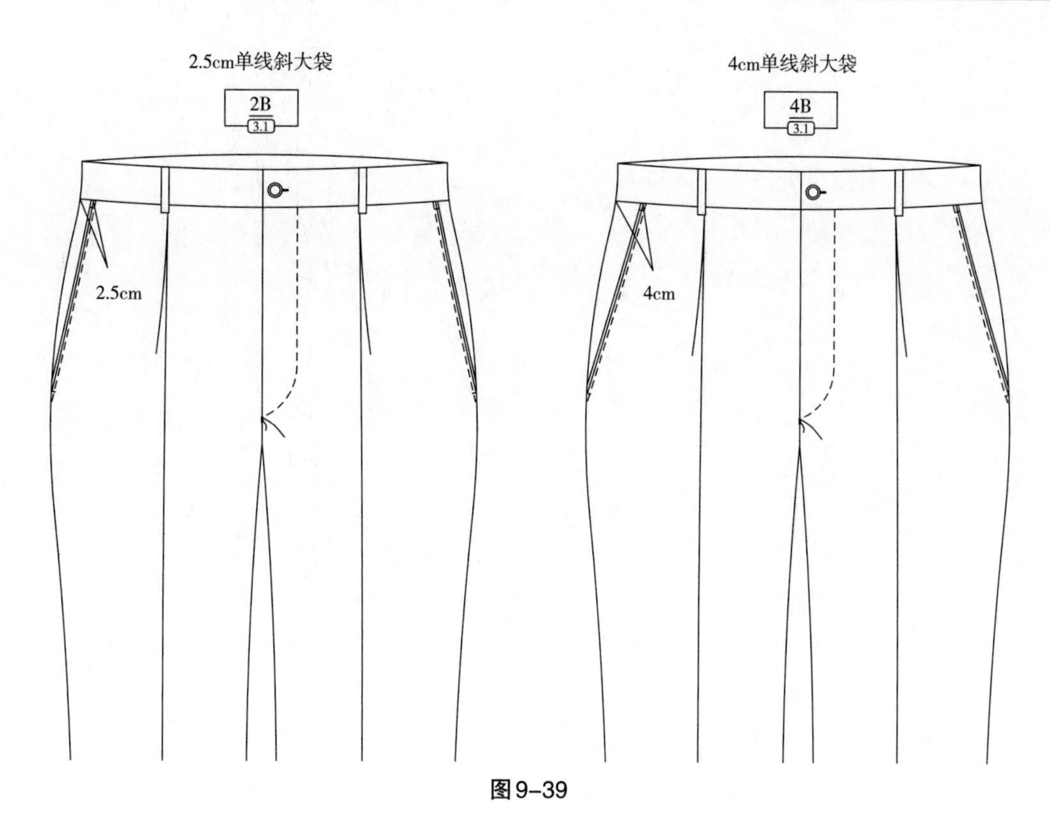
2.5cm单线斜大袋
2B
3.1
2.5cm
4cm单线斜大袋
4B
3.1
4cm

图9-39

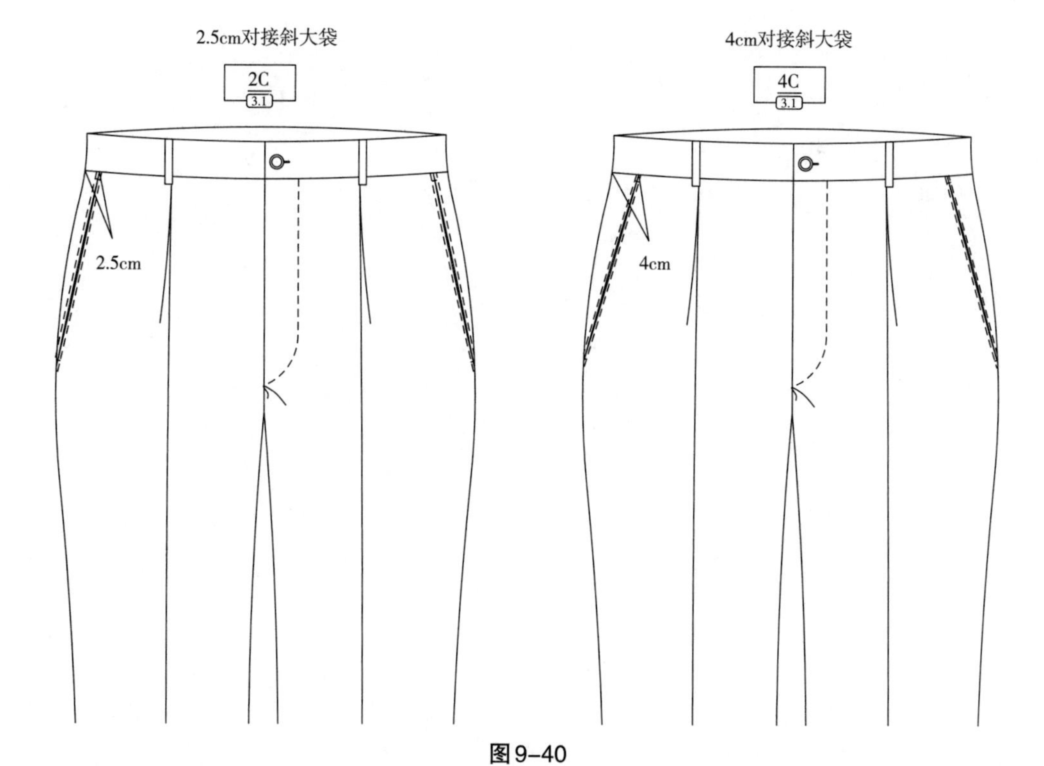
2.5cm对接斜大袋
2C
3.1
2.5cm
4cm对接斜大袋
4C
3.1
4cm

图9-40

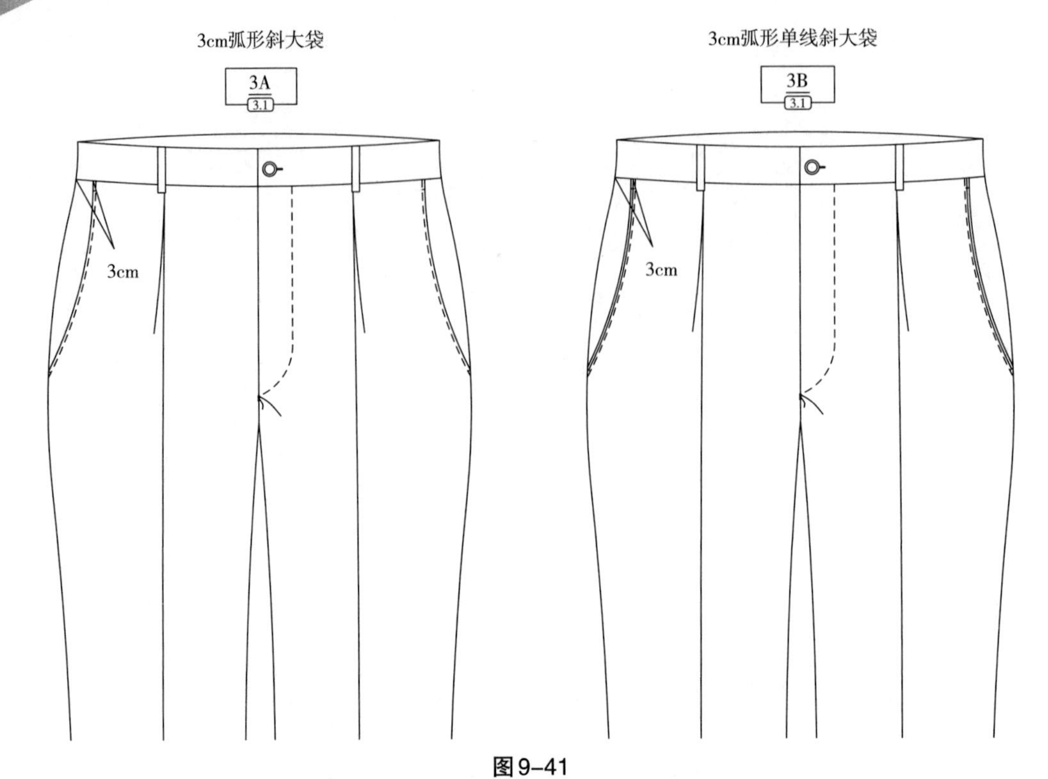
3cm弧形斜大袋
3A
3.1
3cm
3cm弧形单线斜大袋
3B
3.1
3cm

图9-41

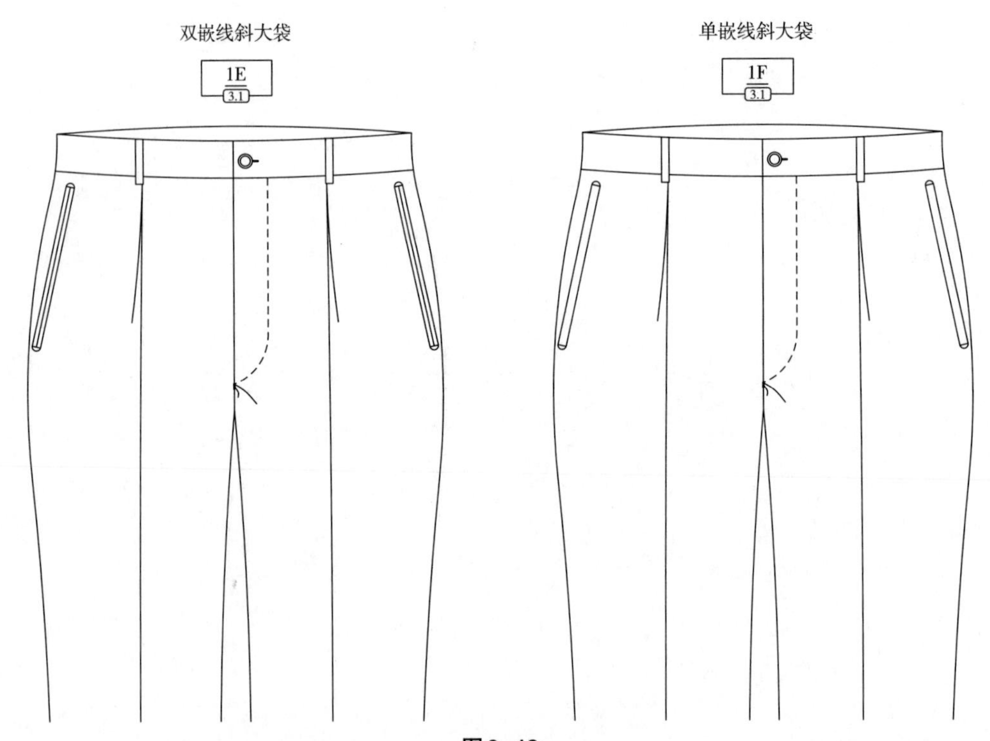
双嵌线斜大袋
1E
3.1
单嵌线斜大袋
1F
3.1

图9-42

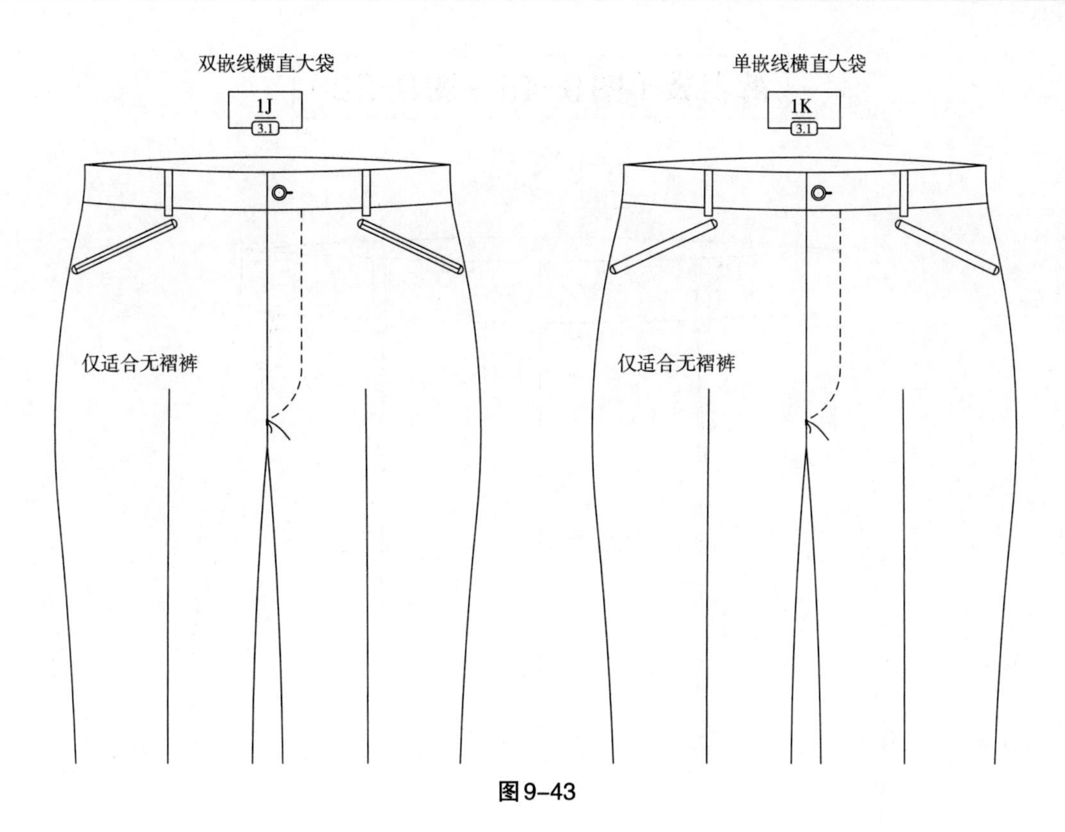
双嵌线横直大袋
1J
3.1
单嵌线横直大袋
1K
3.1
仅适合无褶裤
仅适合无褶裤

图 9-43

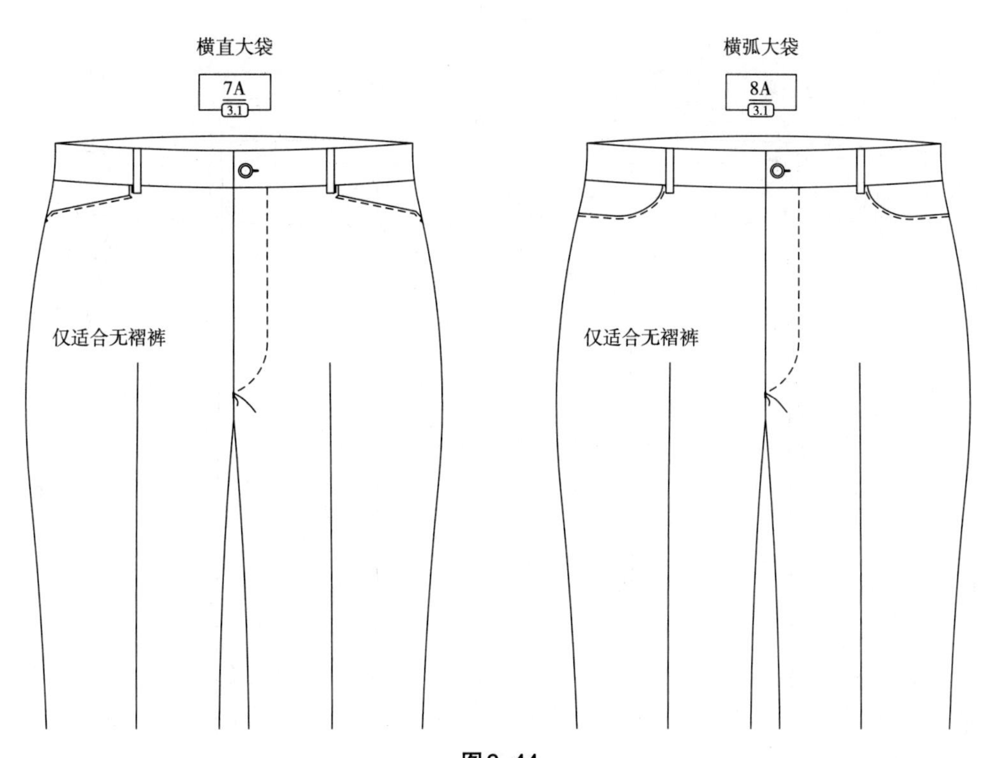
横直大袋
7A
3.1
横弧大袋
8A
3.1
仅适合无褶裤
仅适合无褶裤

图 9-44

## 裤表袋（图9-45～图9-52）

无表袋 R0 3.2 默认方式

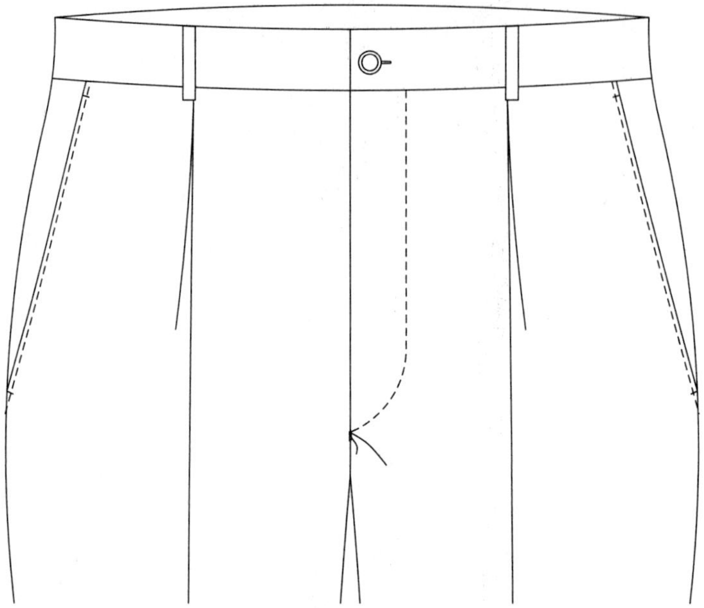

图9-45

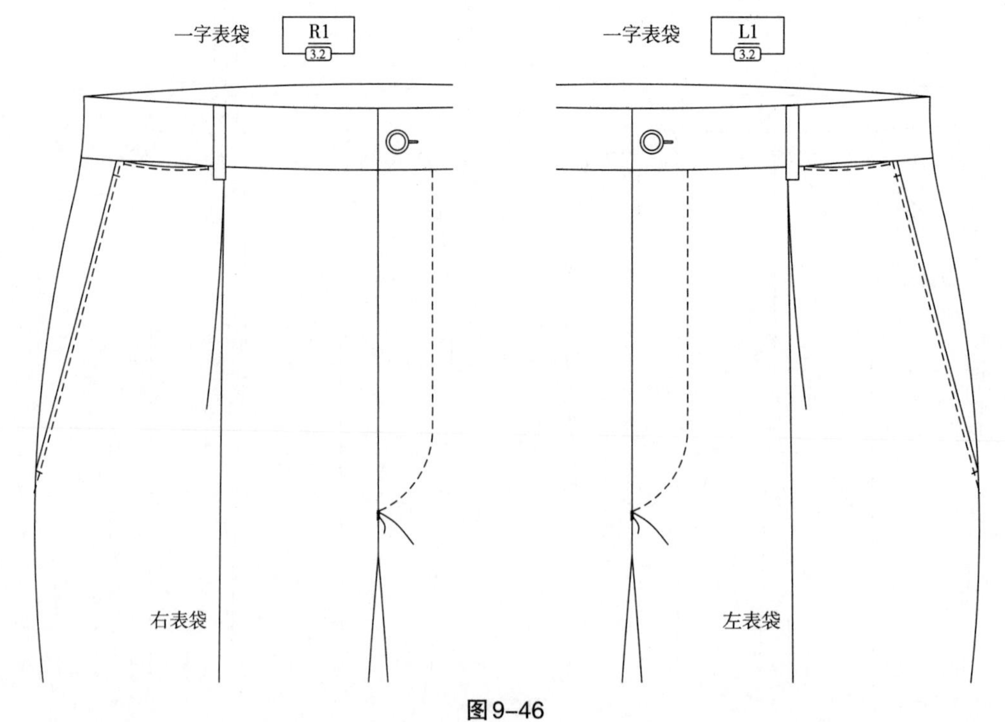


图9-46

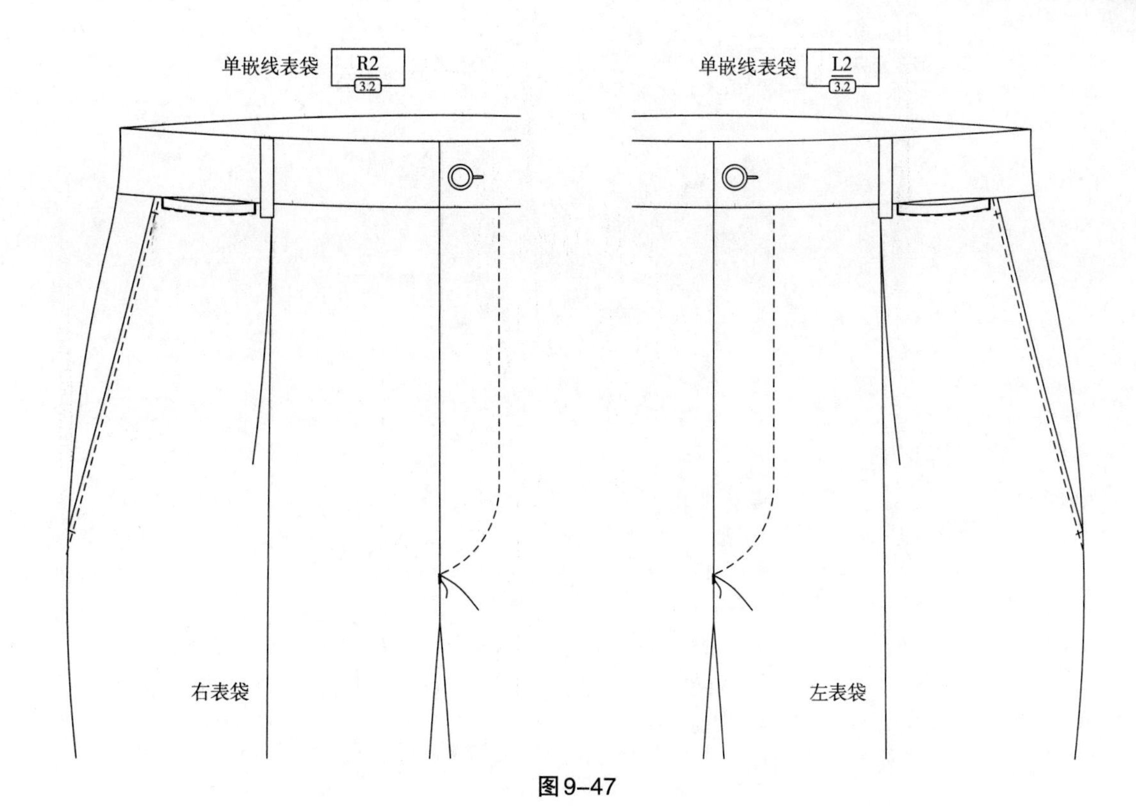


图9-47

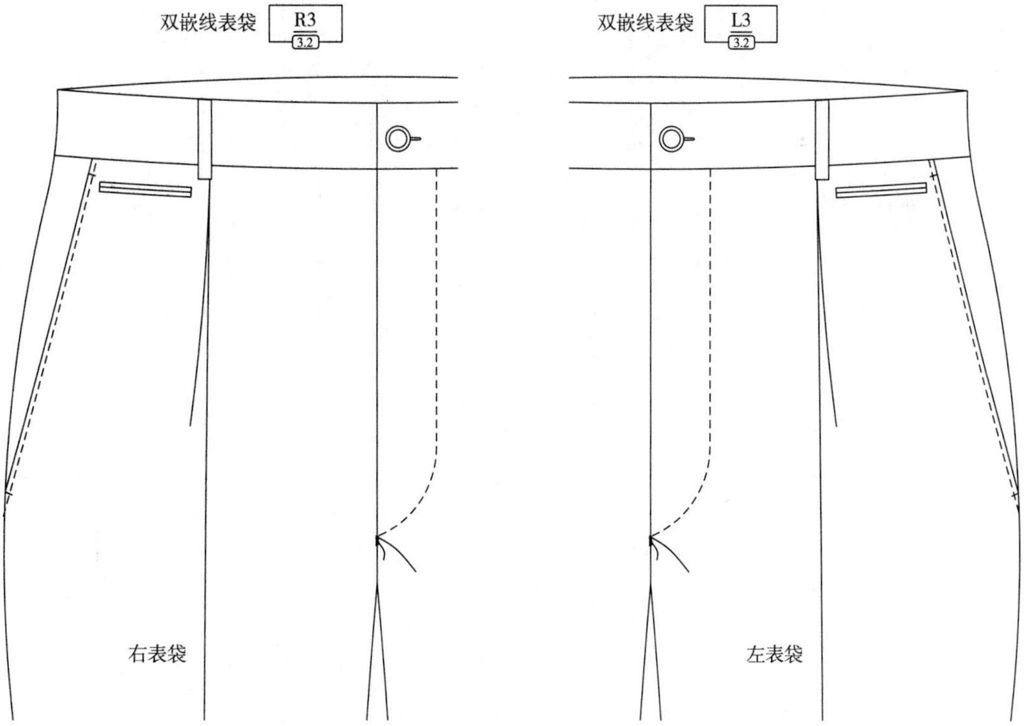

双嵌线表袋 R3 3.2

双嵌线表袋 L3 3.2

右表袋

左表袋

图9-48

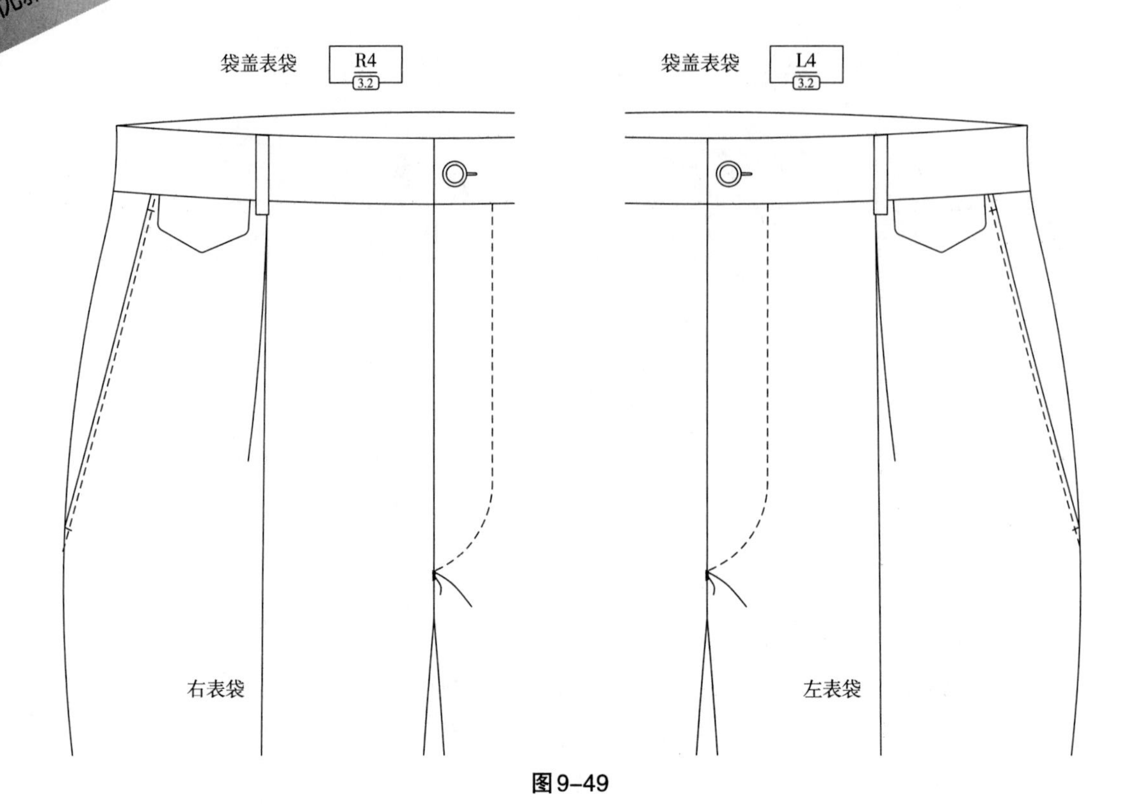


图 9-49

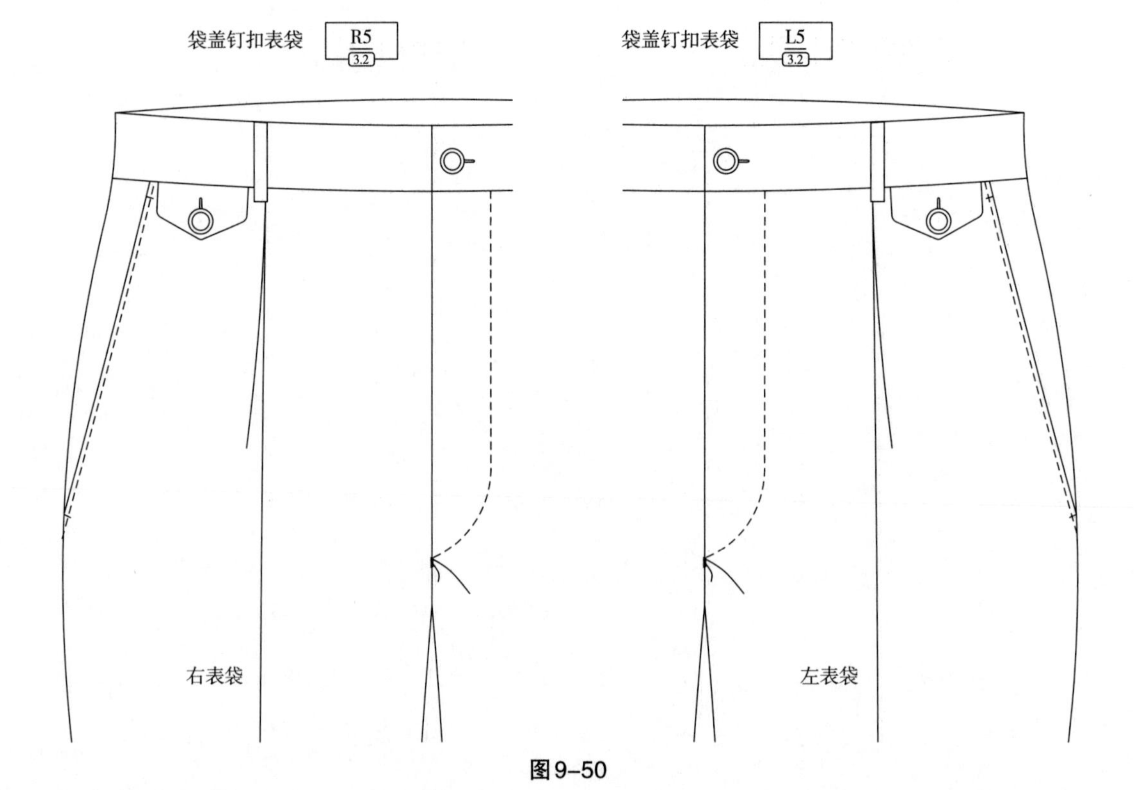


图 9-50

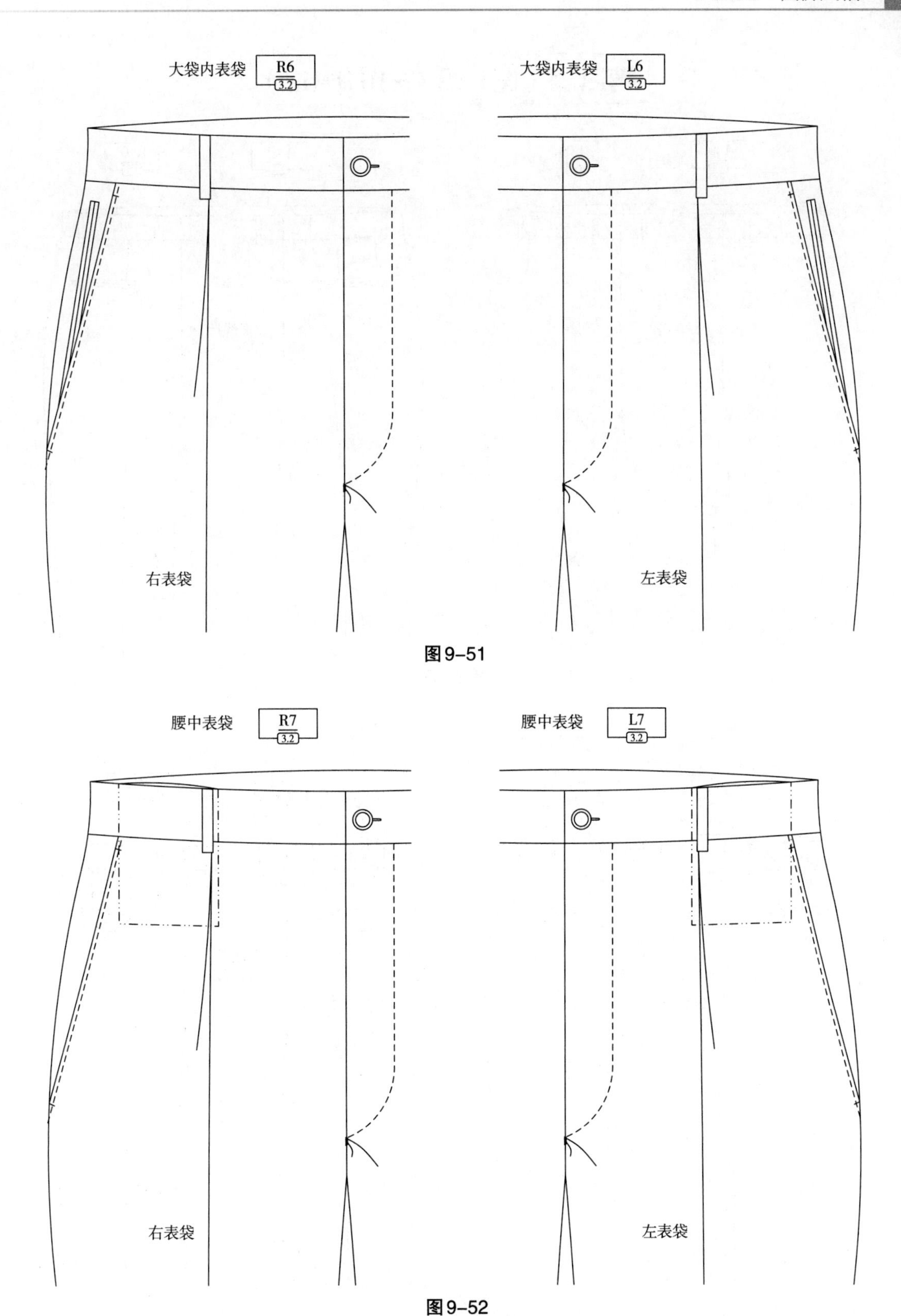

大袋内表袋
R6
3.2
大袋内表袋
L6
3.2
右表袋
左表袋

图9-51

腰中表袋
R7
3.2
腰中表袋
L7
3.2
右表袋
左表袋

图9-52

# 裤后袋（图9-53～图9-62）

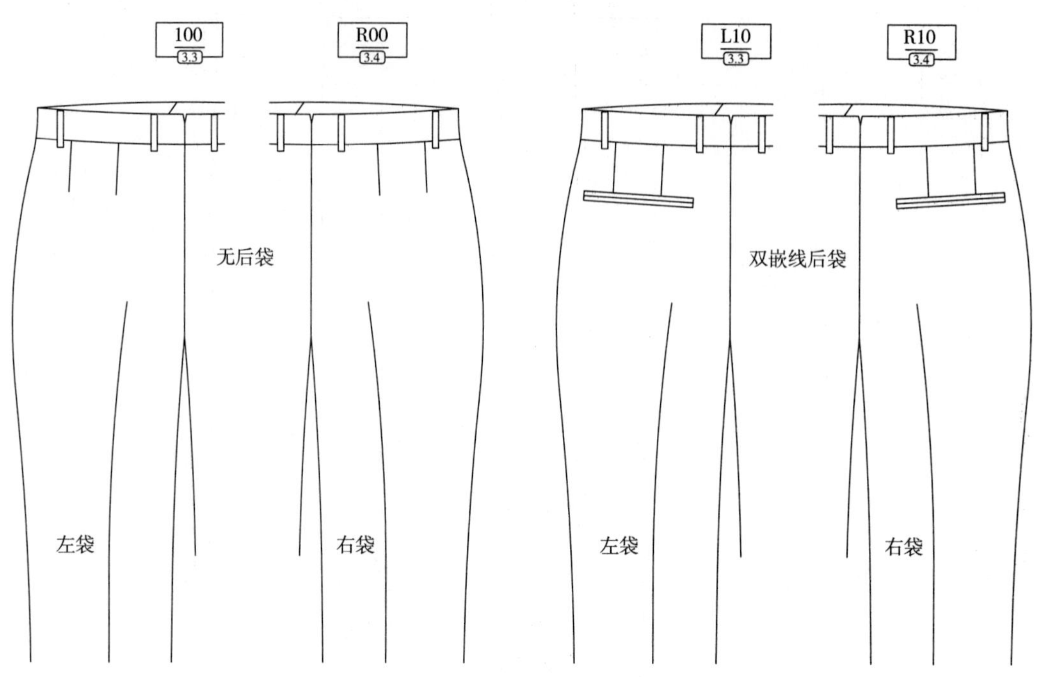


图9-53

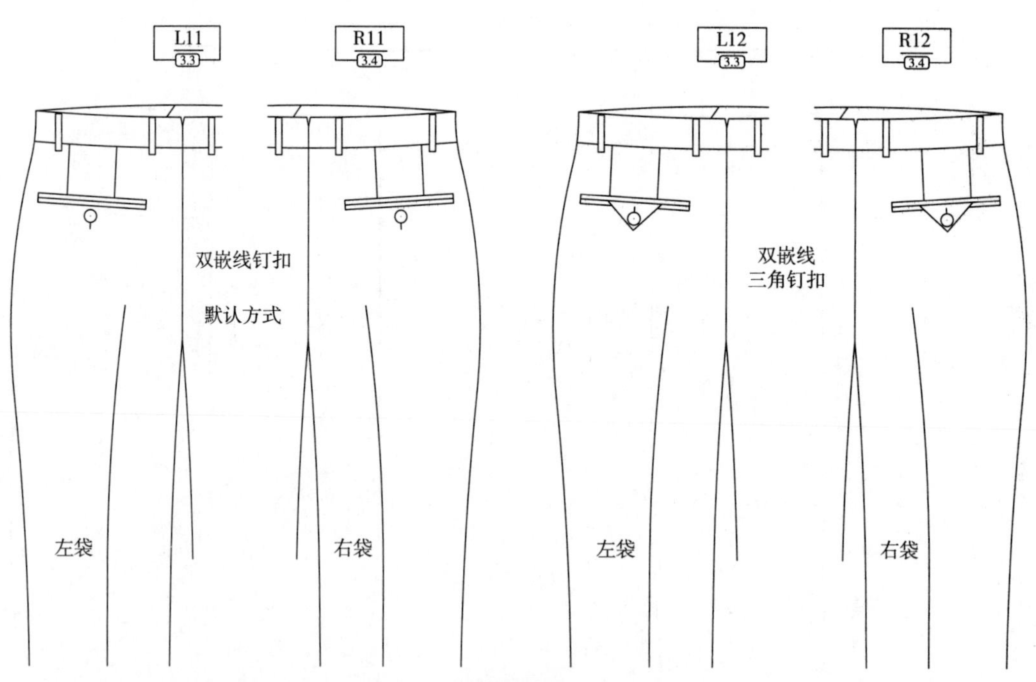


图9-54

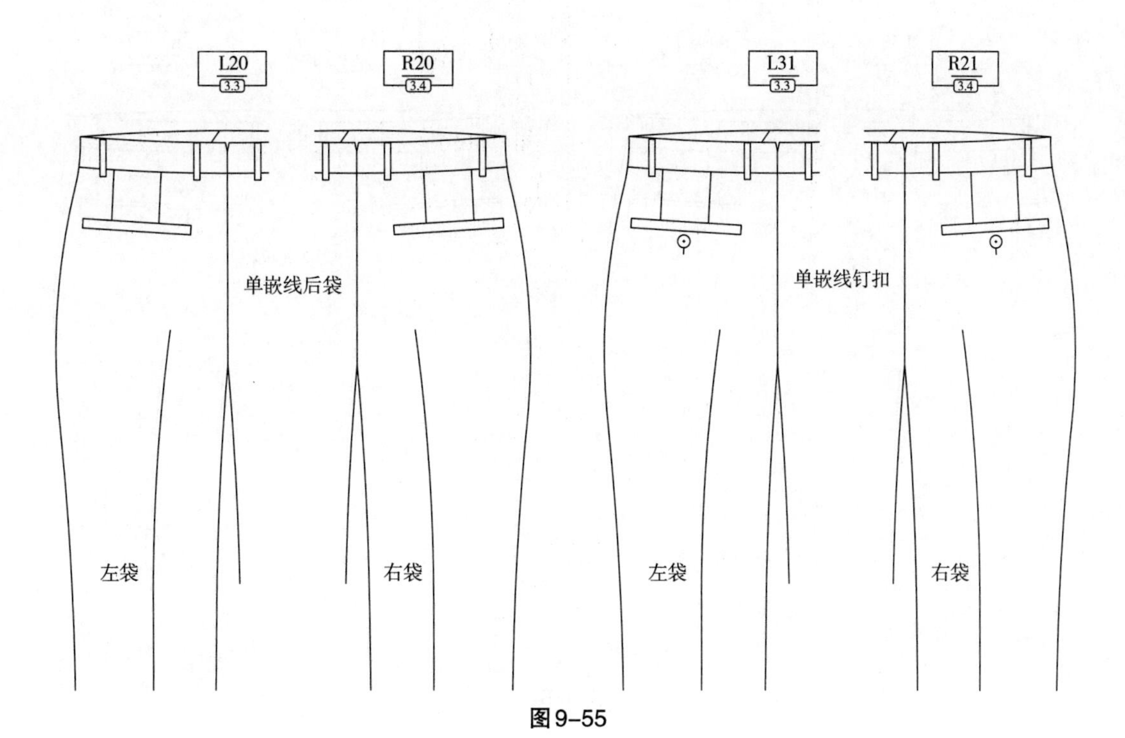
L20
3.3
R20
3.4
L31
3.3
R21
3.4
单嵌线后袋
单嵌线钉扣
左袋
右袋
左袋
右袋

图9–55

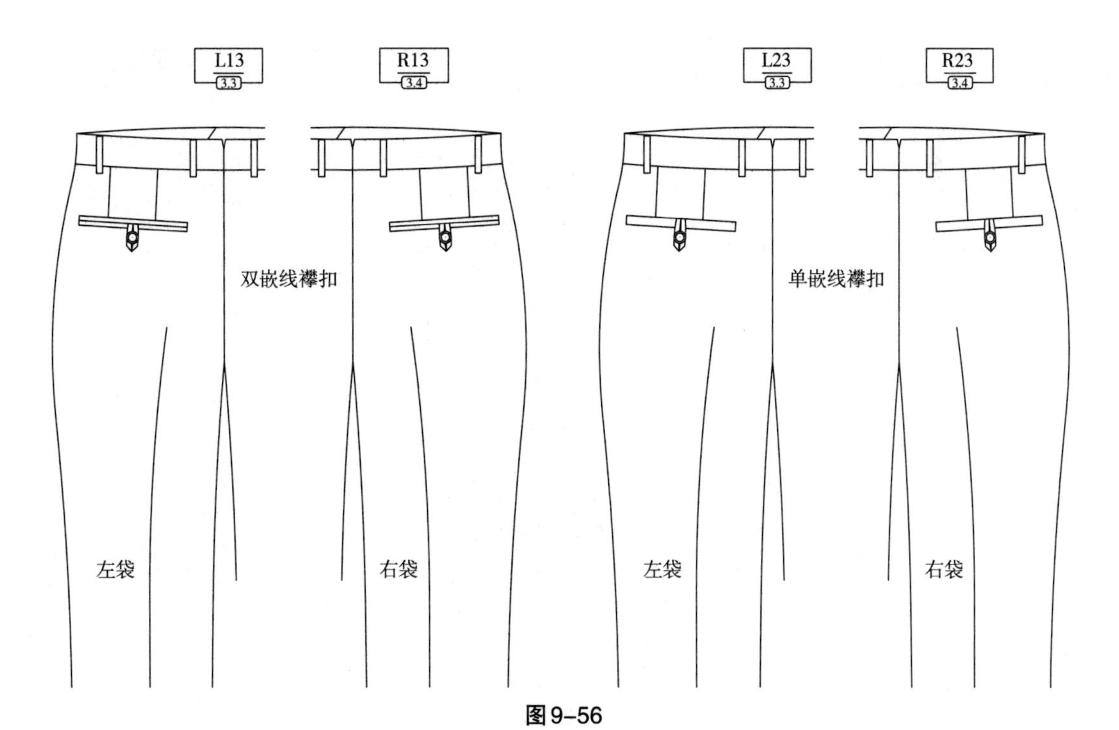
L13
3.3
R13
3.4
L23
3.3
R23
3.4
双嵌线襻扣
单嵌线襻扣
左袋
右袋
左袋
右袋

图9–56

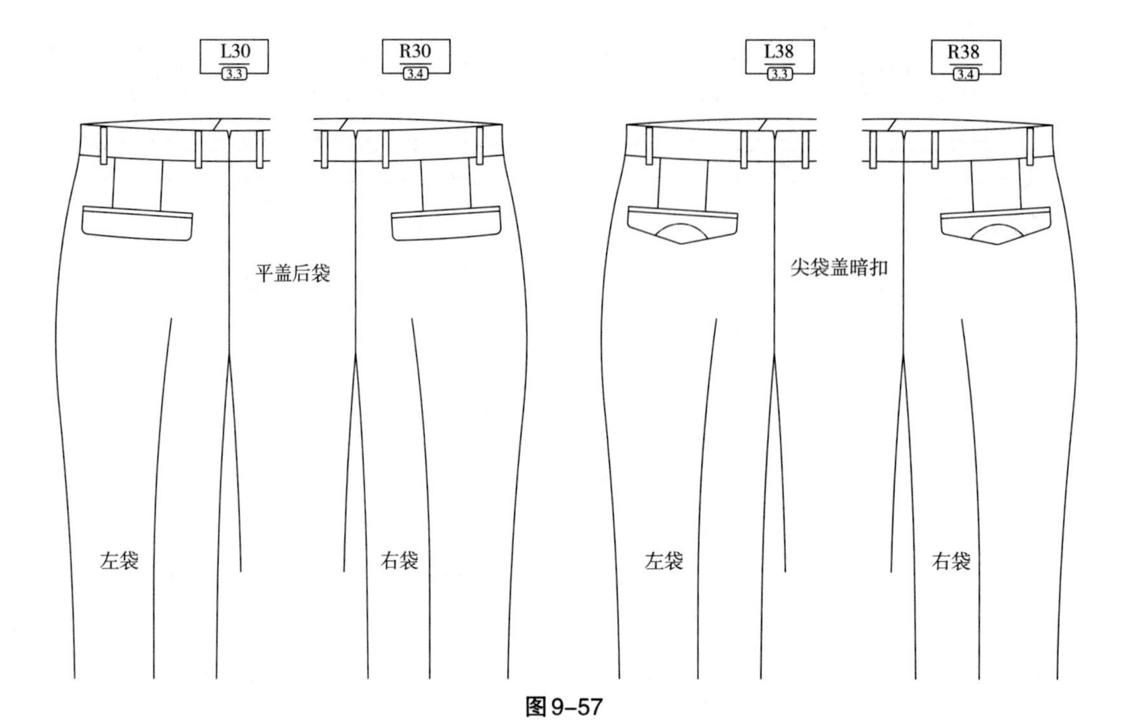
L30
3.3
R30
3.4
L38
3.3
R38
3.4
平盖后袋
尖袋盖暗扣
左袋
右袋
左袋
右袋

图 9-57

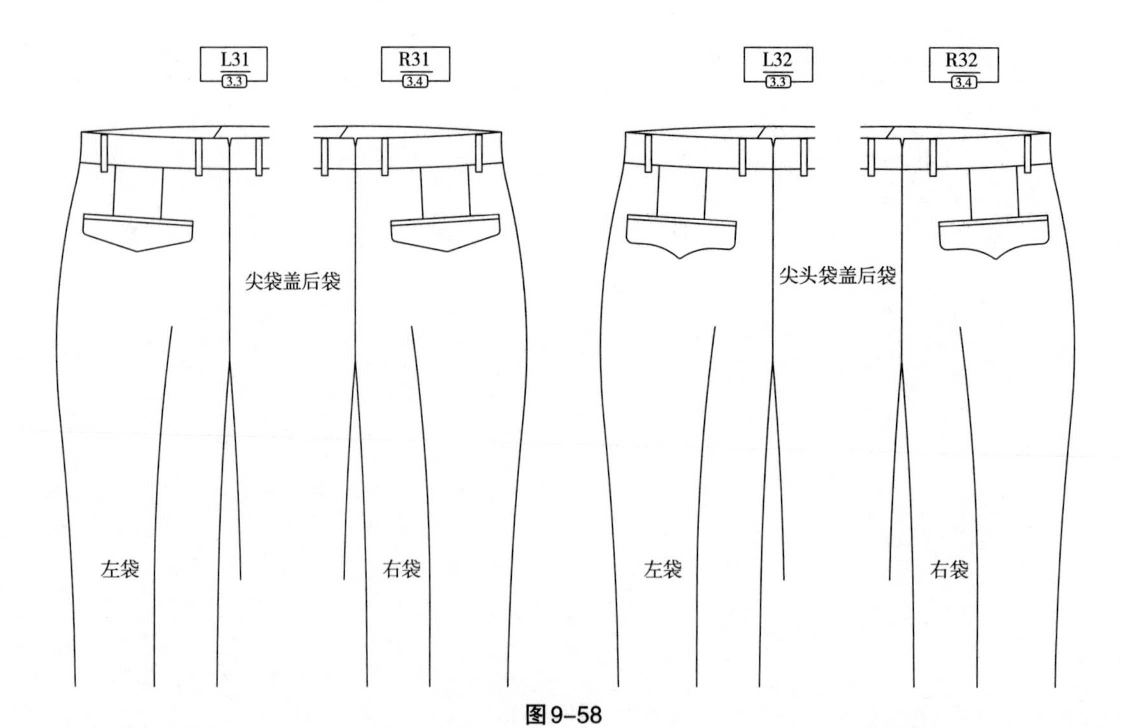
L31
3.3
R31
3.4
L32
3.3
R32
3.4
尖袋盖后袋
尖头袋盖后袋
左袋
右袋
左袋
右袋

图 9-58

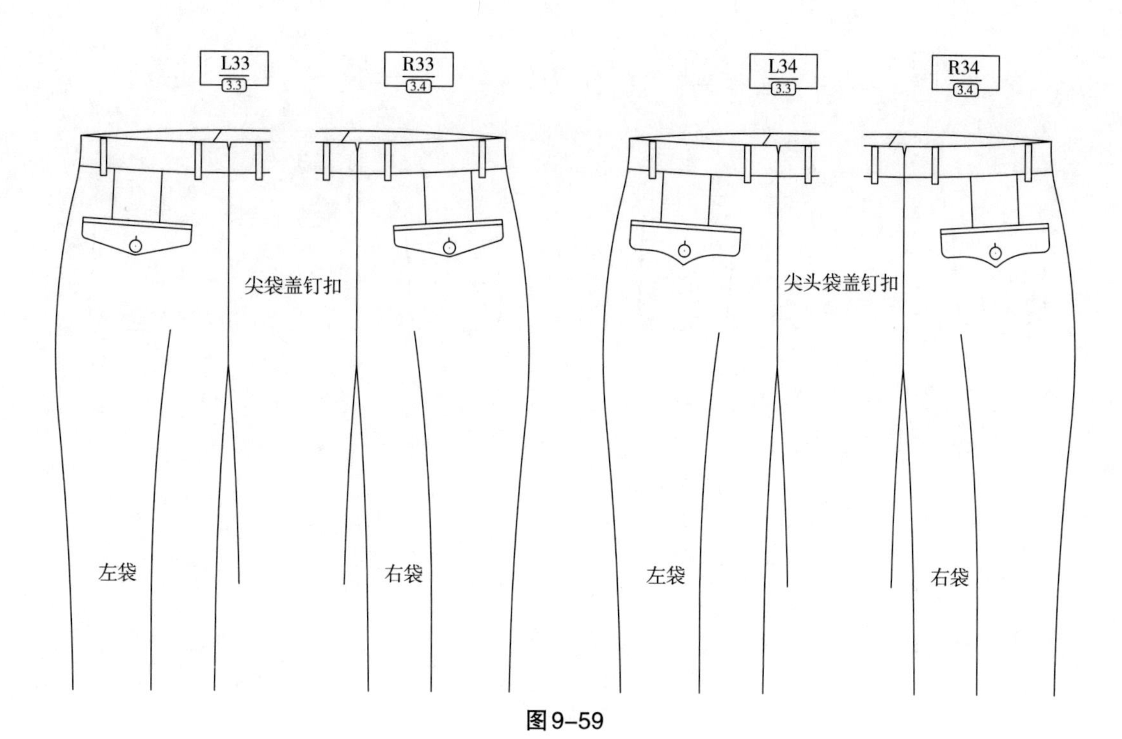
L33
3.3
R33
3.4
L34
3.3
R34
3.4
尖袋盖钉扣
尖头袋盖钉扣
左袋
右袋
左袋
右袋

图 9-59

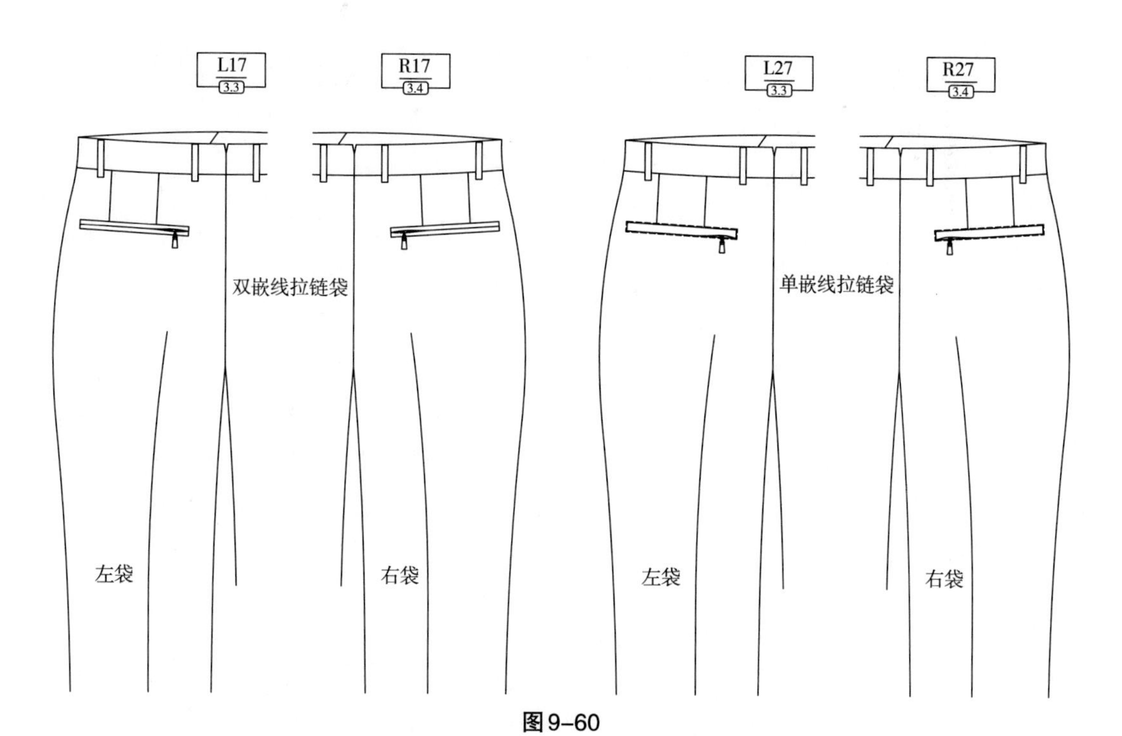
L17
3.3
R17
3.4
L27
3.3
R27
3.4
双嵌线拉链袋
单嵌线拉链袋
左袋
右袋
左袋
右袋

图 9-60

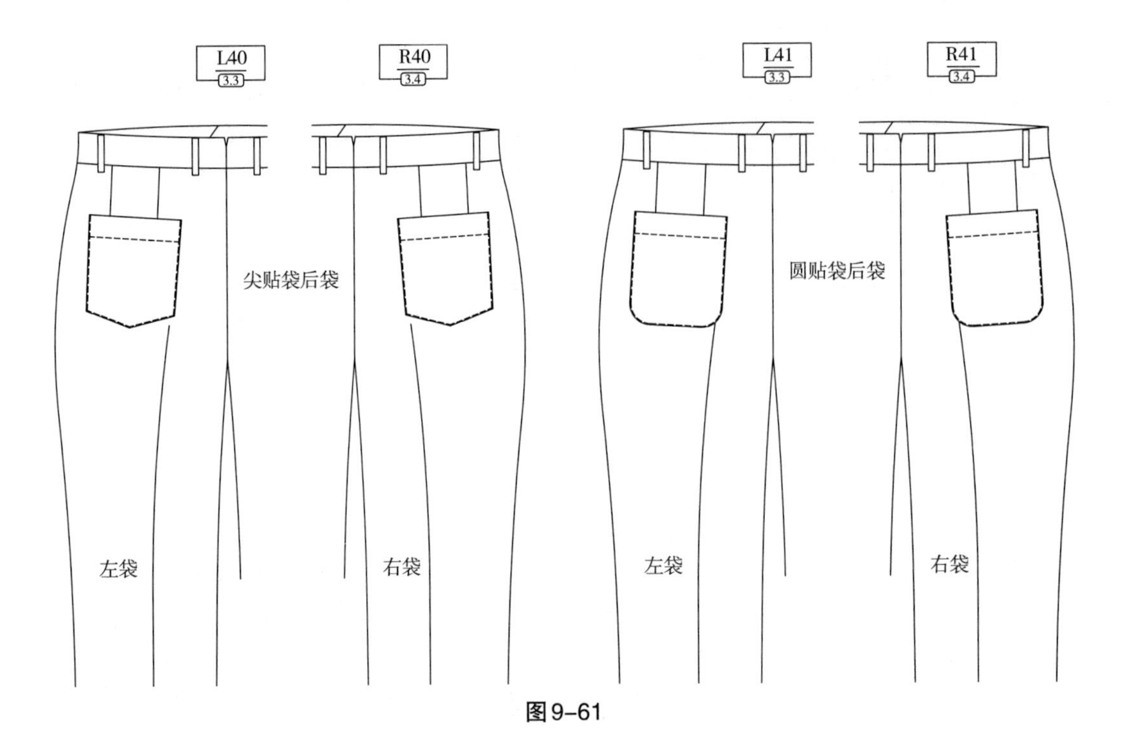
L40
3.3
R40
3.4
L41
3.3
R41
3.4
尖贴袋后袋
圆贴袋后袋
左袋
右袋
左袋
右袋

图9-61

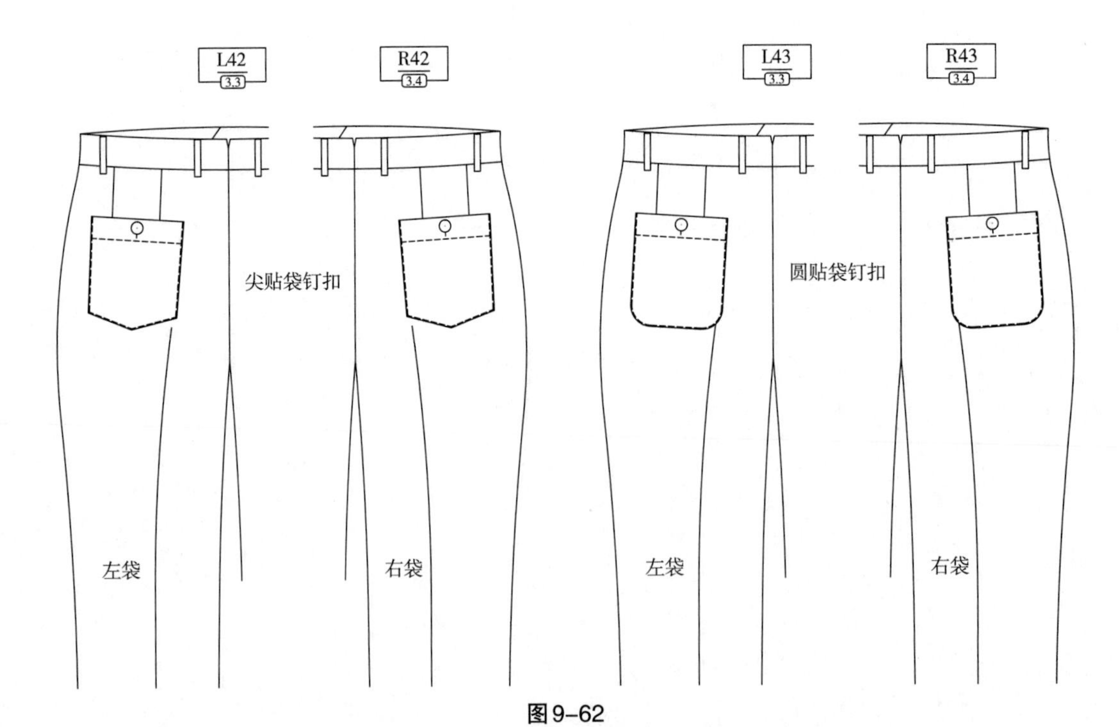
L42
3.3
R42
3.4
L43
3.3
R43
3.4
尖贴袋钉扣
圆贴袋钉扣
左袋
右袋
左袋
右袋

图9-62

# 裤大袋内零钱袋（图9-63、图9-64）

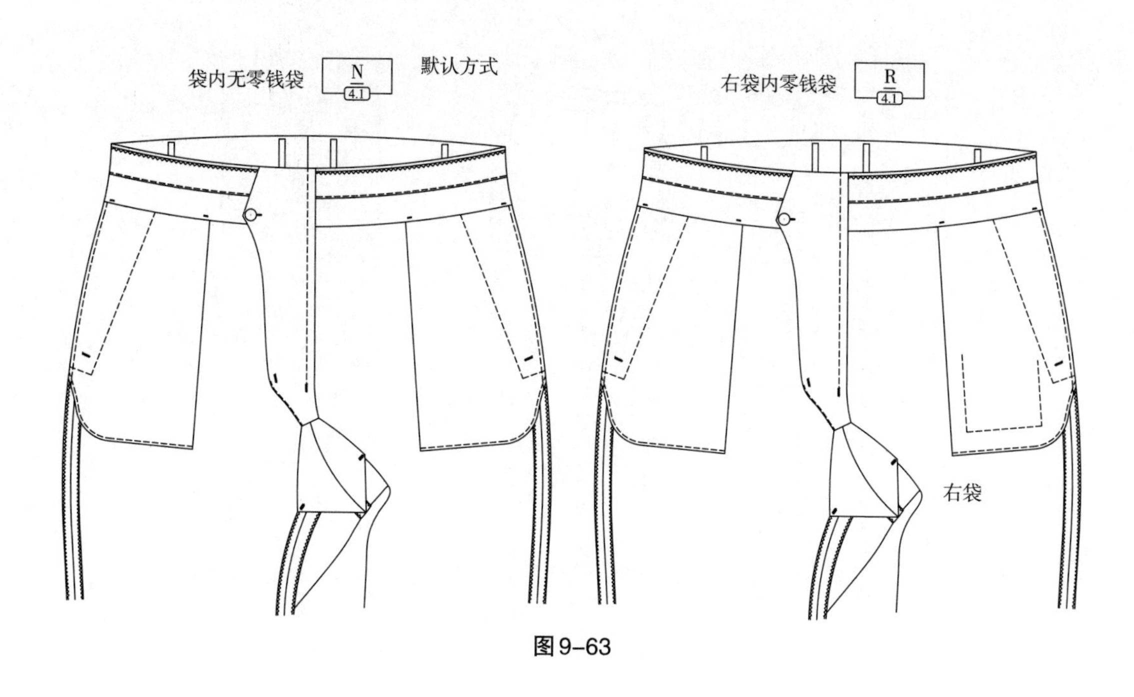


图9-63

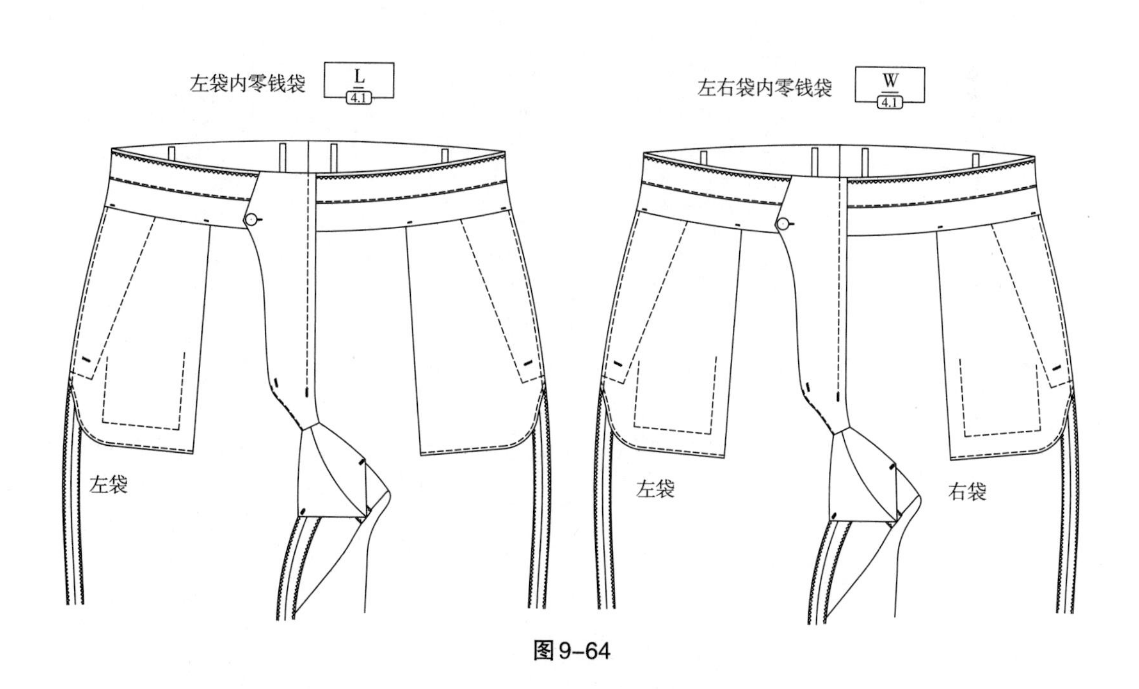


图9-64

## 裤夹里方式（图9-65～图9-67）

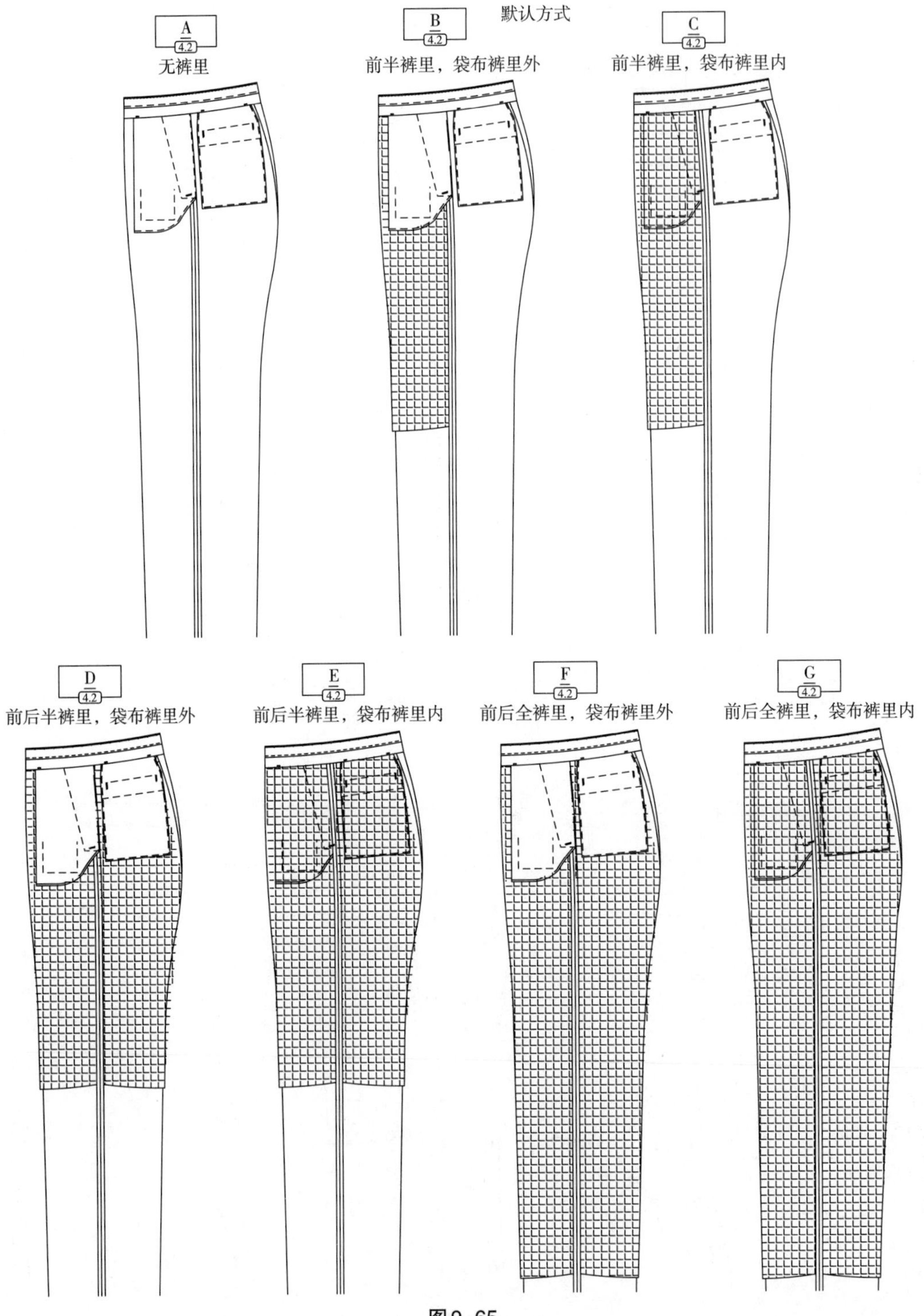


图9-65

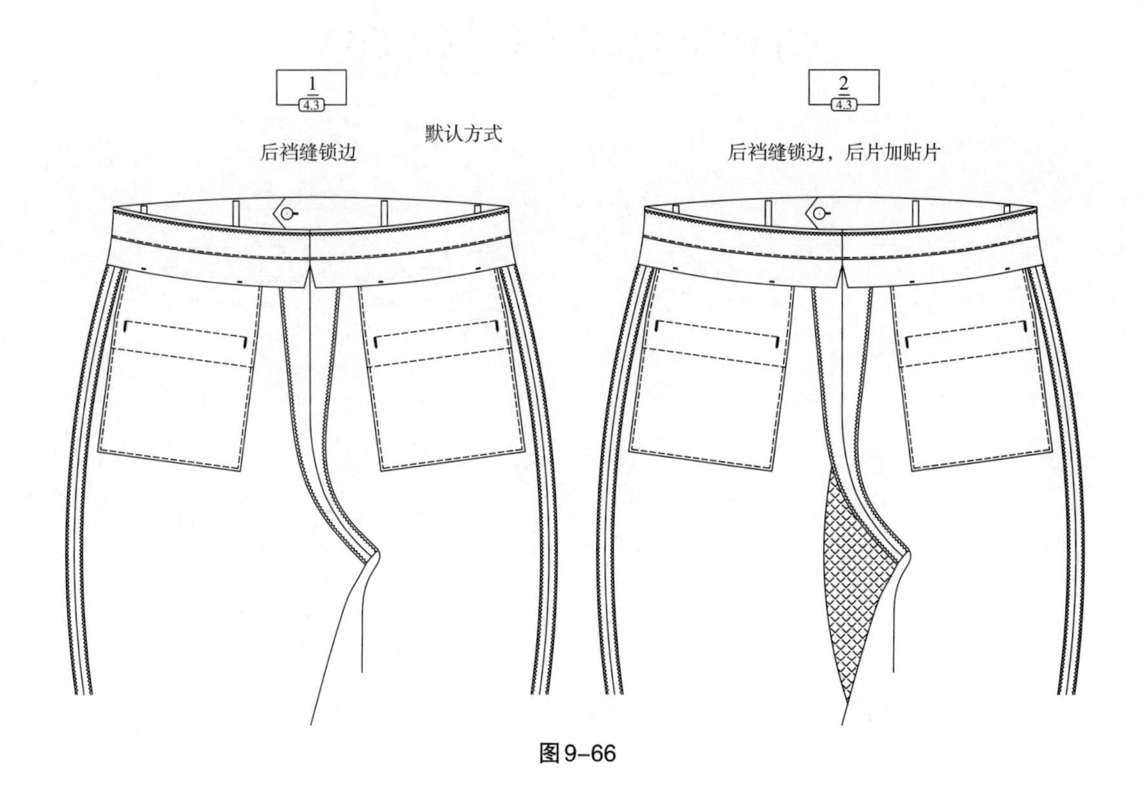
1
4.3
默认方式
后裆缝锁边
2
4.3
后裆缝锁边，后片加贴片

图9-66

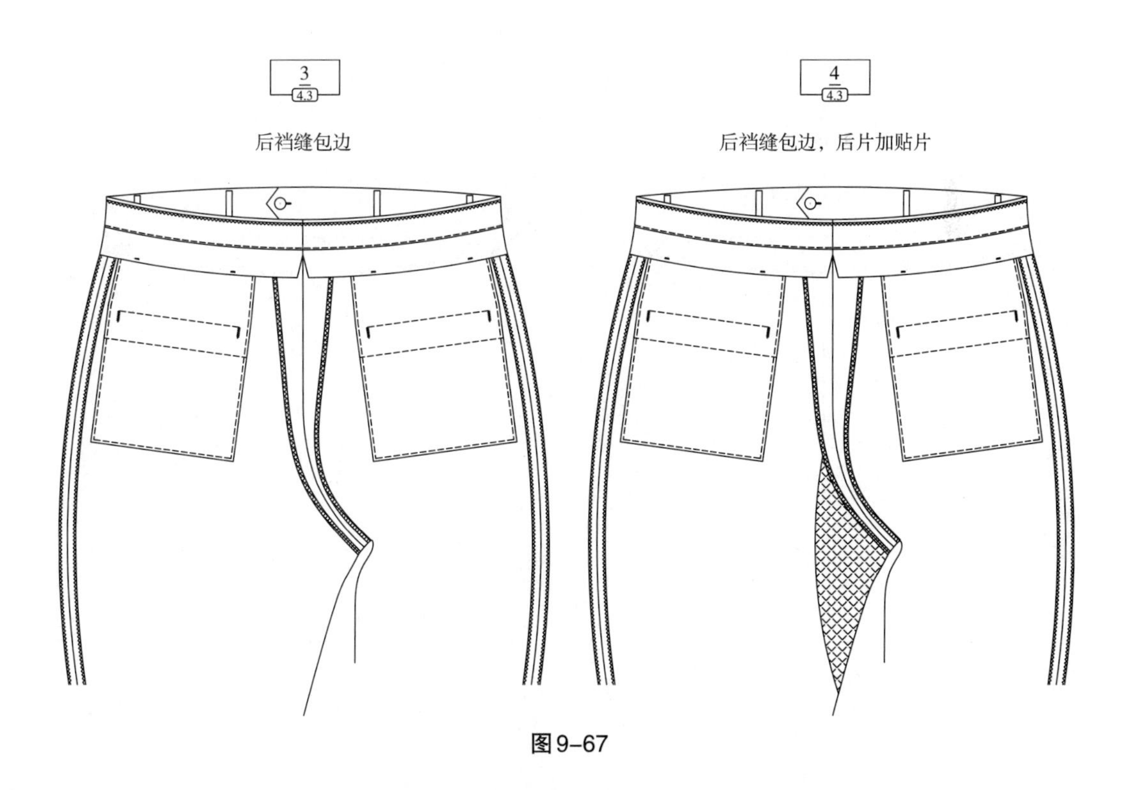
3
4.3
后裆缝包边
4
4.3
后裆缝包边，后片加贴片

图9-67

## 裤裆底垫（图9-68、图9-69）

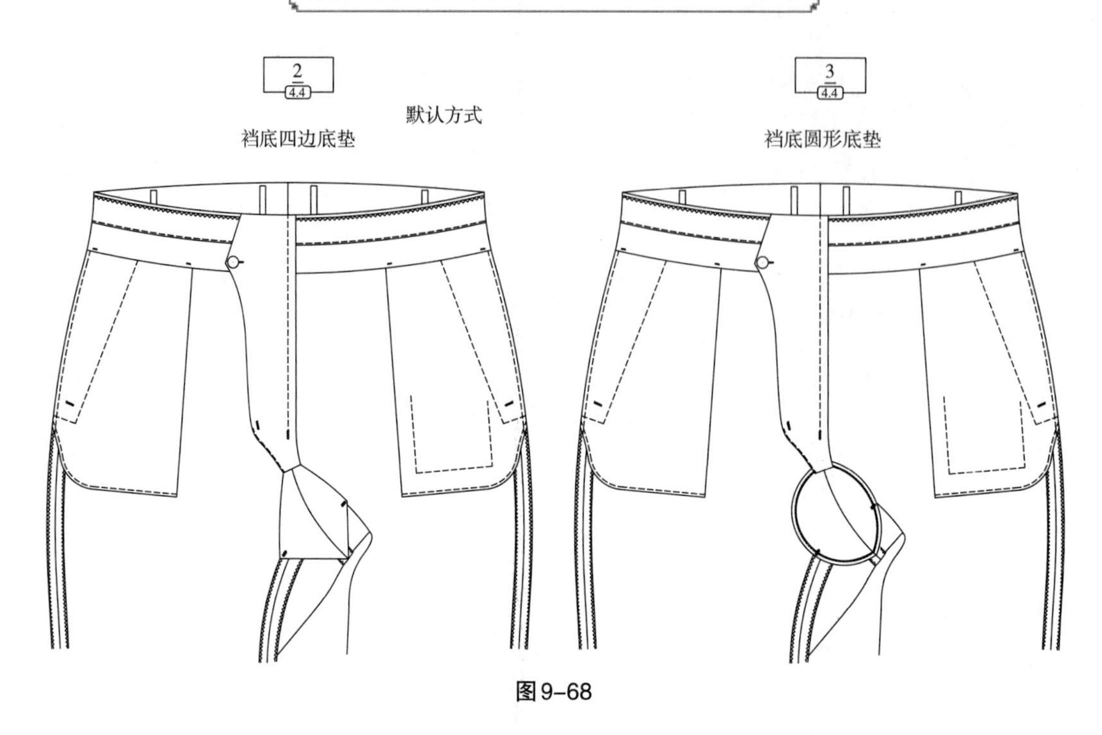


图9-68

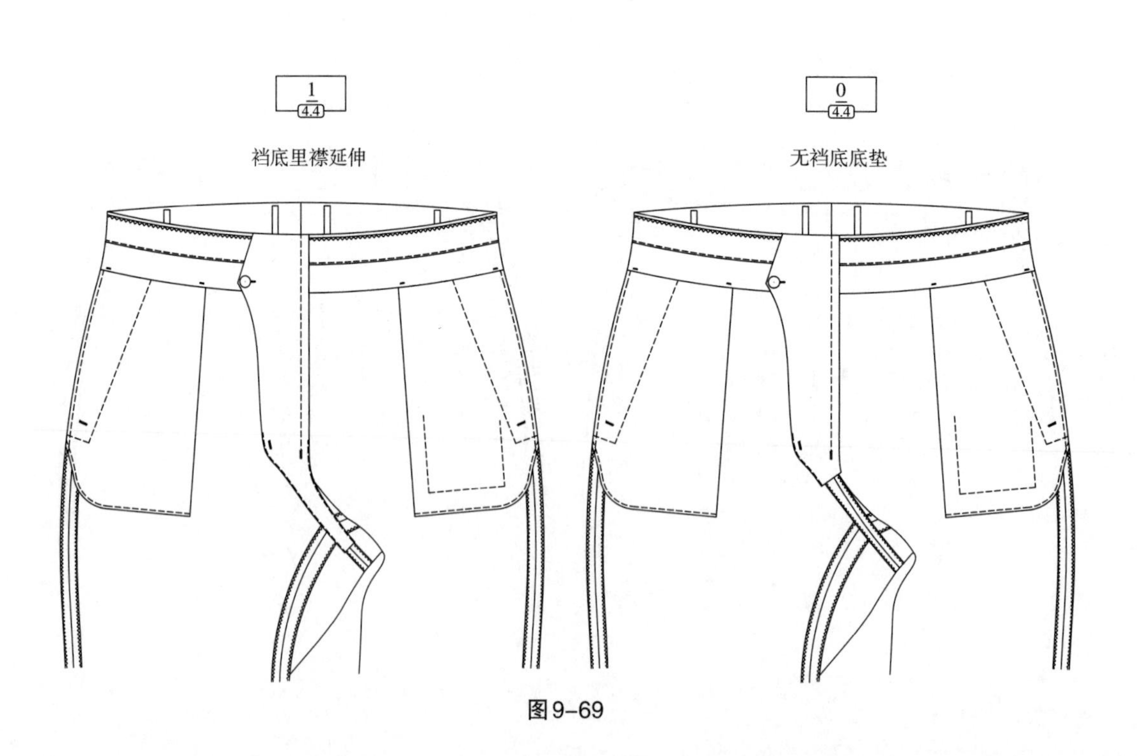


图9-69

## 裤腰里扣襻（图9-70～图9-73）

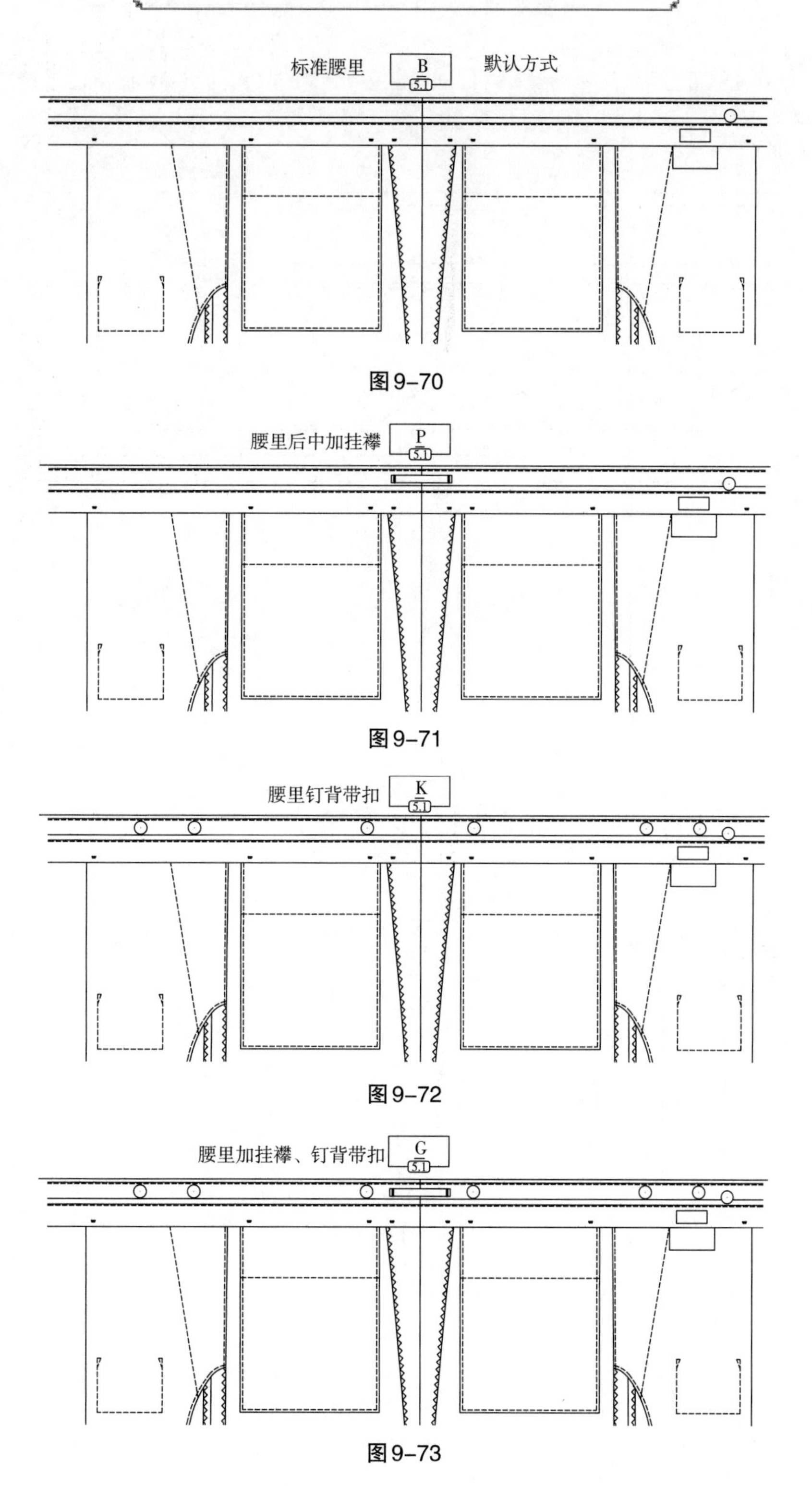


图9-70

图9-71

图9-72

图9-73

## 裤腰后中开口与裤鼻襻（图9-74、图9-75）

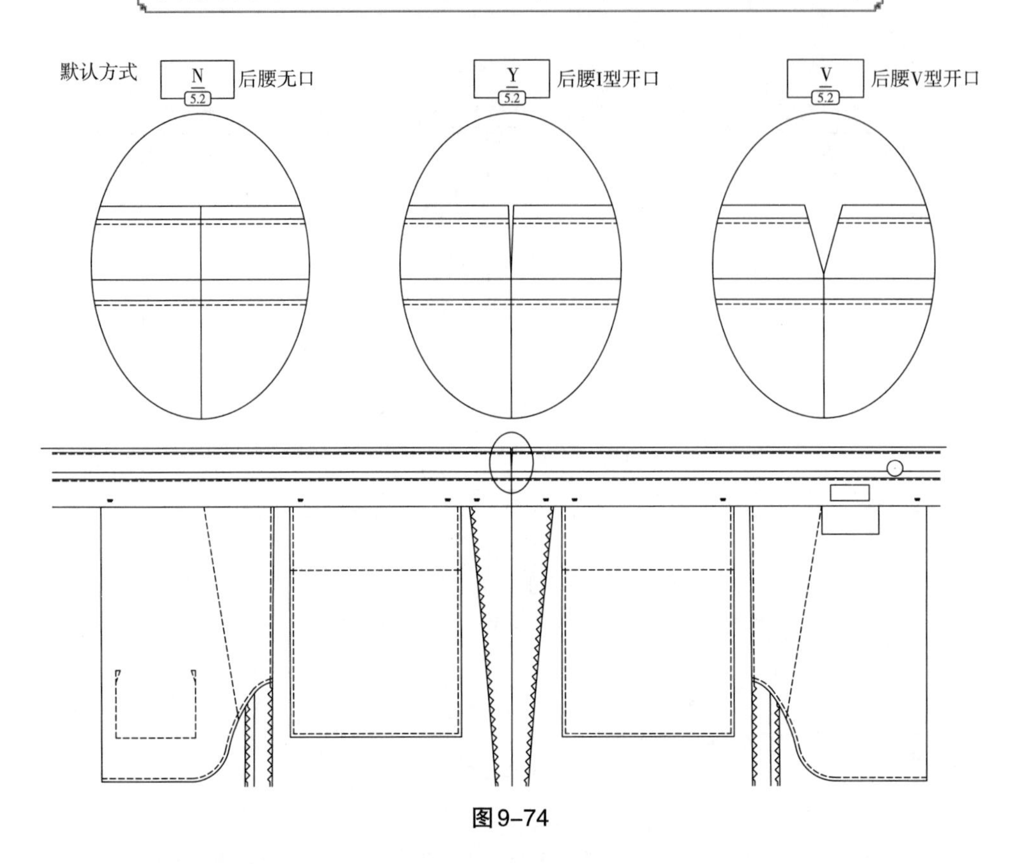


图9-74

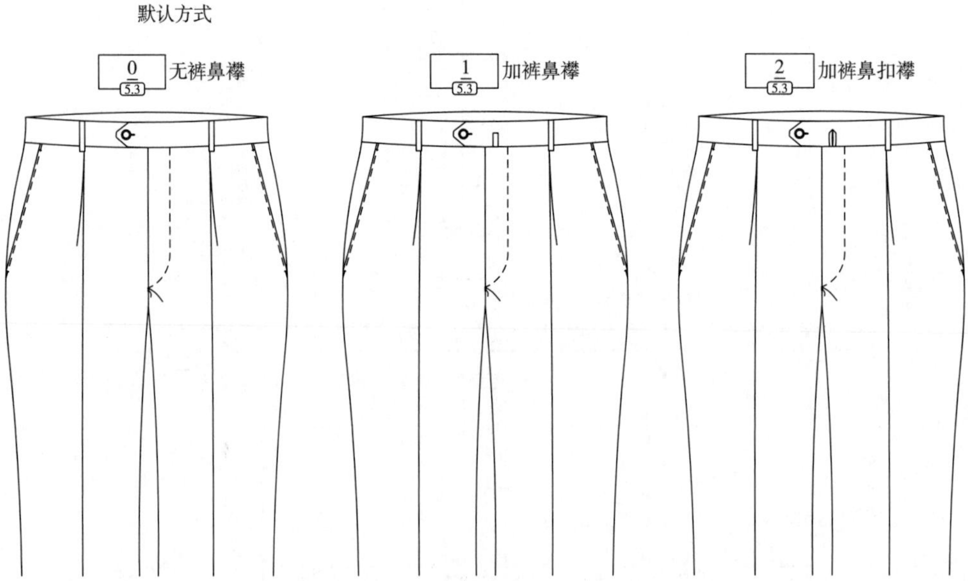

默认方式

0 5.3 无裤鼻襻

1 5.3 加裤鼻襻

2 5.3 加裤鼻扣襻

图9-75

## 裤腰串带方式（图9-76、图9-77）

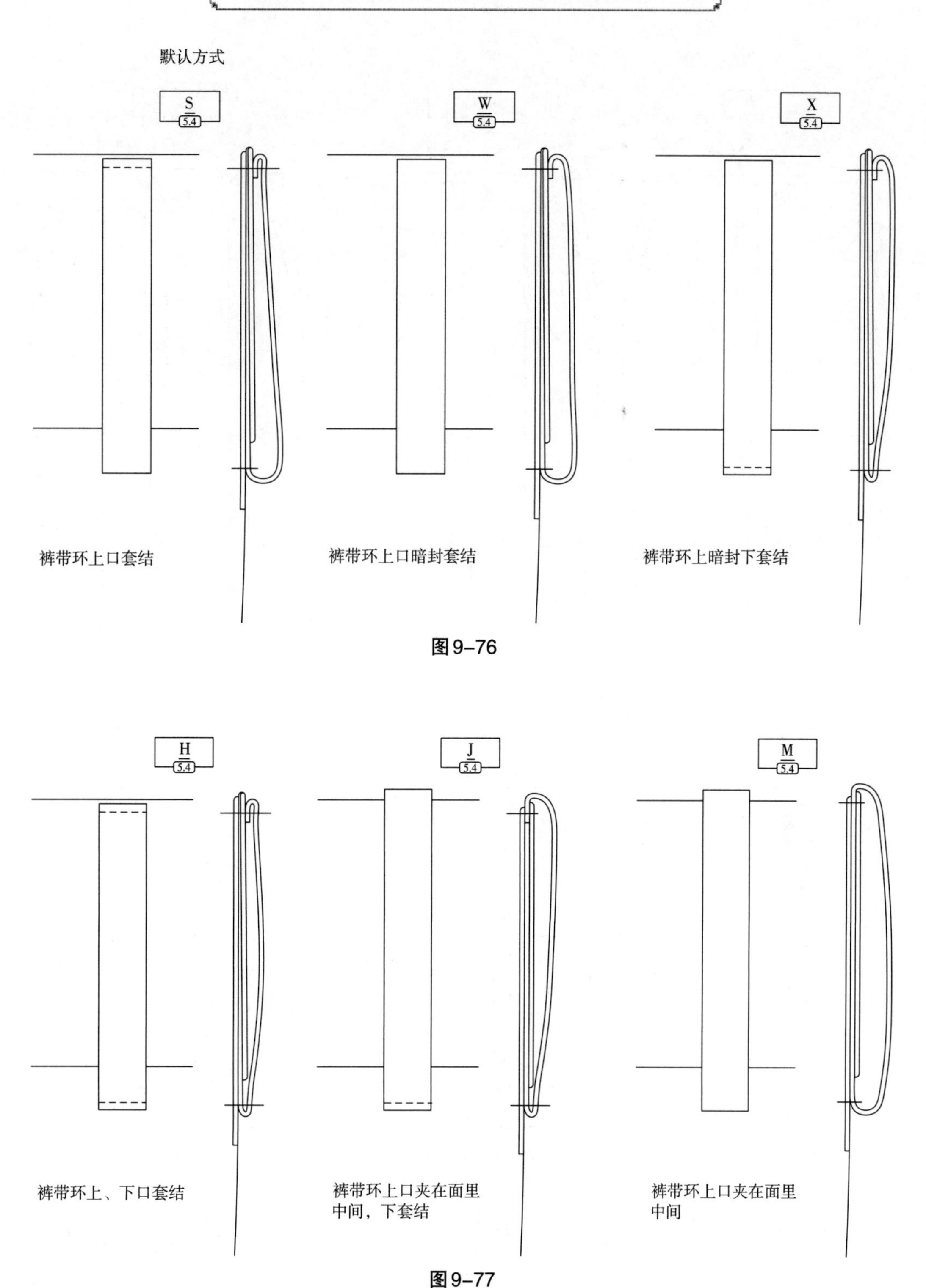


图9-76

图9-77

## 裤腰面宽、脚口边（图9-78～图9-81）

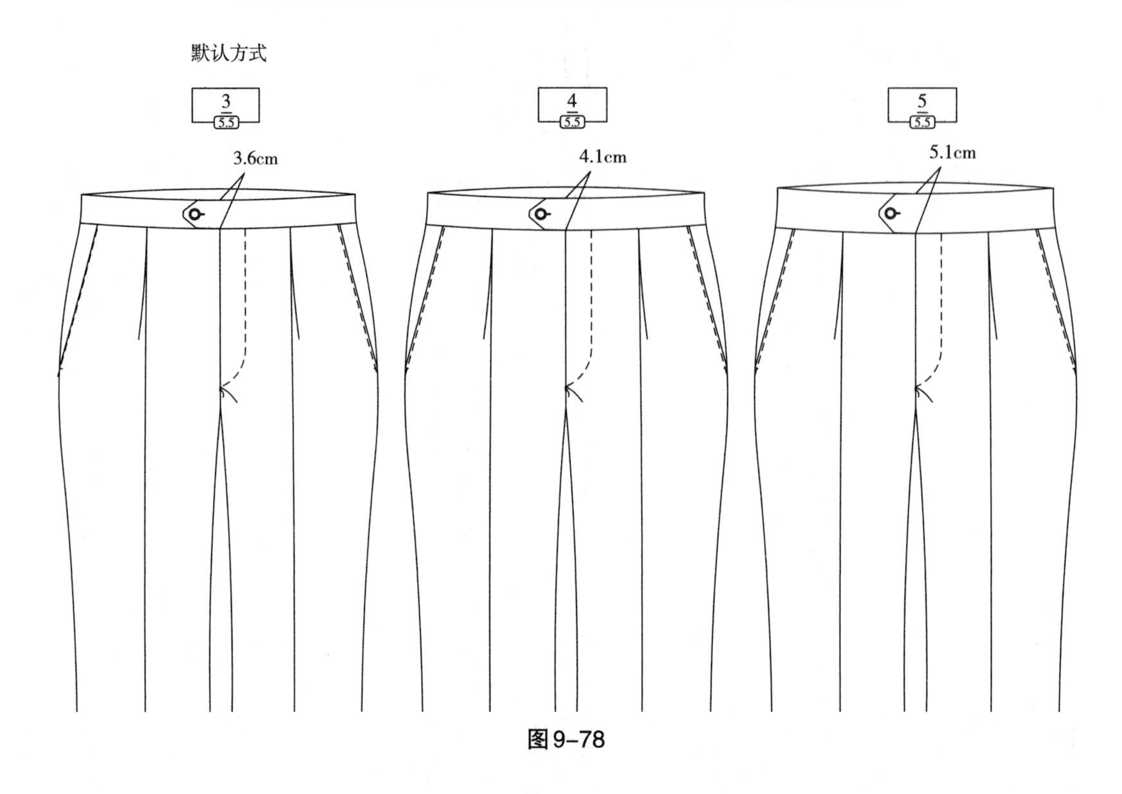


图9-78

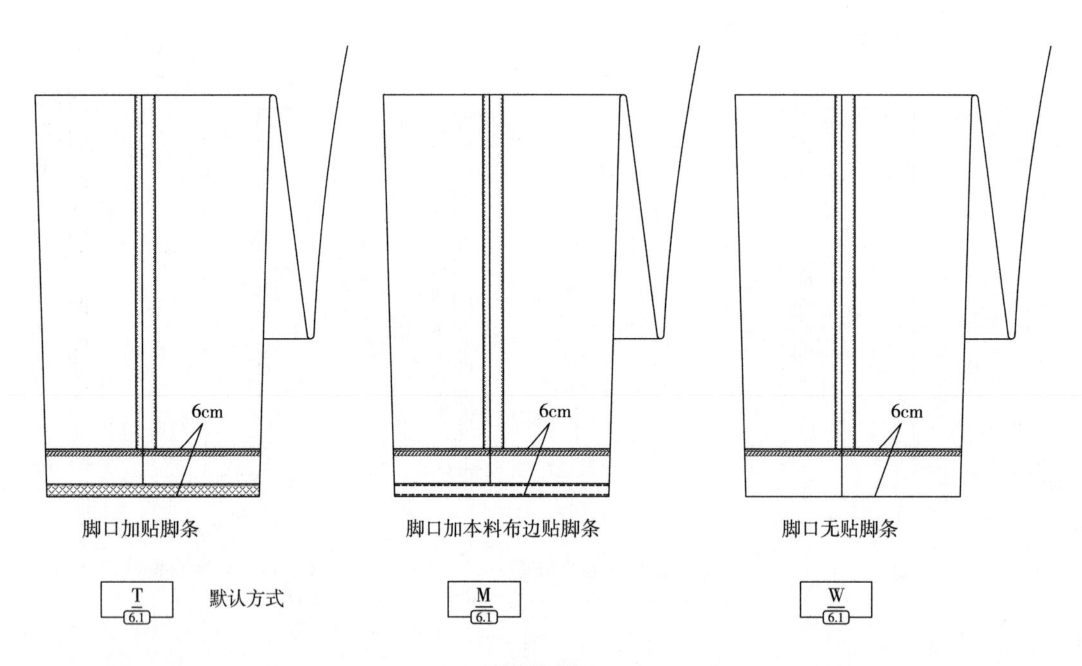


图9-79

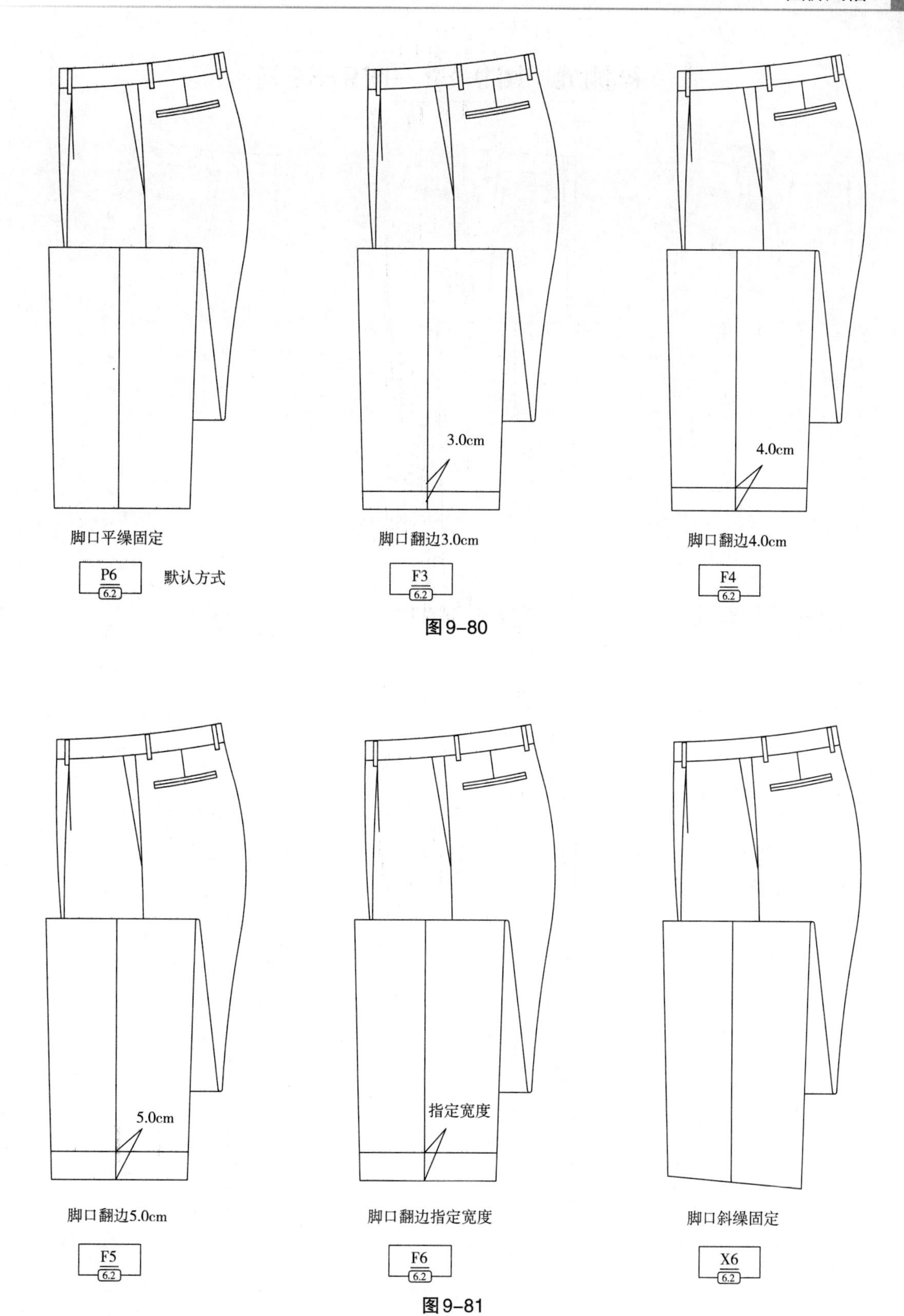
3.0cm
4.0cm
脚口平缲固定
P6
6.2
默认方式
脚口翻边3.0cm
F3
6.2
脚口翻边4.0cm
F4
6.2

图9-80

5.0cm
指定宽度
脚口翻边5.0cm
F5
6.2
脚口翻边指定宽度
F6
6.2
脚口斜缲固定
X6
6.2

图9-81

# 裤侧缝（图9-82～图9-84）

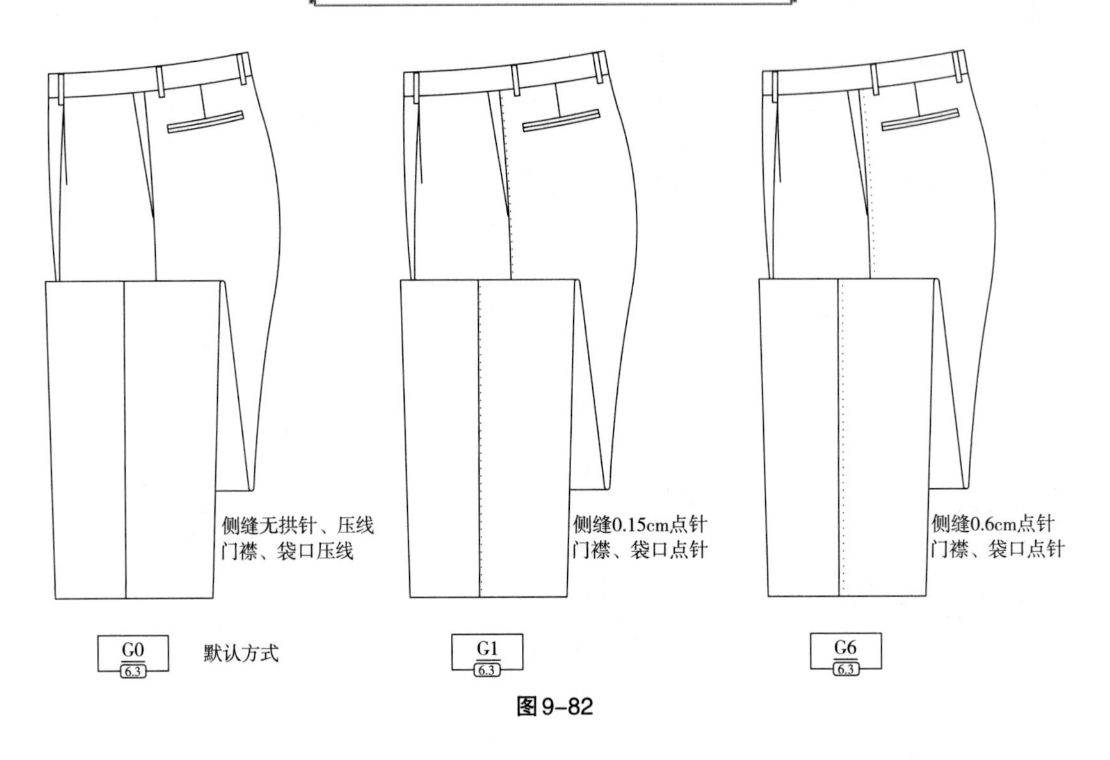


图9-82

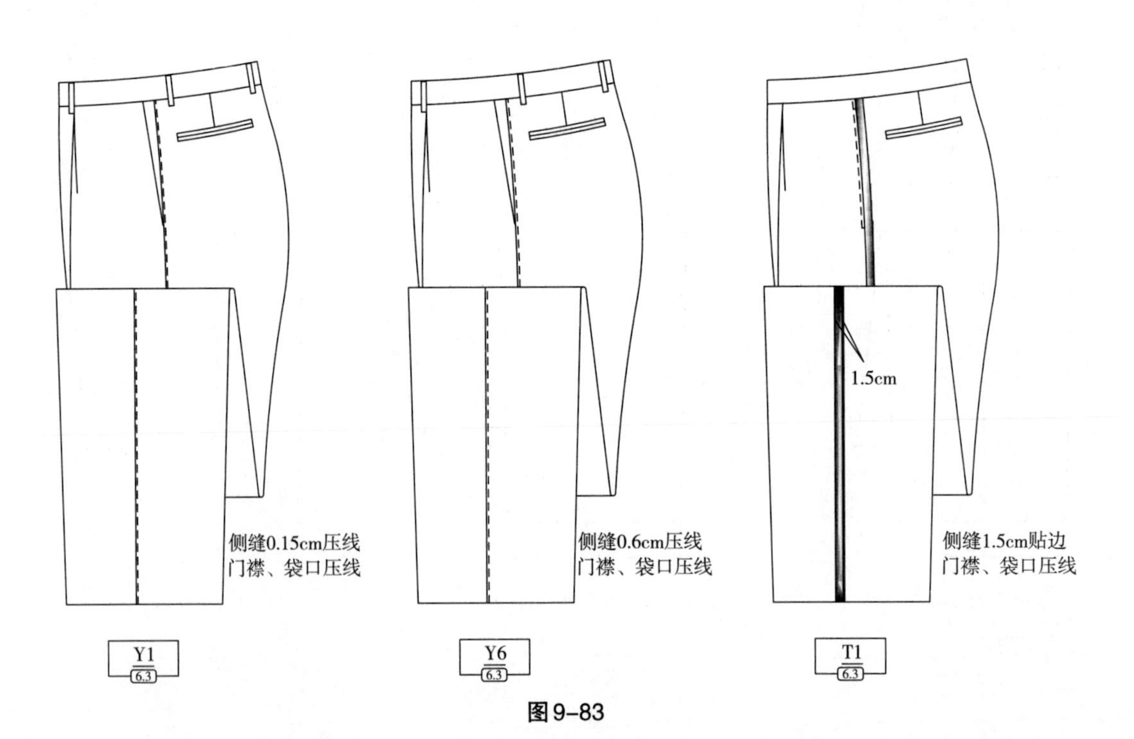


图9-83

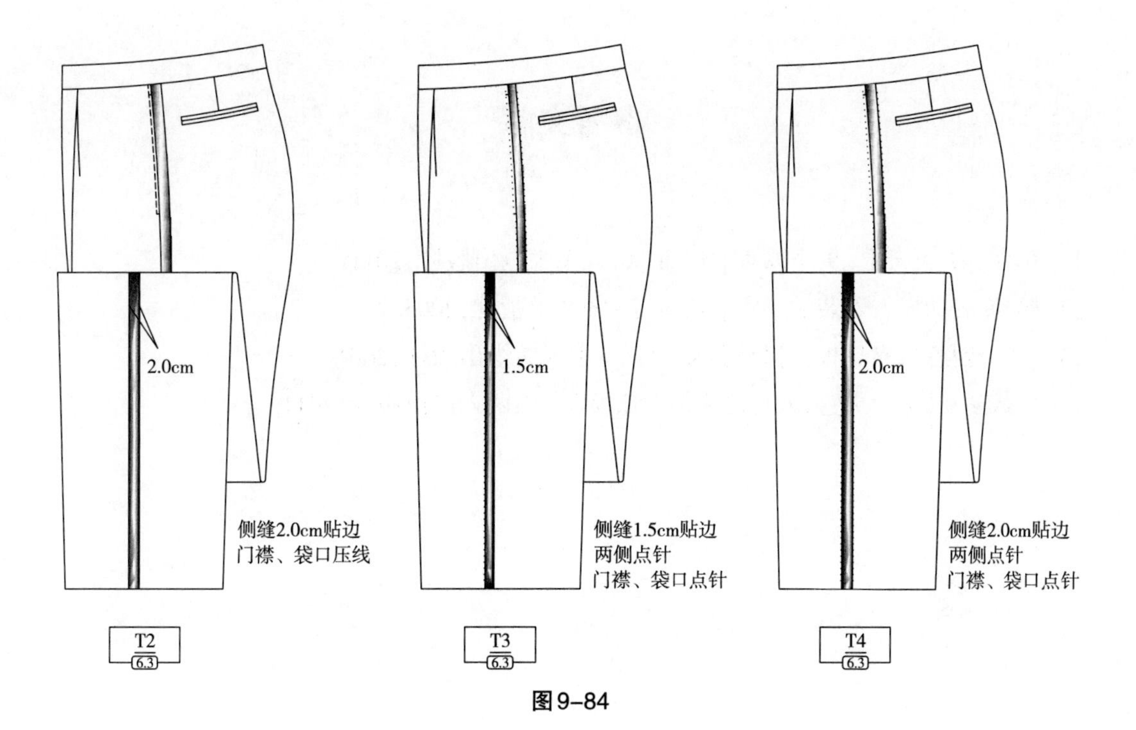
2.0cm
侧缝2.0cm贴边
门襟、袋口压线
1.5cm
侧缝1.5cm贴边
两侧点针
门襟、袋口点针
2.0cm
侧缝2.0cm贴边
两侧点针
门襟、袋口点针
T2
6.3
T3
6.3
T4
6.3

图9-84

# 参考文献


[1] 乔治·美第奇尼. 男士风雅 [M]. 北京：人民邮电出版社，2011.

[2] 戴卫. 成功男人着装的秘密 [M]. 北京：华文出版社，2003.

[3] 钱忠. 创意成衣打板：男装篇 [M]. 北京：中国纺织出版社，2001.

[4] 张翼轸. 品味·男：男人打理手册 [M]. 太原：山西人民出版社，2011.